危险化学品安全管理知识问答系列丛书

危险化学品安全监管人员
安全管理知识问答

中国化学品安全协会 主编

中国石化出版社
HTTP://WWW.SINOPEC-PRESS.COM

内 容 提 要

本书按照《危险化学品安全监管人员提升专业知识培训重点(第一版)》的培训要求编写,内容涵盖安全监督管理人员需要了解和掌握的国家安全生产方针政策和法规标准、行政许可和行政处罚、建设项目安全审查、安全管理制度和安全文化建设、人员资质和能力要求、危险化学品管理、设备安全管理、安全设施和安全仪表、特殊作业安全管理、职业病和职业病危害因素防护、应急管理、事故调查和处理、"两重点一重大"安全监管、风险分级管控和隐患排查治理、化工过程安全管理以及安全生产标准化等方面的知识。

本书适合作为危险化学品安全监督管理人员提升专业知识的培训教材,也可作为化工企业主要负责人、安全管理人员、技术人员日常安全学习和参考的辅导材料。

图书在版编目(CIP)数据

危险化学品安全监管人员安全管理知识问答／中国化学品安全协会主编．—北京：中国石化出版社,2018.4
(危险化学品安全管理知识问答系列丛书)
ISBN 978-7-5114-4854-5

Ⅰ．①危⋯ Ⅱ．①中⋯ Ⅲ．①化工产品-危险物品管理-安全管理-问题解答 Ⅳ．①TQ086.5-44

中国版本图书馆 CIP 数据核字(2018)第 070947 号

未经本社书面授权,本书任何部分不得被复制、抄袭,或者以任何形式或任何方式传播。版权所有,侵权必究。

中国石化出版社出版发行
地址:北京市朝阳区吉市口路9号
邮编:100020　电话:(010)59964500
发行部电话:(010)59964526
http://www.sinopec-press.com
E-mail:press@sinopec.com
北京富泰印刷有限责任公司印刷
全国各地新华书店经销

*

700×1000 毫米 16 开本 19.25 印张 246 千字
2018 年 5 月第 1 版　2018 年 5 月第 1 次印刷
定价:69.00 元

前言 Preface

近年来,通过企业及各级安全生产监督管理部门广大干部职工的共同努力,化工(危险化学品)安全生产工作得到了进一步加强,安全生产形势趋于稳定好转。但是,化工(危险化学品)企业安全生产基础薄弱的状况还没有根本改变,事故仍时有发生。其中,企业法律意识和安全风险意识淡薄、安全生产主体责任难以落实、重大安全风险无法有效掌控、事故隐患得不到及时处理是其重要原因,同时也和各级政府安全生产监督管理人员安全生产专业能力薄弱、不能有效开展安全生产监督检查有关。

为强化化工(危险化学品)企业安全生产监督管理人员安全生产知识、管理能力,做到执法严明、准确,推动企业更好地落实主体责任,2017年1月25日,国家安全生产监督管理总局办公厅发布了《关于印发化工(危险化学品)企业主要负责人安全生产管理知识重点考核内容等的通知》(安监总厅宣教〔2017〕15号),制定了《危险化学品安全监管人员提升专业知识培训重点(第一版)》。

中国化学品安全协会组织专家,在编写了《化工(危险化学品)企业主要负责人安全管理知识问答》一书后,按照《危险化学品安全监管人员提升专业知识培训重点(第一版)》二十个方面的要求,编写了《危险化学品安全监管人员安全管理知识问答》一书,该书内容涵盖安全监督管理人员需要了解和掌握的国家安全生产方针政策和法规标准、行政许可和行政处罚、建设项目安全审查、安全管理制度和安全文化建设、人员资质和能力要求、危险化学品管理、设备安全管理、安全设施和安全仪表、特殊作业安全管理、职业病和职业病危害因素防护、应急管理、事故调查和处理、"两重点一重大"安全监管、风险分级管控和隐患排查治理、化工过程安全管理以及安全生产标准化等方面的知识。同时为了便于读者学习，书后附录了部分事故案例。

本书适合作为危险化学品安全监督管理人员提升专业知识的培训教材，也可作为化工企业主要负责人、安全管理人员、技术人员日常安全学习和参考的辅导材料。

参加本书编写工作的有路念明、王达、尹辉、靳涛、程长进、邹晓军、齐玉纯、李文悦、杨林、孙志岩、太文哲、冯建柱、房志东、方华云等，全书由孙志岩统稿。

因编写时间仓促，书中难免有不当之处和缺点错误，敬请读者指正并提出宝贵意见。

目录 Content

第一章 国家安全生产方针政策和法规标准 …………………（ 1 ）
一、我国安全生产方针是什么? …………………………………（ 1 ）
二、我国安全生产法律法规体系如何构成? ……………………（ 2 ）
三、《安全生产法》的立法目的是什么? 主要包含哪些方面的内容? …（ 3 ）
四、《安全生产法》的主要特点是什么? …………………………（ 4 ）
五、《中共中央 国务院关于推进安全生产领域改革发展的意见》对安全生产监管工作提出了哪些要求? …………………………（ 5 ）

第二章 行政许可和行政处罚 ………………………………（ 9 ）
一、《安全生产法》对政府和安全生产监督管理部门的一般要求有哪些? ……………………………………………………………（ 9 ）
二、安全生产监督管理部门负责的行政许可有哪些? …………（ 10 ）
三、《安全生产法》对安全生产监督管理部门审查、批准、验收涉及安全生产的工作有何要求? ……………………………………（ 10 ）
四、《安全生产法》规定的安全生产监督管理部门行使监督检查的职权有哪些? ………………………………………………………（ 11 ）
五、《安全生产法》关于安全生产监督管理部门对生产经营单位实施安全检查工作有什么要求? ……………………………………（ 12 ）
六、《安全生产法》对安全生产监督检查人员实施执法检查有什么要求? ………………………………………………………………（ 12 ）
七、负有危险化学品安全监督管理职责的部门如何开展执法检查? …（ 13 ）

I

八、安全生产监督管理部门对危险化学品的安全监管应履行哪些职责？
………………………………………………………………（14）

九、安全生产监督管理部门对危险化学品重大危险源有哪些管理内容？
………………………………………………………………（14）

十、危险化学品企业的哪些情况需要在安全生产监督管理部门备案？备案内容主要有哪些？……………………………（16）

十一、安全生产监督管理部门对危险化学品企业安全生产许可证的颁发是如何管理的？………………………………（17）

十二、安全生产监督管理部门颁发安全生产许可证，要求生产经营单位必须具备什么条件？……………………（18）

十三、安全生产监督管理部门颁发危险化学品安全使用许可证，要求生产单位必须具备什么条件？…………………（19）

十四、安全生产监督管理部门对危险化学品安全使用许可证的颁发是如何管理的？………………………………（20）

十五、安全生产监督管理部门颁发危险化学品经营许可证，要求经营单位必须具备什么条件？……………………（20）

十六、安全生产监督管理部门对危险化学品经营许可证的颁发是如何管理的？………………………………………（21）

十七、安全生产监督管理部门在受理行政许可和进行执法检查中依据的安全生产法律法规主要有哪些？………………（21）

十八、安全生产监督管理部门对危险化学品企业安全监管的形式有哪几种？……………………………………………（22）

十九、安全生产监督管理部门对危险化学品企业如何实施行政处罚？…（23）

第三章 建设项目安全审查……………………………（25）

一、什么是建设项目安全设施"三同时"？……………………（25）

二、法律法规对危险化学品建设项目安全条件审查有哪些规定？……（25）

三、对企业危险化学品建设项目安全设施"三同时"的监管要求有哪些？……（26）

四、《危险化学品建设项目安全监督管理办法》的适用范围是什么？…（27）

五、《危险化学品建设项目安全监督管理办法》所称的新建、改建、扩建项目是指有哪些情形的项目？……………………………（27）

六、建设项目在哪些情形下，不得委托县级安监部门实施安全审查？…（28）

七、危险化学品建设项目在哪些情形下，应当由甲级安全评价机构进行安全评价？…………………………………………（28）

八、建设单位向安全生产监督管理部门申请危险化学品建设项目安全条件审查时，应提交哪些文件、资料？………………（29）

九、安全生产监督管理部门向建设单位出具建设项目安全条件审查意见书的时限是如何要求的？…………………………（29）

十、已经通过安全条件审查的危险化学品建设项目在哪些情形下，应当重新进行安全评价？……………………………（29）

十一、建设单位向安全生产监督管理部门申请危险化学品建设项目安全设施设计审查时，应提交哪些文件、资料？……………（30）

十二、安全生产监督管理部门出具危险化学品建设项目安全设施设计审查意见书的时限是如何规定的？在哪些情形下，建设单位应当向原审查部门申请建设项目安全设施变更设计的审查？……………（30）

十三、建设单位应当如何组织危险化学品建设项目的试生产工作？…（31）

十四、安全生产监督管理部门如何对建设单位组织的危险化学品建设项目安全设施竣工验收工作进行监管？……………………（32）

十五、危险化学品建设项目安全设施竣工验收不予通过的情形有哪些？……………………………………………………（33）

十六、在哪些情形下，负责审查的安全生产监督管理部门或者其上级安全生产监督管理部门可以撤销危险化学品建设项目的安全审查？…（34）

十七、《危险化学品建设项目安全监督管理办法》规定什么情形时，安全生产监督管理部门工作人员会被依法给予处分？……（34）

十八、《危险化学品建设项目安全监督管理办法》规定建设单位在项目建设过程中违法行为将受到怎样的处罚？……（35）

十九、承担安全评价、检验、检测工作的机构出具虚假报告、证明时，将如何处罚？……（36）

二十、安全生产监督管理部门对哪些危险化学品建设项目可以适当简化安全审查的程序和内容？……（36）

二十一、建设项目职业病防护设施设计存在哪些情形，建设单位不得通过评审和开工建设？……（37）

二十二、在哪些情况下，建设项目职业病危害控制效果评价报告不得通过评审、职业病防护设施不得通过验收？……（37）

第四章　安全管理制度和安全文化建设……（38）

一、企业建立安全生产责任制和安全生产规章制度的要求是什么？…（38）

二、安全生产责任制应当包括哪些主要内容？……（39）

三、对企业建立安全生产责任制的监督考核机制的要求是什么？…（40）

四、危险化学品企业应当建立健全哪些安全生产规章制度？……（40）

五、哪些人员属于企业主要负责人？《安全生产法》中对企业主要负责人的安全职责是如何要求的？……（41）

六、危险化学品企业安全生产管理机构及人员应如何设置和配备？…（43）

七、危险化学品生产经营企业在安全费用的提取和使用方面的要求是什么？……（44）

八、生产经营单位自身开展安全检查工作的实施要求是什么？……（47）

九、什么是安全文化？……（51）

十、为什么要在企业推行安全文化建设？……（52）

十一、开展企业安全文化建设应遵循的主要规范有哪些？……（53）

十二、企业开展安全文化建设的总体要求是什么？……………（ 53 ）

十三、企业安全文化建设的七大基本要素是什么？……………（ 53 ）

十四、《企业安全文化建设评价准则》对企业安全文化建设评价的指标
有哪些？………………………………………………………（ 54 ）

十五、《企业安全文化建设评价准则》对企业安全文化建设评价的程序
是什么？………………………………………………………（ 54 ）

第五章　人员资质和能力要求 ……………………（ 55 ）

一、对化工企业主要负责人、安全管理人员培训取证方面是如何要求的？
………………………………………………………………（ 55 ）

二、化工（危险化学品）企业特种作业包括哪些？特种作业人员应具备
哪些资质？……………………………………………………（ 56 ）

三、对化工（危险化学品）企业特种设备安全管理人员、检测人员和
作业人员有什么要求？………………………………………（ 57 ）

四、生产经营单位如何对新员工开展安全培训？………………（ 57 ）

五、对转岗、离岗人员的安全培训要求是什么？………………（ 58 ）

六、当企业生产状况发生变更时如何对员工进行培训？………（ 59 ）

七、对化工企业开展日常安全教育活动情况是如何要求的？…（ 59 ）

八、企业进行检维修作业时应如何开展培训？…………………（ 59 ）

九、企业如何对承包商人员开展培训？对外来人员的入厂教育有哪些
要求？…………………………………………………………（ 60 ）

十、企业如何组织安全教育培训活动？如何对安全培训效果进行评估？
………………………………………………………………（ 60 ）

十一、企业安全教育培训档案包括哪些方面？…………………（ 61 ）

十二、安全监督管理部门如何对企业从业人员的安全培训情况进行监管？…（ 61 ）

十三、生产经营单位在安全培训及取证工作方面存在有哪些行为时，
需承担法律责任？……………………………………………（ 62 ）

十四、如何对企业特种作业人员取证情况进行监督检查? ……………（63）

第六章 危险化学品管理 ………………………………………（64）

一、什么是危险物品?什么是危险货物?什么是危险化学品? ……（64）

二、危险物品、危险货物和危险化学品之间是什么关系? …………（64）

三、什么是剧毒化学品? ………………………………………………（66）

四、什么是化学品的"一书一签"? ……………………………………（66）

五、物质的理化参数有哪些? …………………………………………（67）

六、什么是物质的氧化性、还原性及禁忌性? ………………………（69）

七、什么是沸溢性液体?对沸溢性液体的储存有什么要求? ………（70）

八、危险化学品的仓库存储方式有哪几种? …………………………（70）

九、危险化学品的仓库储存环节存在哪些风险? ……………………（71）

十、物质的火灾危险性是如何分类的? ………………………………（71）

十一、危险化学品的主要危害和防控措施有哪些? …………………（72）

十二、我国对危险化学品的管理原则是什么? ………………………（74）

十三、企业在危险化学品安全信息管理方面要开展哪些工作? ……（75）

十四、危险化学品登记工作监管要点有哪些? ………………………（76）

十五、安全生产监督管理部门对危险化学品监管的依据主要有哪些? …（77）

十六、对危险化学品的储存环节监管要点有哪些? …………………（78）

十七、对危险化学品的装卸环节监管要点有哪些? …………………（82）

十八、化工(危险化学品)企业如何设置安全标志? …………………（83）

第七章 设备安全管理 …………………………………………（85）

一、化工企业的设备是如何分类的? …………………………………（85）

二、《安全生产法》中的安全设备指的是什么? ………………………（85）

三、《安全生产法》规定对不符合保障安全生产标准要求的设备设施

如何处置? …………………………………………………………（86）

四、《安全生产法》对安全设备的设计、维护、保养、检测等工作有何规定？……………………………………………………………（ 86 ）

五、《安全生产法》对生产经营单位在安全设施、设备方面的违法行为的处罚有何规定？………………………………………………（ 86 ）

六、特种设备包括哪些？哪个政府部门负责特种设备的安全监督管理工作？…………………………………………………………………（ 87 ）

七、《特种设备安全法》对特种设备使用单位的原则要求有哪些？ …（ 88 ）

八、《特种设备安全法》对生产、经营、使用特种设备单位的一般规定有哪些？……………………………………………………………（ 88 ）

九、《特种设备安全法》对使用登记的要求是什么？……………………（ 89 ）

第八章 安全设施和安全仪表 ………………………………（ 90 ）

一、什么是安全设施？安全设施的设计原则和采用要求是什么？…（ 90 ）

二、危险化学品建设项目安全设备设施和技术措施包含哪些内容？…（ 90 ）

三、什么是安全仪表系统？什么是安全仪表功能？……………………（ 92 ）

四、什么是基本过程控制系统？…………………………………………（ 92 ）

五、什么是功能安全？什么是功能安全评估？…………………………（ 93 ）

六、安全仪表系统涵盖的范围有哪些？…………………………………（ 93 ）

七、安全仪表系统全生命周期管理主要包括哪些内容？………………（ 94 ）

八、企业加强安全仪表系统管理工作的主要要求是什么？……………（ 94 ）

第九章 特殊作业安全管理 …………………………………（ 97 ）

一、什么是特殊作业？……………………………………………………（ 97 ）

二、为什么要进行特殊作业安全管理？…………………………………（ 97 ）

三、特殊作业过程中事故频发的主要原因有哪些？……………………（ 97 ）

四、危险化学品企业如何实行特殊作业安全管理？……………………（ 98 ）

五、安全生产监管人员对企业实施特殊作业的监督检查重点有哪些？…（ 99 ）

六、企业对特殊作业的安全管控要点有哪些？…………………………（100）

七、特殊作业许可程序包括几个环节？ ……………………………（101）
八、如何使用和管理特殊作业《安全作业证》？ …………………（102）
九、化工企业如何对动火作业进行分级管理？ ……………………（103）
十、动火作业的风险防范措施主要有哪些？ ………………………（103）
十一、企业开展受限空间作业有哪些安全管控措施？ ……………（105）
十二、高处作业的安全措施有哪些？ ………………………………（106）
十三、盲板抽堵作业的安全措施有哪些？ …………………………（107）

第十章 职业病和职业病危害因素防护 ……………………………（109）

一、我国职业病防治的工作方针是什么？ …………………………（109）
二、什么是职业病？什么是职业病危害？ …………………………（109）
三、什么是职业病危害因素？职业病危害因素分为几类？ ………（109）
四、职业病主要危害因素的危害特性有哪些？ ……………………（110）
五、哪些政府部门对企业职业病的预防工作负有监管责任？监管范围是如何界定的？ ……………………………………………（111）
六、我国在职业病预防监督管理方面主要有哪些法律法规？ ……（112）
七、什么是职业病危害项目建设的"三同时"？ ……………………（113）
八、如何监督建设单位做好职业病防护设施"三同时"工作？ ……（114）
九、对违反职业病防护设施"三同时"规定的建设单位应如何进行处罚？
…………………………………………………………………（116）
十、国家法律法规对用人单位职业病管理是如何要求的？ ………（118）
十一、法律法规要求用人单位应该采取哪些职业病防治管理措施？ …（119）
十二、如何受理用人单位的职业病危害项目申报工作？ …………（119）
十三、存在职业病危害的用人单位应当制定哪些职业卫生管理制度和操作规程？ ………………………………………………（120）
十四、如何监管用人单位对工作场所职业病危害因素的检测以及职业病危害因素的告知工作？ ……………………………………（121）

十五、法律法规对哪些作业场所实行特殊管理？《使用有毒物品作业场所劳动保护条例》对使用有毒物品作业场所提出了哪些特殊要求？ …… (122)

十六、防控职业病危害的技术措施主要有哪些？ ………………… (123)

十七、如何监管用人单位职业卫生档案的建立符合性情况？ ……… (125)

十八、如何监督用人单位做好劳动者的职业病诊断工作？ ………… (125)

十九、法律法规对用人单位在职业病危害事故的上报管理方面是如何规定的？ ……………………………………………………………… (126)

二十、在对用人单位开展职业病防护监督检查时，安全生产监督管理部门可以履行哪些职责？ …………………………………………… (126)

二十一、在对用人单位开展职业病防护监督检查时，安监执法人员不得有哪些行为？ …………………………………………………………… (127)

二十二、用人单位违反哪些职业卫生防治法律法规要求，安全生产监督管理部门可以责令其限期改正和采取处罚措施？ ………………… (127)

二十三、政府有关部门及监管人员在职业病防护工作中失职，可能给予怎样的处理？ …………………………………………………………… (131)

二十四、《中共中央 国务院关于推进安全生产领域改革发展的意见》对企业职业病防治工作及政府监督执法方面提出的要求是什么？ ……………………………………………………………………… (131)

第十一章　应急管理 ……………………………………………… (133)

一、什么是应急预案？生产经营单位应急预案体系由哪些内容构成？ … (133)

二、综合应急预案、专项应急预案、现场处置方案的定义分别是什么？ ……………………………………………………………………… (133)

三、生产经营单位的主要负责人、安全生产管理机构以及安全生产管理人员有哪些应急方面的的职责？ ……………………………… (134)

四、生产经营单位编制的综合应急预案主要包括哪些内容？ ……… (134)

五、生产经营单位的应急预案如何备案？ ……………………………… (134)

六、安全生产监督管理部门在危险化学品事故应急救援方面有哪些职责？
………………………………………………………………（135）
七、什么是应急演练？应急演练的内容应包含哪些？ ………（136）
八、生产经营单位在应急管理方面存在哪些违法行为，可以由安全生产监督管理部门进行处罚？ ………………………………（136）
九、危险化学品应急救援管理人员主要包括哪些方面人员？ …（137）
十、对危险化学品应急救援管理人员的技能要求是什么？ …（137）
十一、危险化学品生产单位配备的应急救援物资主要包括哪些？ …（138）

第十二章 事故调查和处理 ……………………………（140）

一、什么是事故？事故是如何分级的？ ………………………（140）
二、发生生产安全事故后，事故上报的程序和时限要求是什么？ …（140）
三、发生生产安全事故后，事故上报的内容是什么？ ………（141）
四、发生生产安全事故后，如何根据事故级别进行逐级上报？ …（142）
五、事故调查的"四不放过"是指什么？ ……………………（142）
六、事故原因分析的方法是什么？ ……………………………（143）
七、事故档案应包括哪些资料？ ………………………………（144）
八、不同级别的事故调查权限是如何规定的？ ………………（145）
九、事故调查的程序是什么？ …………………………………（146）
十、人民政府批复事故调查报告的时限是如何规定的？ ……（147）
十一、对于政府部门及公务人员在事故报告和调查过程中的不当行为，该承担什么法律责任？ ……………………………………（148）
十二、参与事故调查的人员在事故调查中有不当行为，该承担什么法律责任？ ………………………………………………………（148）

第十三章 "两重点一重大"安全监管 ……………………（149）

一、什么是"两重点一重大"？ ………………………………（149）

二、我国主要有哪些法律法规对危险化学品重大危险源的管理提出了要求？是如何要求的？ …………………………………………… (149)

三、涉及重大危险源管理的部门规章及行业标准主要有哪些？是如何要求的？ …………………………………………………………………… (151)

四、危险化学品重大危险源的辨识依据、辨识指标和分级是如何规定的？ …………………………………………………………………………… (153)

五、对危险化学品重大危险源的管理责任主体是如何界定的？ …… (154)

六、法律法规对危险化学品重大危险源分级监管的职责是如何界定的？ …………………………………………………………………………… (154)

七、安全生产监督管理部门在重大危险源信息报送时间方面有何要求？ …………………………………………………………………………… (154)

八、法律法规对危险化学品重大危险源的评估方面是如何规定的？ …………………………………………………………………………… (155)

九、危险化学品重大危险源的评估报告包括哪些内容？ ………… (156)

十、法律法规对危险化学品重大危险源应采取的控制措施主要有哪些规定？ ……………………………………………………………… (157)

十一、法律法规对重大危险源的备案工作有什么规定？ ………… (157)

十二、安全生产监督管理部门如何进行重大危险源核销管理？ …… (158)

十三、安全生产监督管理部门首次对重大危险源的监督检查应当包括哪些内容？ ………………………………………………………… (159)

十四、企业未按要求对重大危险源进行有效管理应承担的法律责任有哪些？ …………………………………………………………………… (159)

十五、安全评价机构出具重大危险源虚假评估报告应承担何种责任？ …………………………………………………………………………… (162)

十六、对重点监管的危险化工工艺进行管理的法规规范和部门规章主要有哪些？ ……………………………………………………………… (162)

XI

十七、重点监管的危险化工工艺有哪些? …………………………… (163)

十八、重点监管的危险化工工艺的危险特点和安全控制要求分别有哪些?
………………………………………………………………………… (163)

十九、什么是重点监管的危险化学品? 对重点监管的危险化学品采取的
安全措施有哪些? ……………………………………………… (187)

二十、重点监管的危险化学品的管理要求有哪些? ………………… (188)

第十四章 风险分级管控和隐患排查治理 …………………… (191)

一、什么是危险源? ………………………………………………… (191)

二、什么是危险源辨识? …………………………………………… (191)

三、什么是风险? 什么是风险管理? ……………………………… (192)

四、常用的风险分析方法有哪些? ………………………………… (193)

五、什么是事故隐患? ……………………………………………… (193)

六、什么是隐患排查? 生产经营单位如何开展隐患治理工作? …… (193)

七、《危险化学品企业事故隐患排查治理实施导则》对安全生产监管
部门是如何要求的? …………………………………………… (194)

八、《危险化学品企业事故隐患排查治理实施导则》规定的企业开展
隐患排查的主要内容有哪些? ………………………………… (195)

九、《化工(危险化学品)企业安全检查重点指导目录》的主要内容是什么?
………………………………………………………………………… (197)

十、《化工和危险化学品生产经营单位重大生产安全事故隐患判定标准》
列出了多少重大事故隐患? …………………………………… (200)

十一、如何依据《化工和危险化学品生产经营单位重大生产安全事故隐患
判定标准》来准确判断生产经营单位的重大事故隐患? ……… (202)

十二、什么是双重预防机制? 建立双重预防机制的目的是什么? … (211)

十三、关于双重预防机制的要求有哪些? ………………………… (211)

十四、对企业实施风险分级管控的要求是什么? ………………… (214)

十五、建立隐患排查治理体系的要求是什么? …………………… (215)

第十五章 化工过程安全管理 …………………………… (217)

一、什么是化工过程安全管理? ………………………………… (217)

二、化工过程安全管理的主要内容和任务是什么? …………… (217)

三、开展化工过程安全管理遵循的基本标准规范主要有哪些? … (218)

四、化工过程安全管理对安全生产信息的管理要求是什么? … (218)

五、化工过程安全管理对风险管理的要求是什么? …………… (219)

六、化工过程安全管理对装置运行的安全管理要求是什么? … (220)

七、化工过程安全管理对从业人员岗位安全教育和操作技能培训的要求是什么? ……………………………………………… (221)

八、化工过程安全管理对试生产的安全管理要求是什么? …… (222)

九、化工过程安全管理对设备完好性的安全管理要求是什么? … (224)

十、化工过程安全管理对承包商安全管理的要求是什么? …… (225)

十一、化工过程安全管理对变更管理的安全要求是什么? …… (226)

十二、化工过程安全管理对应急管理的要求是什么? ………… (227)

十三、化工过程安全管理对危险作业的安全管理要求是什么? … (228)

十四、化工过程安全管理对事故和事件管理的要求是什么? … (228)

十五、化工过程安全管理对持续改进工作的要求是什么? …… (229)

第十六章 安全生产标准化 …………………………………… (230)

一、什么是企业安全生产标准化? ……………………………… (230)

二、我国对企业要求开展安全生产标准化建设的法律、法规主要有哪些? ……………………………………………………… (230)

三、企业进行安全生产标准化建设达标的相关标准有哪些? … (232)

四、《企业安全生产标准化基本规范》的主要内容是什么? …… (232)

五、《危险化学品从业单位安全标准化通用规范》的管理要素有哪些? ………………………………………………………………… (232)

六、《危险化学品从业单位安全标准化通用规范》对企业实施安全标准化活动的要求是什么？ ………………………………………… (233)

七、《危险化学品从业单位安全生产标准化评审标准》共有多少个要素？如何计算评审分数？ ……………………………………… (234)

八、危险化学品从业单位申请安全生产标准化达标评审的条件是什么？ ………………………………………………………………………… (237)

九、国家对安全生产标准化评审的分级要求有哪些？ ……………… (239)

十、国家对安全生产标准化达标企业期满复评的要求有哪些？ …… (239)

附录　典型事故案例 ……………………………………………… (241)

一、石油化工行业生产运行期间发生的典型事故 ………………… (241)

二、石油化工行业检维修期间发生的典型事故 …………………… (246)

三、煤化工行业生产运行期间发生的典型事故 …………………… (250)

四、煤化工行业检维修期间发生的典型事故 ……………………… (251)

五、化肥行业生产运行期间发生的典型事故 ……………………… (255)

六、化肥行业检维修期间发生的典型事故 ………………………… (257)

七、农药行业生产运行期间发生的典型事故 ……………………… (259)

八、医药行业生产运行期间发生的典型事故 ……………………… (261)

九、精细化学品行业生产运行期间发生的典型事故 ……………… (262)

十、精细化学品行业检维修期间发生的典型事故 ………………… (274)

十一、无机化工行业生产运行期间发生的典型事故 ……………… (277)

十二、无机化工行业检维修期间发生的典型事故 ………………… (279)

十三、橡胶和塑料制造行业发生的典型事故 ……………………… (283)

十四、其他行业生产运行期间发生的典型事故 …………………… (287)

十五、其他行业检维修期间发生的典型事故 ……………………… (289)

第一章 国家安全生产方针政策和法规标准

一、我国安全生产方针是什么？

《中华人民共和国安全生产法》第三条规定："安全生产工作应当以人为本，坚持安全第一、预防为主、综合治理的方针"。

"安全第一"是要求我们在工作中始终把安全放在第一位。当安全与生产、安全与效益、安全与进度相冲突时，必须首先保证安全，即生产必须安全，不安全不能生产。

"预防为主"要求我们在工作中时刻注意预防生产安全事故的发生。在生产各环节，要严格遵守安全生产管理制度和安全技术操作规程，认真履行岗位安全职责，防微杜渐，防患于未然，发现事故隐患要立即处理，不能处理的要及时上报，要积极主动地预防事故的发生。

"综合治理"就是综合运用经济、法律、人管、法治、技防多管齐下，并充分发挥社会、从业人员、舆论的监督作用，实现安全生产的齐抓共管。"综合治理"是我们党和政府在总结了近年来安全监管实践经验的基础上作出的重大决策，体现了安全生产方针的新发展。

"安全第一、预防为主、综合治理"，三者是目标、原则和手段、措施的有机统一的辩证关系。不坚持安全第一，预防为主很难落实；坚持安全第一，才能自觉地或科学地预防事故发生，达到安全生产的预期目的；只有坚持预防为主，才能消除隐患、减少事故，才能做到安全生产。

二、我国安全生产法律法规体系如何构成？

安全生产法律、行政法规、地方性法规、部门规章和国家标准、行业标准共同构成安全生产法律法规体系。

1. 法律

法律由全国人大及其常委会制定。法律是安全生产法律体系中的上位法，居于整个体系的最高层级，其法律地位和效力高于行政法规、地方性法规、部门规章、地方政府规章等下位法。国家现行的有关安全生产的专门法律有《安全生产法》《消防法》《道路交通安全法》《海上交通安全法》《矿山安全法》《特种设备安全法》《石油天然气管道保护法》；与安全生产相关的法律主要有《劳动法》《职业病防治法》《工会法》《矿产资源法》《铁路法》《公路法》《民用航空法》《港口法》《建筑法》《煤炭法》《电力法》等。

2. 法规

法规由国务院发布，包括有立法权机构——省、自治区、直辖市人民代表大会及其常务委员会和地方政府在不与宪法、法律、行政法规相抵触的前提下制定。如《危险化学品安全管理条例》《安全生产许可证条例》《天津市安全生产条例》《山东省安全生产条例》等。安全生产法规分为行政法规和地方性法规。

3. 规章

规章由国务院各部委和具有行政管理职能的直属机构，省、自治区、直辖市和较大的市的人民政府制定。如《危险化学品生产企业安全生产许可证实施办法》《危险化学品生产储存建设项目安全审查办法》《安全生产违法行为行政处罚办法》《企业安全生产费用提取和使用管理办法》《浙江省安全生产培训管理实施细则》等。安全生产行政规章分为部门规章和地方政府规章。

4. 法定安全生产标准

我国没有技术法规的正式用语且未将其纳入法律体系的范畴，但是国家制定的许多安全生产立法却将安全生产标准作为生产经营单位必须执行的技术规范而载入法律,安全生产标准法律化是我国安全生产立法的重要趋势。安全生产标准一旦成为法律规定必须执行的技术规范,它就具有了法律上的地位和效力。执行安全生产标准是生产经营单位的法定义务,违反法定安全生产标准的要求,同样要承担法律责任。因此,将法定安全生产标准纳入安全生产法律体系范畴来认识,有助于构建完善的安全生产法律体系。法定安全生产标准分为国家标准和行业标准,两者对生产经营单位的安全生产具有同样的约束力。法定安全生产标准主要是指强制性安全生产标准。

(1)国家标准。安全生产国家标准是指国家标准化行政主管部门依照《标准化法》制定的在全国范围内适用的安全生产技术规范。如《危险化学品重大危险源辨识》(GB 18218—2009)、《危险化学品生产单位特殊作业安全规范》(GB 30871—2014)、《危险货物品名表》(GB 12268—2012)等。

(2)行业标准。安全生产行业标准是指国务院有关部门和直属机构依照《标准化法》制定的在安全生产领域内适用的安全生产技术规范。行业安全生产标准对同一安全生产事项的技术要求,可以高于国家安全生产标准但不得与其相抵触。如《危险化学品重大危险源安全监控通用技术规范》(AQ 3035—2010)、《安全评价通则》(AQ 8001—2007)、《化工企业安全卫生设计规范》(HG 20571—2014)、《建筑施工扣件式钢管脚手架安全技术规范》(JGJ 130—2014)、《电业安全工作规程(电力线路部分)》(DL 409—1991)等。

三、《安全生产法》的立法目的是什么?主要包含哪些方面的内容?

2014年新修订的《中华人民共和国安全生产法》总则中明确了立法目的,即:为了加强安全生产工作,防止和减少生产安全事故,保障人民群众生命和财产安全,促进经济社会持续健康发展。

《中华人民共和国安全生产法》共分为七章,分别为总则、生产经营单位的安全生产保障、从业人员的安全生产权利义务、安全生产的监督管理、生产安全事故的应急救援与调查处理、法律责任和附则。

四、《安全生产法》的主要特点是什么?

《中华人民共和国安全生产法》是保障安全生产的基本法律,是人们在生产经营活动中共同遵守的行为规则,这部法律不仅重要,而且带有一些重要的特点,主要体现在:

一是强制性的规范多。这是由于安全生产事关生命财产,要保障安全生产,消除能导致人员伤害、发生死亡,造成财产破坏、损害,酿成其他恶果的危险,就必须在生产经营活动的一系列方面或一系列环节中,遵守各项保证安全的规则,这些规则体现在法律中就是强制性的规范。

二是禁止性的规范多。它反映了安全生产中必须禁止或者消除不安全的人的行为和物的状态的要求,消除事故隐患和危害因素,防止生产安全事故的发生。法律上的禁止性规范,将在安全生产中不允许有的行为和不允许存在的状态明确地表现出来,若是违反即触犯法律,这将促使人们更严肃地对待禁止的事项,并对违反禁止性的规定承担法律责任且心中存有威慑力,这对保障安全生产是有重要作用的。

三是义务性的规定多。保障安全生产是生产经营单位及其负责人,各类从业人员,各有关方面对国家、对社会、对他人、对自己应尽的义务。这种义务不是任意的,而是法定的,即必须是忠实履行的,所以在《中华人民共和国安全生产法》中有许多关于履行义务的规定,是这部法律在内容上的又一个特点。

四是明确地规定有关的责任,即责任有确定性。这是因为安全生产与许多责任是联系在一起的,只有有了明确的责任,安全生产中的种种保障措施才有可能落实,将责任以法律形式加以确定,是安全生产的必要保证。

五是在法律规范中体现处罚严明的要求。这是由于安全生产事关重大,而有些单位、有些人员采取不负责任的态度,甚至有意违法,干扰破坏安全生产秩序,造成严重后果,对于这种行为必须严加惩处,让违法者对其违法行为造成的后果承担应有的责任是必不可少的。只有依法惩处违法者,才能有效地预防安全生产事故的发生,建立起有安全保障的生产经营秩序,所以《中华人民共和国安全生产法》的这个特点是由安全生产的客观需要所决定的。

五、《中共中央 国务院关于推进安全生产领域改革发展的意见》对安全生产监管工作提出了哪些要求?

2016年12月18日,《中共中央 国务院关于推进安全生产领域改革发展的意见》(中发〔2016〕32号)发布。该《意见》对安全监管工作提出的要求是:

(1)明确地方党委和政府领导责任。坚持党政同责、一岗双责、齐抓共管、失职追责,完善安全生产责任体系。党政主要负责人是本地区安全生产第一责任人,班子其他成员对分管范围内的安全生产工作负领导责任。

加强安全生产监管执法能力建设,严格安全准入标准,指导管控安全风险,督促整治重大隐患,强化源头治理。加强应急管理,完善安全生产应急救援体系。依法依规开展事故调查处理,督促落实问题整改。

(2)明确部门监管责任。厘清安全生产综合监管与行业监管的关系,明确各有关部门安全生产和职业健康工作职责,并落实到部门工作职责规定中。安全生产监督管理部门负责安全生产法规标准和政策规划制定修订、执法监督、事故调查处理、应急救援管理、统计分析、宣传教育培训等综合性工作，承担职责范围内行业领域安全生产和职业健康监管执法职责。负有安全生产监督管理职责的有关部门依法依规履行相关行业领域安全生产和职业健康监管职责，强化监管执法，严厉查处违法违规行为。

（3）健全责任考核机制。各级政府要对同级安全生产委员会成员单位和下级政府实施严格的安全生产工作责任考核，实行过程考核与结果考核相结合。

（4）严格责任追究制度。依法依规制定各有关部门安全生产权力和责任清单，尽职照单免责、失职照单问责。严肃查处安全生产领域项目审批、行政许可、监管执法中的失职渎职和权钱交易等腐败行为。严格事故直报制度，对瞒报、谎报、漏报、迟报事故的单位和个人依法依规追责。

（5）完善监督管理体制。各级安全生产监督管理部门承担本级安全生产委员会日常工作，负责指导协调、监督检查、巡查考核本级政府有关部门和下级政府安全生产工作，履行综合监管职责。负有安全生产监督管理职责的部门，依照有关法律法规和部门职责，健全安全生产监管体制，严格落实监管职责。

（6）改革重点行业领域安全监管监察体制。着重加强危险化学品安全监管体制改革和力量建设，明确和落实危险化学品建设项目立项、规划、设计、施工及生产、储存、使用、销售、运输、废弃处置等环节的法定安全监管责任，建立有力的协调联动机制，消除监管空白。

（7）进一步完善地方监管执法体制。地方各级党委和政府要将安全生产监督管理部门作为政府工作部门和行政执法机构，加强安全生产执法队伍建设，强化行政执法职能。统筹加强安全监管力量，重点充实市、县两级安全生产监管执法人员，强化乡镇（街道）安全生产监管力量建设。完善各类开发区、工业园区、港区、风景区等功能区安全生产监管体制，明确负责安全生产监督管理的机构以及港区安全生产地方监管和部门监管责任。

(8) 严格安全准入制度。严格高危行业领域安全准入条件，对与人民群众生命财产安全直接相关的行政许可事项，依法严格管理。

(9) 规范监管执法行为。完善安全生产监管执法制度，明确每个生产经营单位安全生产监督和管理主体，制定实施执法计划，完善执法程序规定，依法严格查处各类违法违规行为。建立行政执法和刑事司法衔接制度，负有安全生产监督管理职责的部门要加强与公安、检察院、法院等协调配合，完善安全生产违法线索通报、案件移送与协查机制。对违法行为当事人拒不执行安全生产行政执法决定的，负有安全生产监督管理职责的部门应依法申请司法机关强制执行。

(10) 完善执法监督机制。建立执法行为审议制度和重大行政执法决策机制，评估执法效果，防止滥用职权。健全领导干部非法干预安全生产监管执法的记录、通报和责任追究制度。完善安全生产执法纠错和执法信息公开制度，加强社会监督和舆论监督，保证执法严明、有错必纠。

(11) 健全监管执法保障体系。制定安全生产监管监察能力建设规划，明确监管执法装备及现场执法和应急救援用车配备标准，保障监管执法需要。加强监管执法制度化、标准化、信息化建设，确保规范高效监管执法。建立安全生产监管执法人员依法履行法定职责制度，激励保证监管执法人员忠于职守、履职尽责。严格监管执法人员资格管理。

(12) 加强安全风险管控。高危项目审批必须把安全生产作为前置条件，实行重大安全风险"一票否决"。构建国家、省、市、县四级重大危险源信息管理体系，对重点行业、重点区域、重点企业实行风险预警控制，有效防范重特大生产安全事故。

(13) 建立隐患治理监督机制。负有安全生产监督管理职责的部门要建立与企业隐患排查治理系统联网的信息平台，完善线上线下配套监管制度。强化隐患排查治理监督执法，对重大隐患整改不到位的企业依法采取停产停业、停止施工、停止供电和查封扣押等强制措施，按规定给予上限经济处罚，对构成犯罪的要移交司法机关依法追究刑事责任。严格重大隐患挂牌督办制度，对整改和督办不力的纳入政府核查问责范围，情节严重的依法依规追究相关人员责任。

第二章 行政许可和行政处罚

一、《安全生产法》对政府和安全生产监督管理部门的一般要求有哪些？

《中华人民共和国安全生产法》第八条规定：国务院和县级以上地方各级人民政府应当根据国民经济和社会发展规划制定安全生产规划，并组织实施。安全生产规划应当与城乡规划相衔接。

国务院和县级以上地方各级人民政府应当加强对安全生产工作的领导，支持、督促各有关部门依法履行安全生产监督管理职责，建立健全安全生产工作协调机制，及时协调、解决安全生产监督管理中存在的重大问题。

乡、镇人民政府以及街道办事处、开发区管理机构等地方人民政府的派出机关应当按照职责，加强对本行政区域内生产经营单位安全生产状况的监督检查，协助上级人民政府有关部门依法履行安全生产监督管理职责。

第九条规定：国务院安全生产监督管理部门依照本法，对全国安全生产工作实施综合监督管理；县级以上地方各级人民政府安全生产监督管理部门依照本法，对本行政区域内安全生产工作实施综合监督管理。

国务院有关部门依照本法和其他有关法律、行政法规的规定，在各自的职责范围内对有关行业、领域的安全生产工作实施监督管理；县级以上地方各级人民政府有关部门依照本法和其他有关法律、法规的规定，在各自的职责范围内对有关行业、领域的安全生产工作实施监督管理。

安全生产监督管理部门和对有关行业、领域的安全生产工作实施监督管理的部门,统称负有安全生产监督管理职责的部门。

二、安全生产监督管理部门负责的行政许可有哪些?

根据国家安全生产监督管理总局编制的《安全生产监管执法手册》(2016年版)规定,各级安全生产监督管理部门应当按照各自权限,依照法律、法规、规章和国家标准或者行业标准规定的安全生产条件和程序,对下列事项实施行政许可:

(1) 用于生产、储存危险化学品的建设项目安全设施的设计审查。

(2) 危险化学品生产、储存建设项目安全条件审查。

(3) 危险化学品生产企业的安全生产许可。

(4) 危险化学品经营许可证核发。

(5) 危险化学品(化工企业)安全使用许可证核发。

(6) 第一类的非药品类易制毒化学品生产许可证、经营许可证核发。

(7) 特种作业人员操作资格认定。

(8) 安全生产检测检验机构、安全评价机构资质认定。

(9) 法律、行政法规和国务院设定的其他行政许可。

三、《安全生产法》对安全生产监督管理部门审查、批准、验收涉及安全生产的工作有何要求?

《中华人民共和国安全生产法》第六十条规定:负有安全生产监督管理职责的部门依照有关法律、法规的规定,对涉及安全生产的事项需要审查批准(包括批准、核准、许可、注册、认证、颁发证照等,下同)或者验收的,必须严格依照有关法律、法规和国家标准或者行业标准规定的安全生产条件和程序进行审查；不符合有关法律、法规和国家标准或者行业标准规定的安全生产条件的，不得批准或者验收通过。对未依法取得批准或者验收合格的单位擅自从事有关活动的，负责行政审批的部门发现或者接到举报后应当立即予以取缔，并依法予以处理。对已经依法取得批准的单位，负责行政审批的部门发现其不再具备安全生产条件的，应当撤销原批准。

第六十一条规定：负有安全生产监督管理职责的部门对涉及安全生产的事项进行审查、验收，不得收取费用；不得要求接受审查、验收的单位购买其指定品牌或者指定生产、销售单位的安全设备、器材或者其他产品。

四、《安全生产法》规定的安全生产监督管理部门行使监督检查的职权有哪些？

《中华人民共和国安全生产法》第六十二条规定：安全生产监督管理部门和其他负有安全生产监督管理职责的部门依法开展安全生产行政执法工作，对生产经营单位执行有关安全生产的法律、法规和国家标准或者行业标准的情况进行监督检查，行使以下职权：

（一）进入生产经营单位进行检查，调阅有关资料，向有关单位和人员了解情况。

（二）对检查中发现的安全生产违法行为，当场予以纠正或者要求限期改正；对依法应当给予行政处罚的行为，依照本法和其他有关法律、行政法规的规定作出行政处罚决定。

（三）对检查中发现的事故隐患，应当责令立即排除；重大事故隐患排除前或者排除过程中无法保证安全的，应当责令从危险区域内撤出作业人员，责令暂时停产停业或者停止使用相关设施、设备；重大事故隐患排除后，经审查同意，方可恢复生产经营和使用。

（四）对有根据认为不符合保障安全生产的国家标准或者行业标准

的设施、设备、器材以及违法生产、储存、使用、经营、运输的危险物品予以查封或者扣押,对违法生产、储存、使用、经营、运输的危险物品的作业场所予以查封,并依法作出处理决定。

监督检查不得影响被检查单位的正常生产经营活动。

五、《安全生产法》关于安全生产监督管理部门对生产经营单位实施安全检查工作有什么要求?

《中华人民共和国安全生产法》第五十九条规定:县级以上地方各级人民政府应当根据本行政区域内的安全生产状况,组织有关部门按照职责分工,对本行政区域内容易发生重大生产安全事故的生产经营单位进行严格检查。

安全生产监督管理部门应当按照分类分级监督管理的要求,制定安全生产年度监督检查计划,并按照年度监督检查计划进行监督检查,发现事故隐患,应当及时处理。

六、《安全生产法》对安全生产监督检查人员实施执法检查有什么要求?

《中华人民共和国安全生产法》第六十四条规定:安全生产监督检查人员应当忠于职守,坚持原则,秉公执法。安全生产监督检查人员执行监督检查任务时,必须出示有效的监督执法证件;对涉及被检查单位的技术秘密和业务秘密,应当为其保密。

第六十五条规定:安全生产监督检查人员应当将检查的时间、地点、内容、发现的问题及其处理情况,作出书面记录,并由检查人员和被检查单位的负责人签字;被检查单位的负责人拒绝签字的,检查人员应当将情况记录在案,并向负有安全生产监督管理职责的部门报告。

第七十五条规定：负有安全生产监督管理职责的部门应当建立安全生产违法行为信息库，如实记录生产经营单位的安全生产违法行为信息；对违法行为情节严重的生产经营单位，应当向社会公告，并通报行业主管部门、投资主管部门、国土资源主管部门、证券监督管理机构以及有关金融机构。

七、负有危险化学品安全监督管理职责的部门如何开展执法检查？

《危险化学品安全管理条例》第七条规定：负有危险化学品安全监督管理职责的部门依法进行监督检查，可以采取下列措施：

（一）进入危险化学品作业场所实施现场检查，向有关单位和人员了解情况，查阅、复制有关文件、资料；

（二）发现危险化学品事故隐患，责令立即消除或者限期消除；

（三）对不符合法律、行政法规、规章规定或者国家标准、行业标准要求的设施、设备、装置、器材、运输工具，责令立即停止使用；

（四）经本部门主要负责人批准，查封违法生产、储存、使用、经营危险化学品的场所，扣押违法生产、储存、使用、经营、运输的危险化学品以及用于违法生产、使用、运输危险化学品的原材料、设备、运输工具；

（五）发现影响危险化学品安全的违法行为，当场予以纠正或者责令限期改正。

负有危险化学品安全监督管理职责的部门依法进行监督检查时，监督检查人员不得少于2人，并应当出示执法证件；有关单位和个人对依法进行的监督检查应当予以配合，不得拒绝、阻碍。

八、安全生产监督管理部门对危险化学品的安全监管应履行哪些职责？

《危险化学品安全管理条例》第六条规定：安全生产监督管理部门负责危险化学品安全监督管理综合工作，组织确定、公布、调整危险化学品目录，对新建、改建、扩建生产、储存危险化学品（包括使用长输管道输送危险化学品，下同）的建设项目进行安全条件审查，核发危险化学品安全生产许可证、危险化学品安全使用许可证和危险化学品经营许可证，并负责危险化学品登记工作。

九、安全生产监督管理部门对危险化学品重大危险源有哪些管理内容？

《危险化学品安全管理条例》第二十五条规定：对储存数量构成重大危险源的其他危险化学品，储存单位应当将其储存数量、储存地点以及管理人员的情况，报所在地县级人民政府安全生产监督管理部门（在港区内储存的，报港口行政管理部门）和公安机关备案。

第十九条规定：已建的危险化学品生产装置或者储存数量构成重大危险源的危险化学品储存设施不符合《危险化学品安全管理条例》规定的，由所在地设区的市级人民政府安全生产监督管理部门会同有关部门监督其所属单位在规定期限内进行整改；需要转产、停产、搬迁、关闭的，由本级人民政府决定并组织实施。

《危险化学品重大危险源监督管理暂行规定》（国家安全生产监督管理总局令第40号）第二十三条规定：危险化学品单位在完成重大危险源安全评估报告或者安全评价报告后15日内，应当填写重大危险源备案申请表，报送所在地县级人民政府安全生产监督管理部门备案。

县级人民政府安全生产监督管理部门应当每季度将辖区内的一级、二级重大危险源备案材料报送至设区的市级人民政府安全生产监督管理部门。设区的市级人民政府安全生产监督管理部门应当每半年将辖区内的一级重大危险源备案材料报送至省级人民政府安全生产监督管理部门。

第二十五条规定：县级人民政府安全生产监督管理部门应当建立健全危险化学品重大危险源管理制度，明确责任人员，加强资料归档。

第二十六条规定：县级人民政府安全生产监督管理部门应当在每年1月15日前，将辖区内上一年度重大危险源的汇总信息报送至设区的市级人民政府安全生产监督管理部门。设区的市级人民政府安全生产监督管理部门应当在每年1月31日前，将辖区内上一年度重大危险源的汇总信息报送至省级人民政府安全生产监督管理部门。省级人民政府安全生产监督管理部门应当在每年2月15日前，将辖区内上一年度重大危险源的汇总信息报送至国家安全生产监督管理总局。

第二十七条规定：重大危险源经过安全评价或者安全评估不再构成重大危险源的，危险化学品单位应当向所在地县级人民政府安全生产监督管理部门申请核销。

第二十九条规定：县级人民政府安全生产监督管理部门应当每季度将辖区内一级、二级重大危险源的核销材料报送至设区的市级人民政府安全生产监督管理部门。设区的市级人民政府安全生产监督管理部门应当每半年将辖区内一级重大危险源的核销材料报送至省级人民政府安全生产监督管理部门。

第三十条规定：县级以上地方各级人民政府安全生产监督管理部门应当加强对存在重大危险源的危险化学品单位的监督检查，督促危险化学品单位做好重大危险源的辨识、安全评估及分级、登记建档、备案、监测监控、事故应急预案编制、核销和安全管理工作。

安全生产监督管理部门在监督检查中发现重大危险源存在事故隐患的，应当责令立即排除；重大事故隐患排除前或者排除过程中无法保证安全的，应当责令从危险区域内撤出作业人员，责令暂时停产停业或者停止使用；重大事故隐患排除后，经安全生产监督管理部门审查同意，方可恢复生产经营和使用。

第三十一条规定：县级以上地方各级人民政府安全生产监督管理部门应当会同本级人民政府有关部门，加强对工业（化工）园区等重大危险源集中区域的监督检查，确保重大危险源与周边单位、居民区、人员密集场所等重要目标和敏感场所之间保持适当的安全距离。

十、危险化学品企业的哪些情况需要在安全生产监督管理部门备案？备案内容主要有哪些？

《危险化学品安全管理条例》第二十二条规定：生产、储存危险化学品的企业，应当委托具备国家规定的资质条件的机构，对本企业的安全生产条件每3年进行一次安全评价，提出安全评价报告。安全评价报告的内容应当包括对安全生产条件存在的问题进行整改的方案。

生产、储存危险化学品的企业，应当将安全评价报告以及整改方案的落实情况报所在地县级人民政府安全生产监督管理部门备案。

第二十五条规定：对剧毒化学品以及储存数量构成重大危险源的其他危险化学品，储存单位应当将其储存数量、储存地点以及管理人员的情况，报所在地县级人民政府安全生产监督管理部门（在港区内储存的，报港口行政管理部门）和公安机关备案。

第二十七条规定：生产、储存危险化学品的单位转产、停产、停业或者解散的，应当采取有效措施，及时、妥善处置其危险化学品生产装置、储存设施以及库存的危险化学品，不得丢弃危险化学品；处置方案应当报所在地县级人民政府安全生产监督管理部门、工业和信息化主管部门、环境保护主管部门和公安机关备案。安全生产监督管理部门应当会同环境保护主管部门和公安机关对处置情况进行监督检查，发现未依照规定处置的，应当责令其立即处置。

第四十一条规定：危险化学品生产企业、经营企业销售剧毒化学品、易制爆危险化学品，应当如实记录购买单位的名称、地址、经办人的姓名、身份证号码以及所购买的剧毒化学品、易制爆危险化学品的品种、数量、用途。销售记录以及经办人的身份证明复印件、相关许可证件复印件或者证明文件的保存期限不得少于1年。

剧毒化学品、易制爆危险化学品的销售企业、购买单位应当在销售、购买后5日内，将所销售、购买的剧毒化学品、易制爆危险化学品的品种、数量以及流向信息报所在地县级人民政府公安机关备案，并输入计算机系统。

第七十条规定：危险化学品单位应当将其危险化学品事故应急预案报所在地设区的市级人民政府安全生产监督管理部门备案。

十一、安全生产监督管理部门对危险化学品企业安全生产许可证的颁发是如何管理的？

1.《危险化学品安全管理条例》

第十四条　危险化学品生产企业进行生产前，应当依照《安全生产许可证条例》的规定，取得危险化学品安全生产许可证。

生产列入国家实行生产许可证制度的工业产品目录的危险化学品企业，应当依照《中华人民共和国工业产品生产许可证管理条例》的规定，取得工业产品生产许可证。

负责颁发危险化学品安全生产许可证、工业产品生产许可证的部门，应当将其颁发许可证的情况及时向同级工业和信息化主管部门、环境保护主管部门和公安机关通报。

2.《安全生产许可证条例》

第三条　国务院安全生产监督管理部门负责中央管理的非煤矿矿山企业和危险化学品、烟花爆竹生产企业安全生产许可证的颁发和管理。

省、自治区、直辖市人民政府安全生产监督管理部门负责前款规定以外的非煤矿矿山企业和危险化学品、烟花爆竹生产企业安全生产许可证的颁发和管理，并接受国务院安全生产监督管理部门的指导和监督。

第七条　企业进行生产前，应当依照本条例的规定向安全生产许可证颁发管理机关申请领取安全生产许可证,并提供《安全生产许可证条例》第六条规定的相关文件、资料。安全生产许可证颁发管理机关应当自收到申请之日起 45 日内审查完毕,经审查符合本条例规定的安全生产条件的,颁发安全生产许可证;不符合本条例规定的安全生产条件的,不予颁发安全生产许可证,书面通知企业并说明理由。

安全生产许可证的有效期为 3 年。安全生产许可证有效期满需要延期的,企业应当于期满前 3 个月向原安全生产许可证颁发管理机关办理延期手续。

安全生产许可证颁发管理机关应当建立、健全安全生产许可证档案管理制度,并定期向社会公布企业取得安全生产许可证的情况。

国务院安全生产监督管理部门和省、自治区、直辖市人民政府安全生产监督管理部门对建筑施工企业、民用爆炸物品生产企业、煤矿企业取得安全生产许可证的情况进行监督。

安全生产许可证颁发管理机关应当加强对取得安全生产许可证的企业的监督检查,发现其不再具备本条例规定的安全生产条件的,应当暂扣或者吊销安全生产许可证。

十二、安全生产监督管理部门颁发安全生产许可证,要求生产经营单位必须具备什么条件?

《安全生产许可证条例》第六条规定:企业取得安全生产许可证,应当具备下列安全生产条件:

(一)建立、健全安全生产责任制,制定完备的安全生产规章制度和操作规程;

(二)安全投入符合安全生产要求;

(三)设置安全生产管理机构,配备专职安全生产管理人员;

(四)主要负责人和安全生产管理人员经考核合格;

(五)特种作业人员经有关业务主管部门考核合格,取得特种作业操作资格证书；

（六）从业人员经安全生产教育和培训合格；

（七）依法参加工伤保险，为从业人员缴纳保险费；

（八）厂房、作业场所和安全设施、设备、工艺符合有关安全生产法律、法规、标准和规程的要求；

（九）有职业危害防治措施，并为从业人员配备符合国家标准或者行业标准的劳动防护用品；

（十）依法进行安全评价；

（十一）有重大危险源检测、评估、监控措施和应急预案；

（十二）有生产安全事故应急救援预案、应急救援组织或者应急救援人员，配备必要的应急救援器材、设备；

（十三）法律、法规规定的其他条件。

十三、安全生产监督管理部门颁发危险化学品安全使用许可证，要求生产单位必须具备什么条件？

《危险化学品安全管理条例》第二十八条规定：使用危险化学品的单位，其使用条件(包括工艺)应当符合法律、行政法规的规定和国家标准、行业标准的要求，并根据所使用的危险化学品的种类、危险特性以及使用量和使用方式，建立、健全使用危险化学品的安全管理规章制度和安全操作规程，保证危险化学品的安全使用。

第三十条规定：申请危险化学品安全使用许可证的化工企业，除应当符合本条例第二十八条的规定外，还应当具备下列条件：

（一）有与所使用的危险化学品相适应的专业技术人员；

（二）有安全管理机构和专职安全管理人员；

（三）有符合国家规定的危险化学品事故应急预案和必要的应急救援器材、设备；

（四）依法进行了安全评价。

十四、安全生产监督管理部门对危险化学品安全使用许可证的颁发是如何管理的？

《危险化学品安全管理条例》第三十一条规定：申请危险化学品安全使用许可证的化工企业，应当向所在地设区的市级人民政府安全生产监督管理部门提出申请，并提交其符合本条例第三十条规定条件的证明材料。设区的市级人民政府安全生产监督管理部门应当依法进行审查，自收到证明材料之日起45日内作出批准或者不予批准的决定。予以批准的，颁发危险化学品安全使用许可证；不予批准的，书面通知申请人并说明理由。

安全生产监督管理部门应当将其颁发危险化学品安全使用许可证的情况及时向同级环境保护主管部门和公安机关通报。

十五、安全生产监督管理部门颁发危险化学品经营许可证，要求经营单位必须具备什么条件？

《危险化学品安全管理条例》第三十四条规定：从事危险化学品经营的企业应当具备下列条件：

（一）有符合国家标准、行业标准的经营场所，储存危险化学品的，还应当有符合国家标准、行业标准的储存设施；

（二）从业人员经过专业技术培训并经考核合格；

（三）有健全的安全管理规章制度；

（四）有专职安全管理人员；

（五）有符合国家规定的危险化学品事故应急预案和必要的应急救援器材、设备；

（六）法律、法规规定的其他条件。

十六、安全生产监督管理部门对危险化学品经营许可证的颁发是如何管理的？

《危险化学品安全管理条例》第三十五条规定：从事剧毒化学品、易制爆危险化学品经营的企业，应当向所在地设区的市级人民政府安全生产监督管理部门提出申请，从事其他危险化学品经营的企业，应当向所在地县级人民政府安全生产监督管理部门提出申请（有储存设施的，应当向所在地设区的市级人民政府安全生产监督管理部门提出申请）。申请人应当提交其符合《危险化学品安全管理条例》第三十四条规定条件的证明材料。设区的市级人民政府安全生产监督管理部门或者县级人民政府安全生产监督管理部门应当依法进行审查，并对申请人的经营场所、储存设施进行现场核查，自收到证明材料之日起30日内作出批准或者不予批准的决定。予以批准的，颁发危险化学品经营许可证；不予批准的，书面通知申请人并说明理由。

设区的市级人民政府安全生产监督管理部门和县级人民政府安全生产监督管理部门应当将其颁发危险化学品经营许可证的情况及时向同级环境保护主管部门和公安机关通报。

十七、安全生产监督管理部门在受理行政许可和进行执法检查中依据的安全生产法律法规主要有哪些？

主要有：

（一）《中华人民共和国安全生产法》（中华人民共和国主席令〔2014〕第13号）；

（二）《危险化学品安全管理条例》（中华人民共和国国务院令第591号）；

（三）《安全生产许可证条例》（中华人民共和国国务院令第397号）；

（四）《危险化学品生产企业安全生产许可证实施办法》（国家安全生产监督管理总局令第41号）（79号令修改）；

（五）《安全生产违法行为行政处罚办法》（国家安全生产监督管理总局令第15号）（77号令修改）；

（六）《安全生产监管监察职责和行政执法责任追究的规定》（国家安全生产监督管理总局令第24号）（77号令修改）；

（七）《危险化学品建设项目安全监督管理办法》（国家安全生产监督管理总局令第45号）（79号令修改）；

（八）《危险化学品经营许可证管理办法》（国家安全生产监督管理总局令第55号）（79号令修改）；

（九）《危险化学品安全使用许可证实施办法》（国家安全生产监督管理总局令第57号）（79号令修改）；

（十）《国家安全监管总局办公厅关于印发危险化学品安全生产许可文书的通知》（安监总厅管三〔2012〕43号）。

十八、安全生产监督管理部门对危险化学品企业安全监管的形式有哪几种？

我国对危险化学品安全监管的形式可以分为"行政许可""行政处罚"和"行政强制"。

"行政许可"，依据法律法规实施的危险化学品生产企业许可、危险化学品经营企业许可、危险化学品安全使用许可。

"行政处罚"，依据《安全生产违法行为行政处罚办法》（国家安全生产监督管理总局令第15号）规定的安全生产违法行为行政处罚的种类包括：警告；罚款；没收违法所得、没收非法开采的煤炭产品、采掘设备；责令停产停业整顿、责令停产停业、责令停止建设、责令停止施工；暂扣或者吊销有关许可证，暂停或者撤销有关执业资格、岗位证书；关闭；拘留；安全生产法律、行政法规规定的其他行政处罚。

"行政强制",依据《中华人民共和国安全生产法》第六十七条,负有安全生产监督管理职责的部门依法对存在重大事故隐患的生产经营单位作出停产停业、停止施工、停止使用相关设施或者设备的决定,生产经营单位应当依法执行,及时消除事故隐患。生产经营单位拒不执行,有发生生产安全事故的现实危险的,在保证安全的前提下,经本部门主要负责人批准,负有安全生产监督管理职责的部门可以采取通知有关单位停止供电、停止供应民用爆炸物品等措施,强制生产经营单位履行决定。

十九、安全生产监督管理部门对危险化学品企业如何实施行政处罚?

《安全生产违法行为行政处罚办法》(国家安全生产监督管理总局令第15号)第六条规定:安全生产违法行为的行政处罚,由安全生产违法行为发生地的县级以上安全监管监察部门管辖。中央企业及其所属企业、有关人员的安全生产违法行为的行政处罚,由安全生产违法行为发生地的设区的市级以上安全监管监察部门管辖。

暂扣、吊销有关许可证和暂停、撤销有关执业资格、岗位证书的行政处罚,由发证机关决定。其中,暂扣有关许可证和暂停有关执业资格、岗位证书的期限一般不得超过6个月;法律、行政法规另有规定的,依照其规定。

给予关闭的行政处罚,由县级以上安全监管监察部门报请县级以上人民政府按照国务院规定的权限决定。

给予拘留的行政处罚,由县级以上安全监管监察部门建议公安机关依照治安管理处罚法的规定决定。

第七条规定:两个以上安全监管监察部门因行政处罚管辖权发生争议的,由其共同的上一级安全监管监察部门指定管辖。

第九条规定:安全生产违法行为涉嫌犯罪的,安全监管监察部门应当将案件移送司法机关,依法追究刑事责任;尚不够刑事处罚但依法应当给予行政处罚的,由安全监管监察部门管辖。

第十二条规定:安全监管监察部门根据需要,可以在其法定职权范围内委托符合《行政处罚法》第十九条规定条件的组织或者乡、镇人民政府以及街道办事处、开发区管理机构等地方人民政府的派出机构实施行政处罚。受委托的单位在委托范围内,以委托的安全监管监察部门名义实施行政处罚。

委托的安全监管监察部门应当监督检查受委托的单位实施行政处罚,并对其实施行政处罚的后果承担法律责任。

第三章 建设项目安全审查

一、什么是建设项目安全设施"三同时"？

建设项目安全设施必须与主体工程同时设计、同时施工、同时投入生产和使用(以下简称"三同时")。

生产经营单位是建设项目安全设施建设的责任主体。安全设施投资应当纳入建设项目概算。

二、法律法规对危险化学品建设项目安全条件审查有哪些规定？

《危险化学品安全管理条例》(国务院令第591号)第十二条规定：新建、改建、扩建生产、储存危险化学品的建设项目(以下简称建设项目)，应当由安全生产监督管理部门进行安全条件审查。

建设单位应当对建设项目进行安全条件论证，委托具备国家规定的资质条件的机构对建设项目进行安全评价，并将安全条件论证和安全评价的情况报告报建设项目所在地设区的市级以上人民政府安全生产监督管理部门；安全生产监督管理部门应当自收到报告之日起45日内作出审查决定，并书面通知建设单位。

三、对企业危险化学品建设项目安全设施"三同时"的监管要求有哪些？

《危险化学品建设项目安全监督管理办法》(国家安全生产监督管理总局令第45号)中对企业危险化学品建设项目安全设施"三同时"的监管要求有：

(一)国家安全生产监督管理总局指导、监督全国建设项目安全审查和建设项目安全设施竣工验收的实施工作，并负责实施下列建设项目的安全审查和建设项目安全设施竣工验收：

(1)国务院审批(核准、备案)的；

(2)跨省、自治区、直辖市的。

(二)省、自治区、直辖市人民政府安全生产监督管理部门(以下简称省级安全生产监督管理部门)指导、监督本行政区域内建设项目安全审查和建设项目安全设施竣工验收的监督管理工作，确定并公布本部门和本行政区域内由设区的市级人民政府安全生产监督管理部门(以下简称市级安全生产监督管理部门)实施的前款规定以外的建设项目范围，并报国家安全生产监督管理总局备案。

(三)建设项目有下列情形之一的，应当由省级安全生产监督管理部门负责安全审查：

(1)国务院投资主管部门审批(核准、备案)的；

(2)生产剧毒化学品的；

(3)省级安全生产监督管理部门确定其他建设项目。

(四)负责实施危险化学品建设项目安全审查的安全生产监督管理部门根据工作需要，可以将其负责实施的建设项目安全审查工作，委托下一级安全生产监督管理部门实施。委托实施安全审查的，审查结果由委托的安全生产监督管理部门负责。跨省、自治区、直辖市的建设项目和生产剧毒化学品的建设项目，不得委托实施安全审查。

四、《危险化学品建设项目安全监督管理办法》的适用范围是什么？

《危险化学品建设项目安全监督管理办法》(国家安全生产监督管理总局令第45号)第二条规定：本办法适用于中华人民共和国境内新建、改建、扩建危险化学品生产、储存的建设项目以及伴有危险化学品产生的化工建设项目(包括危险化学品长输管道建设项目)。危险化学品的勘探、开采及其辅助的储存，原油和天然气勘探、开采及其辅助的储存、海上输送，城镇燃气的输送及储存等建设项目不适用。

五、《危险化学品建设项目安全监督管理办法》所称的新建、改建、扩建项目是指有哪些情形的项目？

《危险化学品建设项目安全监督管理办法》(国家安全生产监督管理总局令第45号)第四十二条规定：新建项目是指有下列情形之一的项目：

(一) 新设立的企业建设危险化学品生产、储存装置(设施)，或者现有企业建设与现有生产、储存活动不同的危险化学品生产、储存装置(设施)的；

(二) 新设立的企业建设伴有危险化学品产生的化学品生产装置(设施)，或者现有企业建设与现有生产活动不同的伴有危险化学品产生的化学品生产装置(设施)的。

第四十三条规定：改建项目是指有下列情形之一的项目：

(一) 企业对在役危险化学品生产、储存装置(设施)，在原址更新技术、工艺、主要装置(设施)、危险化学品种类的；

(二) 企业对在役伴有危险化学品产生的化学品生产装置(设施)，在原址更新技术、工艺、主要装置(设施)的。

第四十四条规定：扩建项目是指有下列情形之一的项目：

（一）企业建设与现有技术、工艺、主要装置（设施）、危险化学品品种相同，但生产、储存装置（设施）相对独立的；

（二）企业建设与现有技术、工艺、主要装置（设施）相同，但生产装置（设施）相对独立的伴有危险化学品产生的。

六、建设项目在哪些情形下，不得委托县级安监部门实施安全审查？

《危险化学品建设项目安全监督管理办法》（国家安全生产监督管理总局令第45号）第六条规定不得委托县级安全生产监督管理部门实施安全审查的建设项目共有两种情形：

（一）涉及国家安全生产监督管理总局公布的重点监管危险化工工艺的建设项目；

（二）涉及国家安全生产监督管理总局公布的重点监管危险化学品中的有毒气体、液化气体、易燃液体、爆炸品，且构成重大危险源的建设项目。

七、危险化学品建设项目在哪些情形下，应当由甲级安全评价机构进行安全评价？

《危险化学品建设项目安全监督管理办法》（国家安全生产监督管理总局令第45号）第九条规定共有四种情形：

（一）国务院及其投资主管部门审批（核准、备案）的建设项目；

（二）生产剧毒化学品的建设项目；

（三）跨省、自治区、直辖市的建设项目；

（四）法律、法规、规章另有规定的建设项目。

八、建设单位向安全生产监督管理部门申请危险化学品建设项目安全条件审查时,应提交哪些文件、资料?

《危险化学品建设项目安全监督管理办法》(国家安全生产监督管理总局令第45号)第十条规定:建设单位向安全生产监督管理部门申请建设项目安全条件审查时,应当在建设项目开始初步设计前,提供以下材料:

(一)建设项目安全条件审查申请书及文件;

(二)建设项目安全评价报告;

(三)建设项目批准、核准或者备案文件和规划相关文件(复制件);

(四)工商行政管理部门颁发的企业营业执照或者企业名称预先核准通知书(复制件)。

九、安全生产监督管理部门向建设单位出具建设项目安全条件审查意见书的时限是如何要求的?

《危险化学品建设项目安全监督管理办法》(国家安全生产监督管理总局令第45号)第十二条规定:对已经受理的建设项目安全条件审查申请,安全生产监督管理部门自受理申请之日起四十五日内向建设单位出具建设项目安全条件审查意见书。建设单位整改现场核查发现的有关问题和修改申请文件、资料所需时间不计算在本条规定的期限内。

同时《办法》还规定建设项目安全条件审查意见书的有效期为两年。

十、已经通过安全条件审查的危险化学品建设项目在哪些情形下,应当重新进行安全评价?

《危险化学品建设项目安全监督管理办法》(国家安全生产监督管

理总局令第45号)第十四条规定:已经通过安全条件审查的建设项目在以下四种情形下,应当重新进行安全评价,并申请审查:

(一) 建设项目周边条件发生重大变化的;

(二) 变更建设地址的;

(三) 主要技术、工艺路线、产品方案或者装置规模发生重大变化的;

(四) 建设项目在安全条件审查意见书有效期内未开工建设,期限届满后需要开工建设的。

十一、建设单位向安全生产监督管理部门申请危险化学品建设项目安全设施设计审查时,应提交哪些文件、资料?

《危险化学品建设项目安全监督管理办法》(国家安全生产监督管理总局令第45号)第十六条规定:建设单位向安全生产监督管理部门申请建设项目安全设施设计审查时,应当在建设项目初步设计完成后、详细设计开始前,提供三个方面材料:

(一) 建设项目安全设施设计审查申请书及文件;

(二) 设计单位的设计资质证明文件(复制件);

(三) 建设项目安全设施设计专篇。

十二、安全生产监督管理部门出具危险化学品建设项目安全设施设计审查意见书的时限是如何规定的?在哪些情形下,建设单位应当向原审查部门申请建设项目安全设施变更设计的审查?

《危险化学品建设项目安全监督管理办法》(国家安全生产监督管理总局令第45号)第十八条规定:对已经受理的建设项目安全设施设

计审查申请，安全生产监督管理部门自受理申请之日起二十日内向建设单位出具建设项目安全设施设计的审查意见书。

第二十条规定：已经审查通过的建设项目安全设施设计有下列情形之一的，建设单位应当向原审查部门申请建设项目安全设施变更设计的审查：

（一）改变安全设施设计且可能降低安全性能的；

（二）在施工期间重新设计的。

十三、建设单位应当如何组织危险化学品建设项目的试生产工作？

《危险化学品建设项目安全监督管理办法》（国家安全生产监督管理总局令第45号）第二十二条规定：建设单位应当组织建设项目的设计、施工、监理等有关单位和专家，研究提出建设项目试生产(使用)（以下简称试生产〈使用〉）可能出现的安全问题及对策，并按照有关安全生产法律、法规、规章和国家标准、行业标准的规定，制定周密的试生产(使用)方案。

试生产(使用)方案应包括七项内容：

（一）建设项目设备及管道试压、吹扫、气密、单机试车、仪表调校、联动试车等生产准备的完成情况；

（二）投料试车方案；

（三）试生产(使用)过程中可能出现的安全问题、对策及应急预案；

（四）建设项目周边环境与建设项目安全试生产(使用)相互影响的确认情况；

（五）危险化学品重大危险源监控措施的落实情况；

（六）人力资源配置情况；

（七）试生产(使用)起止日期。

第二十二条还规定：建设项目试生产期限应当不少于30日，不超过1年。

第二十三条规定：试生产（使用）前，建设单位应当组织专家对试生产（使用）方案进行审查。试生产（使用）时，建设单位应当组织专家对试生产（使用）条件进行确认，对试生产（使用）过程进行技术指导。

十四、安全生产监督管理部门如何对建设单位组织的危险化学品建设项目安全设施竣工验收工作进行监管？

《危险化学品建设项目安全监督管理办法》（国家安全生产监督管理总局令第45号）第二十五条规定：建设单位应当在建设项目试生产期间委托有相应资质的安全评价机构对建设项目及其安全设施试生产（使用）情况进行安全验收评价，且不得委托在可行性研究阶段进行安全评价的同一安全评价机构。

第二十六条规定：建设单位应当在建设项目投入生产和使用前，组织人员进行安全设施竣工验收，作出建设项目安全设施竣工验收是否通过的结论。参加验收人员的专业能力应当涵盖建设项目涉及的所有专业内容。

在建设项目安全设施竣工验收时，建设单位应当向参加验收人员提供下列文件、资料，并组织进行现场检查：

（一）建设项目安全设施施工、监理情况报告；

（二）建设项目安全验收评价报告；

（三）试生产（使用）期间是否发生事故、采取的防范措施以及整改情况报告；

（四）建设项目施工、监理单位资质证书（复制件）；

（五）主要负责人、安全生产管理人员、注册安全工程师资格证书（复制件），以及特种作业人员名单；

（六）从业人员安全教育、培训合格的证明材料；

（七）劳动防护用品配备情况说明；

（八）安全生产责任制文件，安全生产规章制度清单、岗位操作安全规程清单；

（九）设置安全生产管理机构和配备专职安全生产管理人员的文件（复制件）；

（十）为从业人员缴纳工伤保险费的证明材料（复制件）。

第四十一条规定：建设项目分期建设的，可以分期进行安全条件审查、安全设施设计审查、试生产及安全设施竣工验收。

十五、危险化学品建设项目安全设施竣工验收不予通过的情形有哪些？

《危险化学品建设项目安全监督管理办法》（国家安全生产监督管理总局令第45号）第二十七条规定：建设项目安全设施有下列情形之一的，建设项目安全设施竣工验收不予通过：

（一）未委托具备相应资质的施工单位施工的；

（二）未按照已经通过审查的建设项目安全设施设计施工或者施工质量未达到建设项目安全设施设计文件要求的；

（三）建设项目安全设施的施工不符合国家标准、行业标准的规定的；

（四）建设项目安全设施竣工后未按照本办法的规定进行检验、检测，或者经检验、检测不合格的；

（五）未委托具备相应资质的安全评价机构进行安全验收评价的；

（六）安全设施和安全生产条件不符合或者未达到有关安全生产法律、法规、规章和国家标准、行业标准的规定的；

（七）安全验收评价报告存在重大缺陷、漏项，包括建设项目主要危险、有害因素辨识和评价不正确的；

（八）隐瞒有关情况或者提供虚假文件、资料的；

（九）未按照本办法规定向参加验收人员提供文件、材料，并组织现场检查的。

建设项目安全设施竣工验收未通过的，建设单位经过整改后可以再次组织建设项目安全设施竣工验收。

十六、在哪些情形下，负责审查的安全生产监督管理部门或者其上级安全生产监督管理部门可以撤销危险化学品建设项目的安全审查？

《危险化学品建设项目安全监督管理办法》(国家安全生产监督管理总局令第45号)第三十条规定：可以撤销建设项目的安全审查共有五种情形。

（一）滥用职权、玩忽职守的；

（二）超越法定职权的；

（三）违反法定程序的；

（四）申请人不具备申请资格或者不符合法定条件的；

（五）依法可以撤销的其他情形。

建设单位以欺骗、贿赂等不正当手段通过安全审查的，应当予以撤销。

十七、《危险化学品建设项目安全监督管理办法》规定什么情形时，安全生产监督管理部门工作人员会被依法给予处分？

《危险化学品建设项目安全监督管理办法》(国家安全生产监督管理总局令第45号)第三十四条规定：安全生产监督管理部门工作人员徇私舞弊、滥用职权、玩忽职守，未依法履行危险化学品建设项目安全审查和监督管理职责的,依法给予处分。

十八、《危险化学品建设项目安全监督管理办法》规定建设单位在项目建设过程中违法行为将受到怎样的处罚？

《危险化学品建设项目安全监督管理办法》(国家安全生产监督管理总局令第45号)第三十五条规定：未经安全条件审查或者安全条件审查未通过，新建、改建、扩建生产、储存危险化学品的建设项目的，建设单位将被责令停止项目建设，限期改正；逾期不改正的，将受到50万元以上100万元以下的罚款处罚；构成犯罪的，建设单位相关责任人将被依法追究刑事责任。

第三十六条规定：建设单位有下列行为之一的，依照《中华人民共和国安全生产法》有关建设项目安全设施设计审查、竣工验收的法律责任条款给予处罚。

（一）建设项目安全设施设计未经审查或者审查未通过，擅自建设的；

（二）建设项目安全设施设计发生本办法第二十一条规定的情形之一，未经变更设计审查或者变更设计审查未通过，擅自建设的；

（三）建设项目的施工单位未根据批准的安全设施设计施工的；

（四）建设项目安全设施未经竣工验收或者验收不合格，擅自投入生产(使用)的。

第三十七条规定：建设单位有下列行为之一的，责令改正，可以处1万元以下的罚款；逾期未改正的，处1万元以上3万元以下的罚款。

（一）建设项目安全设施竣工后未进行检验、检测；

（二）在申请建设项目安全审查时提供虚假文件、资料；

（三）未组织有关单位和专家研究提出试生产(使用)可能出现的安全问题及对策，或者未制定周密的试生产(使用)方案，进行试生产

(使用)；

（四）未组织有关专家对试生产(使用)方案进行审查、对试生产(使用)条件进行检查确认。

十九、承担安全评价、检验、检测工作的机构出具虚假报告、证明时，将如何处罚？

《危险化学品建设项目安全监督管理办法》(国家安全生产监督管理总局令第45号)第三十九条规定：承担安全评价、检验、检测工作的机构出具虚假报告、证明的，依照《中华人民共和国安全生产法》的有关规定给予处罚。

《中华人民共和国安全生产法》规定：承担安全评价、认证、检测、检验工作的机构，出具虚假证明的，没收违法所得；违法所得在十万元以上的，并处违法所得二倍以上五倍以下的罚款；没有违法所得或者违法所得不足十万元的，单处或者并处十万元以上二十万元以下的罚款；对其直接负责的主管人员和其他直接责任人员处二万元以上五万元以下的罚款；给他人造成损害的，与生产经营单位承担连带赔偿责任；构成犯罪的，依照刑法有关规定追究刑事责任。对有前款违法行为的机构，吊销其相应资质。

二十、安全生产监督管理部门对哪些危险化学品建设项目可以适当简化安全审查的程序和内容？

《危险化学品建设项目安全监督管理办法》(国家安全生产监督管理总局令第45号)第四十条规定：对于规模较小、危险程度较低和工艺路线简单的建设项目，安全生产监督管理部门可以适当简化安全审查的程序和内容。

二十一、建设项目职业病防护设施设计存在哪些情形，建设单位不得通过评审和开工建设？

共有五种情形：

（一）未对建设项目主要职业病危害进行防护设施设计或者设计内容不全的；

（二）职业病防护设施设计未按照评审意见进行修改完善的；

（三）未采纳职业病危害预评价报告中的对策措施，且未作充分论证说明的；

（四）未对职业病防护设施和应急救援设施的预期效果进行评价的；

（五）不符合职业病防治有关法律、法规、规章和标准规定的其他情形的。

二十二、在哪些情况下，建设项目职业病危害控制效果评价报告不得通过评审、职业病防护设施不得通过验收？

共有六种情形：

（一）评价报告内容不符合《危险化学品建设项目安全监督管理办法》第二十四条要求的；

（二）评价报告未按照评审意见整改的；

（三）未按照建设项目职业病防护设施设计组织施工，且未充分论证说明的；

（四）职业病危害防治管理措施不符合《危险化学品建设项目安全监督管理办法》第二十二条要求的；

（五）职业病防护设施未按照验收意见整改的；

（六）不符合职业病防治有关法律、法规、规章和标准规定的其他情形的。

第四章 安全管理制度和安全文化建设

一、企业建立安全生产责任制和安全生产规章制度的要求是什么？

《安全生产法》第四条规定：生产经营单位必须遵守本法和其他有关安全生产的法律、法规，加强安全生产管理，建立、健全安全生产责任制和安全生产规章制度，改善安全生产条件，推进安全生产标准化建设，提高安全生产水平，确保安全生产。

《危险化学品安全管理条例》第四条规定：危险化学品安全管理，应当坚持安全第一、预防为主、综合治理的方针，强化和落实企业的主体责任。

危险化学品单位应当具备法律、行政法规规定和国家标准、行业标准要求的安全条件，建立、健全安全管理规章制度和岗位安全责任制度，对从业人员进行安全教育、法制教育和岗位技术培训。

企业是生产经营活动的主体，也是安全生产工作的责任主体。要确保安全生产，最根本的就是生产经营单位要加强安全生产管理，而加强安全生产管理，首先是要建立、健全安全生产责任制和安全生产规章制度。这既是安全生产工作的客观规律，也是生产经营单位的法定义务。生产经营单位建立、健全安全生产责任制，制定安全生产规章制度，是生产经营单位主要负责人的安全生产管理职责。

安全生产责任制是明确企业各岗位的安全生产责任及其配置、分解和监督落实的制度体系，是保障本单位安全生产的核心制度。实践证明，只有建立、健全安全生产责任制，才能做到责任明确、各负其责；才能更好地互相监督、层层落实责任，真正使安全生产有人管、有人负责。

企业应依据国家有关安全生产的有关法律、法规、规章，结合本单位实际情况和特点制定的安全生产管理的规章制度。

二、安全生产责任制应当包括哪些主要内容？

《安全生产法》第十九条规定：生产经营单位的安全生产责任制应当明确各岗位的责任人员、责任范围和考核标准等内容。

由于生产经营单位生产经营活动性质、特点以及生产的状况不同，其安全生产责任制的内容也不完全相同。但安全生产责任制应当包括各岗位的责任人员、责任范围和考核标准等内容。

（1）各岗位的责任人员

安全生产责任制的重要作用之一就是责任落实到人，解决"由谁负责"的问题，防止责任主体不明确导致无人负责。因此，生产经营单位的安全生产责任制必须首先明确每个岗位的责任人员。一是每个岗位都要明确责任人，无论是管理岗位、操作岗位还是其他辅助性岗位都不能例外。二是实行全员责任，从主要负责人、分管负责人和其他负责人、安全生产管理人员、现场指挥调度人员到普通从业人员，每个人都要明确责任。三是责任人员必须是具体的个人，落实到人头，即使是共同负责，也应明确哪些人共同负责。

（2）各岗位的责任范围

在明确责任人员的同时，安全生产责任制还必须明确各岗位的责任范围，解决每个岗位"负什么责"的问题，使每个人都清楚自己所在岗位的责任所在。明确责任范围，一是要边界清晰，不能模模糊糊、似是而非；二是要具体，不能过于笼统或者大而化之；三是要合理，与岗位职责相称，体现出差异性。比如，生产经营单位的主要负责人对本单位的安全生产全面负责，安全生产管理人员负责本单位安全生产的日常管理工作,车间主任、班组长等现场指挥和管理人员负责一线安全生产管理工作,普通从业人员的责任则主要是按章操作等。

(3) 考核标准

各岗位责任人员是否严格执行了岗位责任,履行责任的程度和效果如何,企业要建立考核标准来加以考核。考核标准应有针对性,适应不同岗位、不同人员的安全职责情况。

三、对企业建立安全生产责任制的监督考核机制的要求是什么?

《安全生产法》第十九条规定:生产经营单位应当建立相应的机制,加强对安全生产责任制落实情况的监督考核,保证安全生产责任制的落实。

安全生产责任制建立后,如果没有相应的监督考核机制,落实就没有保障。为保证将安全生产责任制落实到位,生产经营单位应当建立相应的机制,加强对安全生产责任制落实情况的监督考核,保证安全生产责任制的落实。

所说的相应的机制,是指对安全生产责任制的落实情况进行监督考核的机制。具体建立什么样的机制,生产经营单位可以根据自身情况自主决定。比如,生产经营单位的决策层定期研究讨论安全生产责任制的落实情况;定期检查、随机抽查或者把安全生产责任制的落实情况作为日常安全生产检查的必查内容;建立各岗位对安全生产责任制落实情况的自查自纠和定期报告制度;对安全生产责任制落实情况定期评估、考核,并与职工业绩考核和奖惩挂钩,等等。总之,通过建立相应的监督考核机制,最终达到落实安全生产责任制的目的。

四、危险化学品企业应当建立健全哪些安全生产规章制度?

危险化学品企业应当根据其组织规模、管理架构、风险特点、工艺过程和设备设施等实际情况，制定至少包含以下内容的安全生产规章制度：

（1）安全生产例会等安全生产会议制度；

（2）安全投入保障制度；

（3）安全生产奖惩制度；

（4）安全培训教育制度；

（5）领导干部轮流现场带班制度；

（6）特种作业人员管理制度；

（7）安全检查和隐患检查治理制度；

（8）重大危险源评估和安全管理制度；

（9）变更管理制度；

（10）应急管理制度；

（11）事故管理制度；

（12）防火、防爆、防中毒、防泄漏管理制度；

（13）工艺、设备、电气仪表、公用工程安全管理制度；

（14）动火、进入受限空间、吊装、高处、盲板抽堵、动土、断路、设备检维修等作业安全管理制度；

（15）危险化学品安全管理制度；

（16）职业健康相关管理制度；

（17）劳动防护用品使用维护管理制度；

（18）承包商管理制度；

（19）安全管理制度及操作规程定期修订制度。

五、哪些人员属于企业主要负责人？《安全生产法》中对企业主要负责人的安全职责是如何要求的？

一般情况下，生产经营单位的主要负责人就是其法定代表人，如公司制企业的董事长、执行董事或者经理，非公司制企业的厂长、经理等。对合伙企业、个人独资企业、个体工商户等，其投资人或者负责执行生产经营业务活动的人就是主要负责人。

需要注意的是，实践中存在法定代表人和实际经营决策人相分离的情况，如跨国集团公司的法定代表人住在国外，且并不具体负责企业的日常生产经营，或者生产经营单位的法定代表人因生病或学习等原因长期缺位，由其他负责人主持生产经营单位的全面工作。在这种情况下，那些真正全面组织、领导企业生产经营活动的实际负责人就是本条所说的生产经营单位的主要负责人。生产经营单位的主要负责人是生产经营活动的决策者和指挥者，是生产经营单位的最高领导者和管理者。

《安全生产法》第五条规定：生产经营单位的主要负责人对本单位的安全生产工作全面负责。

生产经营单位主要负责人对本单位安全生产工作"全面负责"，实践中应主要把握几个要素：

（1）对本单位安全生产工作的各个方面、各个环节都要负责，而不是仅仅负责某些方面或者部分环节。从建立、健全安全生产责任制、组织制定安全生产规章制度和操作规程、组织制定并实施安全生产教育和培训计划、保证安全生产投入的有效实施，到督促、检查本单位安全生产工作，及时消除生产安全事故隐患、组织制定并实施本单位的生产安全事故应急救援预案以及及时、如实报告生产安全事故等，都要负起责任，不能"选择性负责"。

（2）对本单位安全生产工作全程负责。生产经营单位主要负责人在任职期间，对本单位安全生产工作始终负有责任，不能间断，时而负责时而不负责。要确保本单位持续具备安全生产条件，不断提高安全生产管理水平。

（3）对本单位安全生产工作负最终责任。生产经营单位安全生产工作的总体状况、水平高低以及存在的问题等，最终由主要负责人承担责任，不能以任何借口规避、逃避。未履行安全生产管理职责的，主要负责人要依法承担相应的法律责任。

六、危险化学品企业安全生产管理机构及人员应如何设置和配备？

《安全生产法》第二十一条规定：矿山、金属冶炼、建筑施工、道路运输单位和危险物品的生产、经营、储存单位，应当设置安全生产管理机构或者配备专职安全生产管理人员。

危险化学品的生产、经营、储存单位不管其规模或人数，都应当设置安全生产管理机构或者配备专职安全生产管理人员。

原则上，生产经营单位作为市场主体，其内部机构设置和人员配备应自主决定。但是，安全生产涉及社会公共安全和公共利益，对生产经营单位安全生产管理机构的设置和安全生产管理人员的配备，政府需要进行管理和干预。安全生产的局面不会自然出现，必须有人具体管、具体负责。落实生产经营单位的安全生产主体责任，需要生产经营单位在内部组织架构和人员配置上对安全生产工作予以保障。安全生产管理机构和安全生产管理人员，是生产经营单位开展安全生产管理工作的重要前提，在生产经营单位的安全生产中发挥着不可或缺的重要作用。

分析近年来发生的生产安全事故，生产经营单位没有设置相应的安全生产管理机构或者配备必要的安全生产管理人员，是重要原因之一。特别是在市场经济条件下，这一问题更加突出。因此，相关法律法规明确了生产经营单位在设置安全生产管理机构和配备安全生产管理人员方面的义务，对于加强安全生产管理工作是十分必要的。

"安全生产管理机构"是指生产经营单位内部设立的专门负责安全生产管理事务的机构。"专职安全生产管理人员"是指在生产经营单位中专门负责安全生产管理，不兼作其他工作的人员。危险化学品的生产、经营、储存单位的危险因素多、危险性大，无论其规模大小，都应设置安全生产管理机构或者配备专职安全生产管理人员。

实践中，设置安全生产管理机构，配备专职安全生产管理人员，生产经营单位可以根据本单位的规模以及安全生产状况等实际情况，自主做出决定。一般来讲，规模较小的生产经营单位，可只配备专职安全生产管理人员；规模较大的生产经营单位则应当设置安全生产管理机构。从根本上说，无论是设置安全生产管理机构还是配备专职安全生产管理人员，必须以满足本单位安全生产管理工作的实际需要为原则。

《国家安全监管总局工业和信息化部关于危险化学品企业贯彻落实〈国务院关于进一步加强企业安全生产工作的通知〉的实施意见》（安监总管三〔2010〕186号）第3条进一步明确了配备安全人员的数量和资质要求：企业要设置安全生产管理机构或配备专职安全生产管理人员。安全生产管理机构要具备相对独立职能。专职安全生产管理人员应不少于企业员工总数的2%（不足50人的企业至少配备1人），要具备化工或安全管理相关专业中专以上学历，有从事化工生产相关工作2年以上经历，取得安全管理人员资格证书。

七、危险化学品生产经营企业在安全费用的提取和使用方面的要求是什么？

《安全生产法》第二十条规定：生产经营单位应当具备的安全生产条件所必需的资金投入，由生产经营单位的决策机构、主要负责人或者个人经营的投资人予以保证，并对由于安全生产所必需的资金投入不足导致的后果承担责任。

（一）企业是保证安全生产资金投入的责任主体

生产经营单位要具备安全生产条件，特别是持续具备安全生产条件，必须有相应的资金投入。实践中，一些生产经营单位只顾追求经济效益，安全投入不足甚至不投入的现象较为普遍，"安全欠账"问题突出。现在从法律上进一步明确了保证生产经营单位安全生产资金投入的责任主体。

生产经营单位应当具备的安全生产条件所需的资金投入，由生产经营单位的决策机构、主要负责人或者个人经营的投资人予以保证。一方面明确了资金投入的最低要求，即必须保证生产经营单位能够持续地具备安全生产法和有关法律、法规、国家标准或者行业所规定的安全生产条件；另一方面明确了保证资金投入的责任主体，即生产经营单位的决策机构、主要负责人或者个人经营的投资人。对于设立了股东会、董事会等决策机构的生产经营单位，由其决策机构保证本单位安全生产的资金投入；没有设立决策机构的生产经营单位，由其主要负责人保证安全生产的资金投入；个人投资经营的生产经营单位，则由投资人保证安全生产的资金投入。生产经营单位的决策机构、主要负责人或者个人经营的投资人在本单位处于决策、领导的地位，对保证安全生产所需资金投入负有责任，对安全生产所必需的资金投入不足导致的后果承担法律责任，包括民事赔偿责任、行政责任以及刑事责任。

（二）企业安全费用的提取和使用

2012年2月，财政部、国家安全生产监督管理总局制定了《企业安全生产费用提取和使用管理办法》(财企〔2012〕16号)，明确了提取安全生产费用的企业范围、安全生产费用的提取标准、使用范围以及监督检查等事项。根据该管理办法的规定，安全生产费用是指企业按照规定提取、在成本中列支、专门用于完善和改进企业或者项目安全生产条件的资金。

安全费用按照"企业提取、政府监管、确保需要、规范使用"的原则进行管理。

1. 安全费用的提取标准

危险品生产与储存企业以上年度实际营业收入为计提依据，采取超额累退方式按照以下标准平均逐月提取：

（1）营业收入不超过1000万元的，按照4%提取；

（2）营业收入超过1000万元至1亿元的部分，按照2%提取；

（3）营业收入超过1亿元至10亿元的部分，按照0.5%提取；

（4）营业收入超过10亿元的部分，按照0.2%提取。

2. 安全费用的使用

危险品生产与储存企业安全费用应当按照以下范围使用：

（1）完善、改造和维护安全防护设施设备支出（不含"三同时"要求初期投入的安全设施），包括车间、库房、罐区等作业场所的监控、监测、通风、防晒、调温、防火、灭火、防爆、泄压、防毒、消毒、中和、防潮、防雷、防静电、防腐、防渗漏、防护围堤或者隔离操作等设施设备支出；

（2）配备、维护、保养应急救援器材、设备支出和应急演练支出；

（3）开展重大危险源和事故隐患评估、监控和整改支出；

（4）安全生产检查、评价（不包括新建、改建、扩建项目安全评价）、咨询和标准化建设支出；

（5）配备和更新现场作业人员安全防护用品支出；

（6）安全生产宣传、教育、培训支出；

（7）安全生产适用的新技术、新标准、新工艺、新装备的推广应用支出；

（8）安全设施及特种设备检测检验支出；

（9）其他与安全生产直接相关的支出。

在规定的使用范围内，企业应当将安全费用优先用于满足安全生产监督管理部门、以及行业主管部门对企业安全生产提出的整改措施或者达到安全生产标准所需的支出。

企业提取的安全费用应当专户核算，按规定范围安排使用，不得挤占、挪用。年度结余资金结转下年度使用，当年计提安全费用不足的，超出部分按正常成本费用渠道列支。

3. 安全费用的管理

企业应当建立健全内部安全费用管理制度，明确安全费用提取和使用的程序、职责及权限，按规定提取和使用安全费用。

企业应当加强安全费用管理，编制年度安全费用提取和使用计划，纳入企业财务预算。企业年度安全费用使用计划和上一年安全费用的提取、使用情况按照管理权限报同级财政部门、安全生产监督管理部门和行业主管部门备案。

八、生产经营单位自身开展安全检查工作的实施要求是什么？

安全检查是企业安全管理的基础工作之一，应按照"谁主管、谁负责"和"全员、全过程、全方位、全天候"的原则，明确职责，建立健全企业安全检查制度和保证制度有效执行的管理体系，通过安全检查及时发现、及时消除各类安全生产隐患，保证企业安全生产。

为进一步推动和规范危险化学品企业安全检查和隐患排查治理工作，国家安全监管总局组织制定了《危险化学品企业事故隐患排查治理实施导则》（安监总管三〔2012〕103号）、《化工（危险化学品）企业安全检查重点指导目录》（安监总管三〔2015〕113号）。要求危险化学品企业要高度重视并持之以恒做好安全检查和隐患排查治理工作，建立安全检查和隐患排查治理工作责任制，完善安全检查和隐患排查治理制度，规范各项工作程序，建立安全检查和隐患排查治理的常态化机制。

（一）安全检查的组织

安全检查的目的就是企业通过预先的计划和安排，按照检查标准，有组织地对生产经营场所的作业活动、设备设施、工艺过程、生产和储存场地等进行检查，发现不安全因素。检查中发现的不安全因素，经过评估，确定隐患等级，按照隐患治理管理制度，进行隐患治理。不安全因素包括：人的不安全行为、物的危险状态、管理上的缺陷。

企业主要负责人负有组织制定安全管理制度和督促、检查安全生产的职责。安全检查制度是企业必须建立的安全规章制度。企业主要负责人应根据职责分工，明确各部门和岗位人员在安全检查工作中的职责。

安全检查要按检查的目的，分专业和部门，明确检查的责任人、检查内容、检查频次和检查结果处理的工作流程。安全检查要建立安全检查记录，记录检查的时间、内容、地点、部门或部位、检查人员、发现的问题。

安全检查要做到计划合理、标准明确、责任到人。定期检查与日常管理相结合，专业检查与综合检查相结合，例行检查与重点检查相结合，确保横向到边、纵向到底、及时发现、不留死角。

技术力量不足或危险化学品安全生产管理经验欠缺的企业应聘请有经验的化工专家或注册安全工程师指导企业开展安全检查工作。

（二）安全检查的方式

安全检查工作可结合企业生产运行实际，采取定期、不定期的形式。一般有以下七种形式。

（1）日常安全排查。日常安全检查是指班组、岗位员工的交接班检查和班中巡回检查，以及基层单位领导和工艺、设备、电气、仪表、安全等专业技术人员的日常性检查。

（2）综合性安全检查。综合性安全检查是指以保障安全生产为目的，以安全责任制、各项专业管理制度和安全生产管理制度落实情况为重点，各有关专业和部门共同参与的全面检查。

（3）专业性安全检查。专业安全检查主要是指对区域位置及布置、工艺、设备、电气、仪表、储运、消防和公用工程等系统分别进行的专业检查。

（4）专项安全检查。专项安全检查是指对某项工作或过程进行的检查。如：重大危险源检查、开停车安全检查、放射源安全检查。

（5）季节性安全检查。季节性安全检查是指根据各季节特点开展的有针对性的检查，春季以防雷、防静电、防解冻泄漏、防解冻坍塌为重点；夏季以防雷暴、防设备容器高温超压、防台风、防洪、防暑降温为重点；秋季以防雷暴、防火、防静电、防凝保温为重点；冬季以防火、防爆、防雪、防冻防凝、防滑、防静电为重点。

（6）重大活动及节假日前安全检查。在重大活动和节假日前，对装置生产是否存在异常状况和隐患、备用设备状态、备品备件、生产及应急物资储备、保运力量安排、企业保卫、应急工作等进行的检查，特别是要对节日期间干部带班值班、机电仪保运及紧急抢修力量安排、备件及各类物资储备和应急工作进行重点检查。

(7) 发生事故后的安全检查。对企业内和同类企业发生事故后的举一反三的安全检查。

(三) 安全检查的频次

企业进行安全检查的频次应满足：

(1) 装置操作人员现场巡检间隔不得大于 2 小时，涉及"两重点一重大"的生产、储存装置和部位的操作人员现场巡检间隔不得大于 1 小时，宜采用不间断巡检方式进行现场巡检。

(2) 基层车间(装置、单元)直接管理人员(主任、工艺设备技术人员)、电气、仪表人员每天至少两次对装置现场进行相关专业检查。

(3) 基层车间应结合岗位责任制检查，至少每周组织一次安全检查，并和日常交接班检查和班中巡回检查中发现的不安全因素一起进行汇总；基层单位(厂)应结合岗位责任制检查，至少每月组织一次安全检查。

(4) 企业应根据季节性特征及本单位的生产实际，每季度开展一次有针对性的季节性安全检查；重大活动及节假日前必须进行一次安全检查。

(5) 企业至少每半年组织一次，基层单位至少每季度组织一次综合性安全检查和专业安全检查，两者可结合进行。

(6) 当获知同类企业发生伤亡及泄漏、火灾爆炸等事故时，应举一反三，及时进行专项类比安全检查。

当发生以下情形之一，企业应及时组织进行相关专业的安全检查：

(1) 颁布实施有关新的法律法规、标准规范或原有适用法律法规、标准规范重新修订的；

(2) 组织机构和人员发生重大调整的；

(3) 装置工艺、设备、电气、仪表、公用工程或操作参数发生重大改变的；

(4) 外部安全生产环境发生重大变化；

(5) 发生事故或对事故、事件有新的认识；

(6) 气候条件发生大的变化或预报可能发生重大自然灾害。

(四) 安全检查的内容

根据危险化学品企业的特点，安全检查包括但不限于以下内容：

(1) 安全基础管理。安全生产管理机构建立健全情况、安全生产责任制和安全管理制度建立健全及落实情况；安全投入保障情况，参加工伤保险、安全生产责任险的情况；安全培训与教育情况；风险评价与安全隐患排查治理情况；事故管理、变更管理及承包商的管理情况；危险作业和检维修的管理情况等。

(2) 区域位置和布置。危险化学品重大危险源储存设施与《危险化学品安全管理条例》中规定的重要场所的安全距离；可能造成水域环境污染的危险化学品危险源的防范情况；企业周边或作业过程中存在的易由自然灾害引发事故灾难的危险点排查、防范和治理情况；企业内部重要设施的平面布置以及安全距离；建(构)筑物的安全通道；厂区道路、消防道路、安全疏散通道和应急通道等重要道路(通道)的维护情况；安全警示标志的设置情况等。

(3) 工艺系统。工艺的安全管理情况，工艺风险分析制度的建立和执行，操作规程的编制、审查、使用与控制，工艺安全培训的管理；工艺技术及工艺装置的安全控制；现场工艺安全状况，工艺指标的现场控制。

(4) 设备系统。设备管理制度的建立与执行情况；设备现场的安全运行状况；特种设备(包括压力容器及压力管道)的现场管理等。

(5) 电气系统。电气系统的安全管理，电气安全相关管理制度、规程的制定及执行情况；供配电系统、电气设备及电气安全设施的设置；电气设施、供配电线路及临时用电的现场安全状况等。

(6) 仪表系统。仪表的综合管理，相关管理制度建立和执行情况；安全仪表系统的投用、摘除及变更管理等；仪表系统配置情况；现场各类仪表完好有效，检验维护及现场标识情况。

(7) 危险化学品管理。危险化学品分类、登记与档案的管理；按照国家有关规定对危险化学品进行登记；化学品安全信息的编制、培训和应急管理。

（8）储运系统。储运系统的安全管理情况，储存管理制度以及操作、使用和维护规程制定及执行情况；重大危险源罐区现场的安全监控装备；储运系统罐区、储罐本体及其安全附件、铁路装卸区、汽车装卸区等设施的完好性。

（9）消防系统。建设项目消防设施验收情况，消防安全制度的制定和执行情况；消防设施与器材的配备情况；消防设施与器材的维护和现场管理，消防道路情况。

（10）公用工程系统。给排水、循环水系统、污水处理系统；供热站及供热管道设备设施、安全设施；空分装置、空压站设备设施。

九、什么是安全文化？

《企业安全文化建设导则》（AQ/T 9004—2008）对安全文化定义如下：企业安全文化是指企业（或行业）在长期安全生产和经营活动中，逐步形成的，或有意识塑造的又为全体职工接受、遵循的，具有企业特色的安全思想和意识、安全作风和态度、安全管理机制及行为规范。

一个单位的安全文化是个人和集体的价值观、态度、能力和行为方式的综合产物，它决定于健康安全管理上的承诺、工作作风和精通程度。

企业安全文化是企业在实现企业宗旨、履行企业使命而进行的长期管理活动和生产实践过程中，积累形成的全员性的安全价值观或安全理念、员工职业行为中所体现的安全性特征、以及构成和影响社会、自然、企业环境、生产秩序的企业安全氛围等的总和。企业安全文化是安全文化最重要的组成部分。企业只要有安全生产工作存在，就会有相应的企业安全文化存在。

企业安全文化的表现形态多种多样，一般可以分为物质态、制度态、行为态和精神态四个方面。

企业安全文化的物质形态就是安全文化在企业生产经营所涉及到的各种实体事物上表现出来的状态(形态)。例如，安全宣教用品的使用状态的表现。

企业安全文化的制度形态就是安全文化在企业所规定的各种规章制度上表现出的状态(形态)。

企业安全文化的行为形态就是安全文化在企业每一个员工的各种肢体动作行为和大脑思考行为中表现出来的状态(形态)。

企业安全文化的精神形态就是安全文化在企业所确定的管理理念、观念、宗旨、方针、目标，以及个人的安全座右铭、禁忌心理等方面表现出来的状态(形态)。

充分了解企业安全文化的各种表现形态，对于认识和把握具有"虚无"特性的安全文化，会起到很大的作用。

十、为什么要在企业推行安全文化建设？

国家安全生产法律法规和企业安全生产责任制的贯彻落实，是安全管理的重要保障。通过倡导企业安全文化，开展安全教育，使国家安全生产法律法规和企业安全生产责任深入人心，从而形成良好的安全生产氛围。

由于企业安全文化体现了预防为主的特点，在建立企业安全文化的过程中，通过对重大危险源的分析确定及 HSE 安全风险评价，可预先采取控制风险的措施，降低安全风险。

企业安全生产的主体是人，人的安全意识如何，直接作用于安全生产的具体工作。一方面，通过建立企业安全文化，可以创造一种良好的安全氛围和协调的人、机工作环境，对人的观念、态度、行为形成深远的影响，从而对人的不安全行为进行控制，达到减少人为事故的目的。另一方面，由于其群体性的特点，通过全员的参与，有利于提高员工的整体安全素质。

十一、开展企业安全文化建设应遵循的主要规范有哪些？

（1）《企业安全文化建设导则》（AQ/T 9004—2008）；
（2）《企业安全文化建设评价准则》（AQ/T 9005—2008）；
（3）《国务院安委会办公室关于大力推进安全生产文化建设的指导意见》（安委办〔2012〕34号）；
（4）各省市相继发布的《安全文化建设纲要》。

十二、企业开展安全文化建设的总体要求是什么？

《企业安全文化建设导则》（AQ/T 9004—2008）对企业文化建设的总体要求是：企业在安全文化建设过程中，应充分考虑自身内部的和外部的文化特征，引导全体员工的安全态度和安全行为，实现在法律和政府监管要求之上的安全自我约束，通过全员参与实现企业安全生产水平持续进步。

十三、企业安全文化建设的七大基本要素是什么？

《企业安全文化建设导则》（AQ/T 9004—2008）规定的企业安全文化建设的七大基本要素是：安全承诺、行为规范与程序、安全行为激励、安全信息传播与沟通、自主学习与改进、安全事务参与、审核与评估。

十四、《企业安全文化建设评价准则》对企业安全文化建设评价的指标有哪些?

《企业安全文化建设评价准则》(AQ/T 9005—2008)对企业安全文化建设评价的指标有：基础特征、安全承诺、安全管理、安全环境、安全培训与学习、安全信息传播、安全行为激励、安全事务参与、决策层行为、管理层行为、员工层行为。

十五、《企业安全文化建设评价准则》对企业安全文化建设评价的程序是什么?

《企业安全文化建设评价准则》(AQ/T 9005—2008)对企业安全文化建设评价的程序是：建立评价组织机构与评价实施机构，制定评价工作实施方案，下达《评价通知书》，调研、收集与核实基础资料，数据统计分析，撰写评价报告，反馈企业征求意见，提交评价报告，进行评价工作总结。

第五章 人员资质和能力要求

一、对化工企业主要负责人、安全管理人员培训取证方面是如何要求的？

（一）必须取得合格证书。

化工（危险化学品）企业主要负责人和安全生产管理人员，必须接受专门的安全培训，经安全生产监管监察部门对其安全生产知识和管理能力考核合格，取得安全合格证书后，方可任职。安全知识培训时间不得少于48学时；每年再培训时间不得少于16学时。

（二）主要负责人安全培训应当包括下列内容：

（1）国家安全生产方针、政策和有关安全生产的法律、法规、规章及标准；

（2）安全生产管理基本知识、安全生产技术、安全生产专业知识；

（3）重大危险源管理、重大事故防范、应急管理和救援组织以及事故调查处理的有关规定；

（4）职业危害及其预防措施；

（5）国内外先进的安全生产管理经验；

（6）典型事故和应急救援案例分析；

（7）其他需要培训的内容。

（三）安全生产管理人员安全培训应当包括下列内容：

（1）国家安全生产方针、政策和有关安全生产的法律、法规、规章及标准；

（2）安全生产管理、安全生产技术、职业卫生等知识；

(3) 伤亡事故统计、报告及职业危害的调查处理方法；

(4) 应急管理、应急预案编制以及应急处置的内容和要求；

(5) 国内外先进的安全生产管理经验；

(6) 典型事故和应急救援案例分析；

(7) 其他需要培训的内容。

二、化工(危险化学品)企业特种作业包括哪些？特种作业人员应具备哪些资质？

《特种作业人员安全技术培训考核管理规定》(国家安全生产监督管理总局令第30号)规定特种作业是指容易发生事故，对操作者本人、他人的安全健康及设备、设施的安全可能造成重大危害的作业。特种作业的范围由特种作业目录规定。

化工(危险化学品)企业的特种作业是指从事危险化工工艺过程操作及化工自动化控制仪表安装、维修、维护的作业，以及电气运行、设备设施安装维修等相关危险作业，作业中容易发生事故，对操作者本人、他人的安全健康及设备、设施的安全可能造成重大危害的作业。有以下几种：

(1) 电工作业。包括高压电工作业、低压电工作业、防爆电气作业。

(2) 焊接与热切割作业。包括熔化焊接与热切割作业、压力焊作业、钎焊作业。

(3) 高处作业。包括登高架设作业、高处安装、维护、拆除作业。

(4) 制冷与空调作业。包括制冷与空调设备运行操作作业、制冷与空调设备安装修理作业。

(5) 危险化学品安全作业。包括光气及光气化工艺作业、氯碱电解工艺作业、氯化工艺作业、硝化工艺作业、合成氨工艺作业、裂解(裂化)工艺作业、氟化工艺作业、加氢工艺作业、重氮化工艺作业、氧化工艺作业、过氧化工艺作业、胺基化工艺作业、磺化工艺作业、聚合工艺作业、烷基化工艺作业、化工自动化控制仪表作业。

(6) 安全监管总局认定的其他作业。

特种作业人员必须经专门的安全技术培训并考核合格,取得《中华人民共和国特种作业操作证》后,方可上岗作业。培训包括其所从事的特种作业相应的安全技术理论和实际操作。离开特种作业岗位6个月以上的特种作业人员,应当重新进行实际操作考试,经确认合格后方可上岗作业。

省、自治区、直辖市人民政府安全生产监督管理部门或者指定的考核发证机关可以委托设区的市人民政府安全生产监督管理部门或者指定的机构实施特种作业人员的安全技术培训、考核、发证、复审工作。

三、对化工(危险化学品)企业特种设备安全管理人员、检测人员和作业人员有什么要求?

化工(危险化学品)企业作为特种设备使用单位,应当按照《中华人民共和国特种设备安全法》(中华人民共和国主席令第4号)第十三条的规定,配备必要的特种设备安全管理人员、检测人员和作业人员,并对其进行必要的安全教育和技能培训,按照国家有关规定取得相应资格后,方可从事相关工作。

四、生产经营单位如何对新员工开展安全培训?

化工(危险化学品)企业新上岗的从业人员安全培训时间不得少于72学时,每年接受再培训的时间不得少于20学时。岗前安全培训包括厂级、车间级与班组级。

(一) 厂级岗前安全培训内容

(1) 本单位安全生产情况及安全生产基本知识；

(2) 本单位安全生产规章制度和劳动纪律；

(3) 从业人员安全生产权利和义务；

(4) 有关事故案例；

(5) 事故应急救援、事故应急预案演练及防范措施；

(6) 其他需要培训的内容。

(二) 车间(工段)级岗前安全培训内容

(1) 工作环境及危险因素；

(2) 所从事工种可能遭受的职业伤害和伤亡事故；

(3) 所从事工种的安全职责、操作技能及强制性标准；

(4) 自救互救、急救方法、疏散和现场紧急情况的处理；

(5) 安全设备设施、个人防护用品的使用和维护；

(6) 本车间(工段、区、队)安全生产状况及规章制度；

(7) 预防事故和职业危害的措施及应注意的安全事项；

(8) 有关事故案例；

(9) 其他需要培训的内容。

(三) 班组级岗前安全培训内容

(1) 岗位安全操作规程；

(2) 岗位之间工作衔接配合的安全与职业卫生事项；

(3) 有关事故案例；

(4) 其他需要培训的内容。

五、对转岗、离岗人员的安全培训要求是什么？

化工(危险化学品)企业从业人员在本企业内调整工作岗位或离岗一年以上重新上岗时，应当重新接受车间(工段)和班组级的安全培训。

六、当企业生产状况发生变更时如何对员工进行培训？

化工（危险化学品）企业实施新工艺、新技术或者使用新设备、新材料时，或者实施工艺技术变更、设备设施变更后，应当对有关从业人员重新进行有针对性的安全培训。

新建企业应规定从业人员文化素质要求，加强从业人员专业技能培养。工厂开工建设后，企业就应招录操作人员，使操作人员在上岗前先接受规范的基础知识和专业理论培训，确保管理人员和操作人员考核合格。新装置投用前要完成管理人员和操作人员岗位技能培训。

七、对化工企业开展日常安全教育活动情况是如何要求的？

企业安全生产管理部门或专职安全生产管理人员应结合安全生产实际，制定管理部门、班组月度安全活动计划，规定活动形式、内容和要求。

企业管理部门、班组应按照月度安全活动计划开展安全活动和基本功训练。班组安全活动每月不少于 2 次，每次活动时间不少于 1 学时。班组安全活动应有负责人、有计划、有内容、有记录。企业负责人应每月至少参加 1 次班组安全活动，基层单位负责人及其管理人员应每月至少参加 2 次班组安全活动。管理部门安全活动每月不少于 1 次，每次活动时间不少于 2 学时。企业安全生产管理部门或专职安全生产管理人员应每月至少 1 次对安全活动记录进行检查，并签字。

八、企业进行检维修作业时应如何开展培训？

企业对设备操作、维修人员要进行专门的培训和资格考核，培训考核情况要记录存档。

在检维修作业前,对检维修人员进行安全培训教育;如涉及特殊作业,还需按照《化学品生产单位特殊作业安全规范》(GB 30871)的要求进行相关培训。

九、企业如何对承包商人员开展培训?对外来人员的入厂教育有哪些要求?

企业应对承包商的作业人员进行入厂安全培训教育,经考核合格发放入厂证,保存安全培训教育记录。进入作业现场前,作业现场所在基层单位应对施工单位的作业人员进行进入现场前安全培训教育,保存安全培训教育记录。

企业应对外来参观、学习等人员在入厂前进行有关安全规定及安全注意事项的培训或告知。

十、企业如何组织安全教育培训活动?如何对安全培训效果进行评估?

企业应严格执行安全培训教育制度,依据国家、地方及行业规定和岗位需要,制定适宜的安全培训教育目标和要求。根据不断变化的实际情况和培训目标,定期识别安全培训教育需求,制定安全培训教育计划。企业根据需要编制安全教育培训大纲、教材,且及时更新。

企业应将安全培训工作纳入本单位年度工作计划,组织培训教育,保证安全培训教育所需人员、资金和设施。企业安全培训教育计划变更时,应记录变更情况。

企业安全教育培训主管部门应对培训教育效果进行评价,评估方法可包括发放调查表、试卷分析、现场交流等,至少包含培训内容、组织、学员掌握情况、授课方式、对培训的建议等相关内容,并根据评价结果制定改进措施。

十一、企业安全教育培训档案包括哪些方面？

企业应建立从业人员安全培训教育档案，详细、准确记录培训考核情况，培训记录至少包括新员工基本情况、各级培训通知、时间、内容、学时、培训老师、参加人员、考试成绩、受培训人员签到表、培训效果评价等。

十二、安全监督管理部门如何对企业从业人员的安全培训情况进行监管？

安全生产监管监察部门依法对企业从业人员的安全培训情况进行监督检查，督促生产经营单位按照国家有关法律法规和规定开展安全培训工作。

新修订的《安全生产培训管理办法》(国家安全生产监督管理总局令第44号)要求，各级安全生产监管监察部门对企业安全培训及其持证上岗的情况进行监督检查，主要包括以下内容：

（1）安全培训制度、年度培训计划、安全培训管理档案的制定和实施的情况；

（2）安全培训经费投入和使用的情况；

（3）主要负责人、安全生产管理人员和特种作业人员安全培训和持证上岗的情况；

（4）建立安全培训档案的情况；

（5）应用新工艺、新技术、新材料、新设备以及转岗前对从业人员安全培训的情况；

（6）其他从业人员安全培训的情况；

（7）法律法规规定的其他内容。

十三、生产经营单位在安全培训及取证工作方面存在有哪些行为时,需承担法律责任?

(一)依据《安全生产法》第九十四条,企业安全培训工作有下列行为之一的,负有安全生产监督管理职责的部门应责令限期改正,可以处五万元以下的罚款;逾期未改正的,责令停产停业整顿,并处五万元以上十万元以下的罚款,对其直接负责的主管人员和其他直接责任人员处一万元以上二万元以下的罚款:

(1)危险物品的生产、经营、储存企业的主要负责人和安全生产管理人员未按照规定经考核合格的;

(2)未按照规定对从业人员、被派遣劳动者、实习学生进行安全生产教育和培训,或者未按照规定如实告知有关的安全生产事项的;

(3)未如实记录安全生产教育和培训情况的;

(4)特种作业人员未按照规定经专门的安全作业培训并取得相应资格,上岗作业的。

(二)依据《生产经营单位安全培训规定》(国家安全监管总局令第3号,第63号令修正)第二十七条,企业有下列行为之一的,由安全生产监管监察部门责令其限期改正,并处2万元以下的罚款:

(1)未将安全培训工作纳入本单位工作计划并保证安全培训工作所需资金的;

(2)未建立健全从业人员安全培训档案的;

(3)从业人员进行安全培训期间未支付工资并承担安全培训费用的。

(三)依据《生产经营单位安全培训规定》(国家安全监管总局令第3号,第63号令修正)第二十九条生产经营单位有下列行为之一的,由安全生产监管监察部门给予警告,吊销安全资格证书,并处3万元以下的罚款:

（1）编造安全培训记录、档案的；
（2）骗取安全资格证书的。

（四）依据《安全生产培训管理办法》（国家安全监管总局令第44号，第63号令修正）第三十五条，生产经营单位主要负责人、安全生产管理人员、特种作业人员以欺骗、贿赂等不正当手段取得安全资格证或者特种作业操作证的，除撤销其相关资格证外，处3千元以下的罚款，并自撤销其相关资格证之日起3年内不得再次申请该资格证。

十四、如何对企业特种作业人员取证情况进行监督检查？

（一）依据《特种作业人员安全技术培训考核管理规定》（国家安全生产监督管理总局令第30号）第三十条，有下列情形之一的，考核发证机关应当撤销特种作业操作证：
（1）超过特种作业操作证有效期未延期复审的；
（2）特种作业人员的身体条件已不适合继续从事特种作业的；
（3）对发生生产安全事故负有责任的；
（4）特种作业操作证记载虚假信息的；
（5）以欺骗、贿赂等不正当手段取得特种作业操作证的。

特种作业人员违反前款第（四）项、第（五）项规定的，3年内不得再次申请特种作业操作证。

（二）依据《特种作业人员安全技术培训考核管理规定》（国家安全生产监督管理总局令第30号）企业非法印制、伪造、倒卖特种作业操作证，或者使用非法印制、伪造、倒卖的特种作业操作证的，给予警告，并处1万元以上3万元以下的罚款；构成犯罪的，依法追究刑事责任。特种作业人员伪造、涂改特种作业操作证或者使用伪造的特种作业操作证的，给予警告，并处1000元以上5000元以下的罚款。特种作业人员转借、转让、冒用特种作业操作证的，给予警告，并处2000元以上10000元以下的罚款。

第六章 危险化学品管理

一、什么是危险物品？什么是危险货物？什么是危险化学品？

《中华人民共和国安全生产法》第一百一十二条中有如下定义：

危险物品，是指易燃易爆物品、危险化学品、放射性物品等能够危及人身安全和财产安全的物品。

《危险货物分类和品名编号》(GB 6944—2012)第3.1条中有如下定义：

危险货物，是指具有爆炸、易燃、毒害、感染、腐蚀、放射性等危险特性，在运输、储存、生产、经营、使用和处置中，容易造成人身伤亡、财产损毁或环境污染而需要特别防护的物质和物品。

《危险化学品安全管理条例》(国务院第591号令)第三条中有如下定义：

危险化学品，是指具有毒害、腐蚀、爆炸、燃烧、助燃等性质，对人体、设施、环境具有危害的剧毒化学品和其他化学品。

二、危险物品、危险货物和危险化学品之间是什么关系？

危险物品、危险货物和危险化学品不仅仅是名称不同，定义、范围及分类也有所区别。

危险物品范围最广，通俗讲凡是存在安全隐患、环境污染和危害人体健康的一切有具体形状、颜色和空间的实实在在的物品都称为危险物品。危险物品包括危险货物和危险化学品。

危险化学品和危险货物大部分是一致的，但有一部分危险化学品不属于危险货物，部分危险货物也不属于危险化学品。

危险货物与危险化学品可以从法规和技术两个方面进行区分。

1. 从法规方面区分

我国标准法规中所指的危险货物是根据《联合国关于危险货物运输的建议书规章范本》来判定的，我国将品名表转化为《危险货物品名表》（GB 12268—2012），判定货物是否为危险货物的方法转化为《危险货物分类和品名编号》（GB 6944—2012），按照 GB 6944 规定的规则和方法判断其危险性是否足以被列为危险货物并对应到 GB 12668 中。因此，GB 12268 中列名的物质和按照 GB 6944 分类后满足危险货物标准的，都属于危险货物。

我国标准法规中所指的危险化学品是根据行政法规《危险化学品安全管理条例》，由国家安监总局联合交通运输部、公安部等十个部委联合发布的《危险化学品目录》，在此目录中的化学品都被认定为危险化学品，其生产、储存、流通、运输等环节均需符合《危险化学品安全管理条例》的有关规定。《危险化学品目录》是动态的，会适时调整，目前实施的是 2015 版。

2. 从技术方面区分

危险货物的认定主要依据的是运输过程中表现出来的对人类和环境的危害性，强调短期危害性，我国危险货物认定的依据主要是《联合国关于危险货物运输的建议书规章范本》（TDG）。

危险化学品的认定主要依据的是生产、储存、流通、运输等各环节长期或短期接触对人类和环境的危害性，我国危险化学品认定的依据主要来自《全球化学品统一分类和标签制度》（GHS）。

例如甲醇，既是危险货物又是危险化学品；MDI（二苯基甲烷二异氰酸酯），一种应用很广泛的化学品，具有较低的毒性，长期接触对人体有害，因此是危险化学品，但 MDI 在运输过程中，一旦发生泄漏会与水分发生反应,生成不溶性的脲类化合物并放出二氧化碳,黏度增高,不会造成明显的危害,因此未被列为危险货物;锂电池不属于危险化学品,但属于危险货物;上述三种物质均属于危险物品。

三、什么是剧毒化学品?

《危险化学品目录》中对剧毒化学品有如下定义:剧毒化学品,是指具有剧烈毒性危害的化学品,包括人工合成的化学品及其混合物和天然毒素,还包括具有急性毒性易造成公共安全危害的化学品,是危险化学品的一种,其名录列入《危险化学品目录》(2015版)。

四、什么是化学品的"一书一签"?

化学品"一书一签","一书"是指化学品安全技术说明书,"一签"是指化学品安全标签。

我国对化学品的"一书一签"的编制制定了相关的标准,即《化学品安全技术说明书内容和项目顺序》(GB/T 16483—2008)和《化学品安全标签编写规定》(GB 15258—2009)。

MSDS(Material Safety Data Sheet 的简称),即物质安全说明书,是化学品生产商和经销商按法律要求必须提供的化学品理化特性(如 pH 值、闪点、易燃度、反应活性等)、毒性、环境危害,以及对使用者健康(如致癌、致畸等)可能产生危害的一份综合性文件。它包括化学品的理化参数、燃爆性能、对健康的危害、安全使用储存、泄漏处置、急救措施以及有关的法律法规等方面信息。

SDS(Safety Data Sheet for Chemical Products 的简称),即化学品安全说明书;《化学品安全技术说明书内容和项目顺序》(GB/T 16483—2008)中已经统一为 SDS;从之前的 MSDS 改为 SDS,性质不变。

根据《化学品安全标签编写规定》(GB 15258—2009),化学品安全标签是用于标示化学品所具有的危险性和安全注意事项的一组文字、象形图和编码的组合。主要包括化学品标识、象形图、信号词、危险性说明、防范说明、应急咨询电话、供应商标识、资料查阅提示语等。象形图和信号词的编写规定参见《化学品分类和标签规范》(GB 30000—2013)。

《危险化学品安全管理条例》第十五条规定:危险化学品生产企业应当提供与其生产的危险化学品相符的化学品安全技术说明书,并在危险化学品包装(包括外包装件)上粘贴或者拴挂与包装内危险化学品相符的化学品安全标签。化学品安全技术说明书和化学品安全标签所载明的内容应当符合国家标准的要求。

危险化学品生产企业发现其生产的危险化学品有新的危险特性的,应当立即公告,并及时修订其化学品安全技术说明书和化学品安全标签。

五、物质的理化参数有哪些?

物质的理化参数通常包括闪点、燃点、引燃温度、沸点、凝固点、爆炸极限等。

1. 闪点

在规定的试验条件下,易燃液体能释放出足够的蒸气并在液面上方与空气形成爆炸性混合物,点火时能发生闪燃(一闪即灭)的最低温度。

闪点是可燃性液体储存、运输和使用的一个安全指标,同时也是可燃性液体的挥发性指标。闪点低的可燃性液体,挥发性高,容易着火,安全性较差。

闪点是表征易燃、可燃液体火灾危险性的一项重要参数,在消防工作中有着重要意义:在《建筑设计防火规范》(GB 50016—2014)中闪点是可燃液体生产、储存场所火灾危险性分类的重要依据;在《石油化工企业设计防火规范》(GB 50160—2008)中是甲、乙、丙类危险液体分类的依据。根据测定闪点的方法不同,物质的闪点分为开口闪点(或者称为开杯闪点、克利夫兰得开杯试验)和闭口闪点(或者称为闭杯闪点、宾斯基-马丁闭杯法）。用规定的开口闪点测定器所测得的结果叫做开口闪点，以℃表示，常用于测定润滑油。用规定的闭口闪点测定器所测得的结果叫做闭口闪点，以℃表示，常用于测定煤油、柴油、变压器油等。

每种油品是测闭口闪点还是测开口闪点要按产品质量指标规定进行。一般蒸发性较大的石油产品多测闭口闪点，因为测定开口闪点时，油品受热后所形成的蒸气不断向周围空气扩散，使测得的闪点偏高。对多数润滑油及重质油，由于蒸发性小，则多测开口闪点。同一个油品，其开口闪点较闭口闪点高 20~30℃。

对液体而言，闪点低于 45℃ 液体称为易燃液体，闪点高于或等于 45℃ 的液体归类为可燃液体。

2. 燃点

燃点是物质在空气中点火时发生燃烧，移去火源仍能继续燃烧的最低温度。对于闪点不超过 45℃ 的易燃液体，燃点仅比闪点高 1~5℃，一般只考虑闪点，不考虑燃点。对于闪点比较高的可燃液体和可燃固体，闪点与燃点相差较大，应用时有必要加以考虑。

3. 引燃温度

引燃温度又称自燃点或自燃温度，是指在规定试验条件下，可燃物质不需要外来火源即发生燃烧的最低温度。

4. 沸点

沸腾是在一定温度下液体内部和表面同时发生的剧烈汽化现象。沸点是液体沸腾时候的温度，也就是液体的饱和蒸气压与外界压强相等时的温度。液体浓度越高，沸点越高。不同液体的沸点是不同的。液体的沸点跟外部压强有关，当液体所受的压强增大时，它的沸点升高；压强减小时，沸点降低。

5. 凝固点

凝固点是晶体物质凝固时的温度，不同晶体具有不同的凝固点。在一定压强下，任何晶体的凝固点，与其熔点相同。同一种晶体，凝固点与压强有关。凝固时体积膨胀的晶体，凝固点随压强的增大而降低；凝固时体积缩小的晶体，凝固点随压强的增大而升高。在凝固过程中，液体转变为固体，同时放出热量。所以物质的温度高于熔点时将处于液态；低于熔点时，就处于固态。非晶体物质则无凝固点。

6. 爆炸极限

爆炸极限通常是指爆炸浓度极限。它是在一定的温度和压力下，气体、蒸气、薄雾或粉尘、纤维与空气形成的能够被引燃并传播火焰的浓度范围。通常用可燃气体、蒸气或粉尘在空气中的体积百分比来表示。该范围的最低浓度称为爆炸下限、最高浓度称为爆炸上限。只有在这两个浓度之间，物质才有爆炸的危险。如果可燃气体、蒸气或粉尘在空气中的浓度低于爆炸下限，遇到明火，既不会爆炸，也不会燃烧；高于爆炸极限，遇到明火，虽然不会爆炸，但接触空气却能燃烧。因为低于爆炸下限时，空气所占的比例很大，可燃物质的浓度不够；高于上限时，则含大量的可燃物质，而空气量却不足。

可燃性混合物的爆炸极限范围越宽、爆炸下限越低和爆炸上限越高时，其爆炸危险性越大。这是因为爆炸极限越宽则出现爆炸条件的机会就多；爆炸下限越低则可燃物稍有泄漏就会形成爆炸条件；爆炸上限越高则有少量空气渗入容器，就能与容器内的可燃物混合形成爆炸条件。

六、什么是物质的氧化性、还原性及禁忌性？

1. 物质的氧化性

物质在化学反应中得电子的能力。

处于高价态的物质一般具有氧化性，如部分非金属单质：O_2，Cl_2；部分金属阳离子：Fe^{3+}、$MnO_4^-(Mn^{7+})$等。

2. 物质的还原性

还原性是指在化学反应中原子、分子或离子失去电子的能力。物质含有的粒子失电子能力越强，物质本身的还原性就越强；反之越弱，而其还原性就越弱。

3. 禁忌性

《常用化学危险品贮存通则》(GB 15603—1995)中关于禁忌物料(incinpatible inaterals)的定义：即化学性质相抵触或灭火方法不同的化学物料。具体可参照《常用化学危险品贮存通则》附录 A。

七、什么是沸溢性液体？对沸溢性液体的储存有什么要求？

《建筑设计防火规范》(GB 50016—2014)规定，含水并在燃烧时产生热波作用的油品为沸溢性液体，如原油、渣油、重油等。

《石油化工企业设计防火规范》(GB 50160—2008)规定，沸溢性液体是指当罐内储存介质温度升高时，由于热传递作用，使罐底水层急速汽化，而会发生沸溢现象的黏性烃类混合物。

《石油化工企业设计防火规范》(GB 50160—2008)第 6.2.5 条规定，沸溢性液体的储罐不应与非沸溢性液体储罐同组布置。

第 6.2.15 条规定，设有防火堤的罐组内应按下列要求设置隔堤，隔堤所分隔的沸溢性液体储罐不应超过 2 个。

八、危险化学品的仓库存储方式有哪几种？

常用的危险化学品的存储方式有三种，即隔离储存、隔开储存和分离储存。

《常用化学危险品贮存通则》(GB 15603—1995)对危险化学品的三种储存方式有以下定义：

隔离储存(segregated storage)——在同一房间或同一区域内，不同的物料之间分开一定的距离，非禁忌物料间用通道保持空间的储存方式。

隔开储存(cut-off storage)——在同一建筑或同一区域内，用隔板或墙，将其与禁忌物料分离开的储存方式。

分离储存(detached storage)——在不同的建筑物或远离所有建筑的外部区域内的储存方式。

九、危险化学品的仓库储存环节存在哪些风险？

一是仓库选址不当。合理的仓库的选址可以降低仓库发生事故时对周围的居民、社会其他组织机构、交通线路造成的损害。

二是危险化学品仓库不满足规范要求。如使用废弃的仓库进行储存，仓库自身的安全都没有保证，更加不用说储存的危险化学品了。

三是仓库存储不当。危险化学品仓库的存储存在着混存、不规则堆放、超期存放。不同的化学品有着不同的化学性质，不同的化学品的处理方式也不一样。一旦仓库里的化学品发生火灾，难以用同一种灭火方式进行灭火，这无疑增大了灭火的困难性和复杂性，并且加大了损失，另外特定几种危险化学品之间在一定温度下可能会发生化学反应，这也不利于事故应急救援。

四是作业人员不掌握储存的危险化学品安全信息、作业不规范。了解危险化学品相关知识、如何在仓库里安置好危险化学品、规范作业应是每个危险化学品仓库工作人员的必备技能。

五是仓库自身消防体系不完善。危险化学品仓库一般配备灭火器，然而一般的灭火器对于危险化学品事故而言作用并不大，而且危险化学品事故都是在无人知道危险源的情况下演变成的。从事故的源头上着手，将事故源控制住，也就不会继续演变为大爆炸，有效的降低了损失程度。

六是危险化学品事故应急救援体系不完善。由于危险化学品自身所具有的性质，在存储过程中一旦发生意外可能会产生各种有毒的危险气体，除了对现场作业人员、救援人员产生巨大的威胁，同时这些危险气体也会造成环境的污染。

十、物质的火灾危险性是如何分类的？

化学品的火灾危险性分类可以参照《建筑设计防火规范》（GB

50016—2014)、《石油化工企业设计防火规范》(GB 50160—2008)。

1.《建筑设计防火规范》(GB 50016—2014)中相关规定

生产的火灾危险性应根据生产中使用或产生的物质性质及其数量等因素,分为甲、乙、丙、丁、戊类。

储存物品的火灾危险性应根据储存物品的性质和储存物品中的可燃物数量等因素,分为甲、乙、丙、丁、戊类。

2.《石油化工企业设计防火规范》(GB 50160—2008)中相关规定

可燃气体的火灾危险性根据其爆炸下限分成甲类($V<10\%$)、乙类($V\geqslant10\%$)。

液化烃、可燃液体的火灾危险性分成甲、乙、丙类,其中液化烃单独划为甲$_A$类,其他可燃液体根据其闪点温度不同划分为甲$_B$、乙$_A$、乙$_B$、丙$_A$、丙$_B$类。

固体的火灾危险性分类按照《建筑设计防火规范》(GB 50016—2014)有关规定执行。

十一、危险化学品的主要危害和防控措施有哪些?

危险化学品的危害主要有三类,即物理危险、健康危害和环境危害。

(1) 物理危险包括易燃性、腐蚀性和爆炸性等。

(2) 健康危害包括急性毒性和慢性毒性危害,其中慢性毒性又包括致癌性、生殖毒性等危害。

(3) 环境危害就是危险化学品排放到环境中,对土壤、大气和水体的危害。

针对危险化学品的三类危害,必须采取综合防控措施,消除其危害。主要措施包含以下三方面:

1. 组织管理措施

是指通过各种管理手段,按照国家法律、法规和各类标准而建立起来的管理程序和措施,是预防危险化学品危害发生的一个非常重要的方面,如对作业场所进行危险有害因素识别,建立隐患排查制度,编制事故应急预案,制定操作规程,严格工艺操作、设备运行管理、检维修环节管理,张贴警示标志,编制安全标签、产品安全技术说明书,控制废物处理过程,进行接触监测,医学监督和开展培训教育。

危险化学品从业单位对《安全生产法》《职业病防治法》《危险化学品安全管理条例》《使用有毒物品作业场所劳动保护条例》《危险化学品登记管理办法》等一系列法律法规必须严格贯彻执行。

2. 工程技术措施

工程技术是控制危险化学品危害最直接、最有效的方法,其目的是通过采取相应的工程技术措施消除工作场所中危险化学品的危害或尽可能降低其危害程度,以免危害工人,污染环境。工程技术措施有以下方法:

(1) 坚持项目建设"三同时"。危险化学品从业单位进行新建、改建、扩建和技术引进的工程项目建设时,其安全、职业病防护设施建设必须与工程主体同时设计、同时施工、同时投入生产使用。

(2) 采用新技术、新工艺。危险化学品的生产工艺应尽量采用新技术、新工艺,装备功能完善的自动化控制系统。

(3) 采用替代、屏蔽和隔离。减少或消除作业人员直接接触危险化学品。

(4) 加强通风,改善作业环境。生产装置尽量采用框架式,现场的泄漏物易于消散;生产厂房应加强全面通风和局部送风,使作业场所的空气一直处于新鲜状态,有毒有害气体、蒸气或粉尘的浓度低于规定值,保证从业人员身体健康,防止火灾、爆炸事故的发生。

3. 个体防护措施

个体防护用品或劳动防护用品是指在劳动生产过程中使劳动者免

遭或减轻事故和职业危害因素的伤害而提供的个人保护用品,直接对人体起到保护作用,也是保护劳动者的最后一道防线。

企业要按照国家的规定发给劳动者合格、有效的个体防护用品,并确保劳动者能正确使用;企业还要通过管理,确保劳动者上岗时佩戴好适宜的个体防护用品;企业要对防护用品做好检查、维护,使其一直处于良好的状态。

十二、我国对危险化学品的管理原则是什么?

我国对危险化学品的管理实行目录管理制度,列入《危险化学品目录》的化学品将依据国家的法律法规通过采取行政许可等手段进行重点管理。

为了全面掌握我国境内危险化学品的危险特性,《危险化学品安全管理条例》第六十六条规定:国家实行危险化学品登记制度,为危险化学品安全管理以及危险化学品事故预防和应急救援提供技术、信息支持。

《化学品物理危险性鉴定与分类管理办法》(总局 60 号令)第四条规定,对于符合以下三种情况的化学品需要进行进行物理危险性鉴定与分类:

(1)含有一种及以上列入《危险化学品目录》的组分,但物理危险性尚未确定的化学品;

(2)未列入《危险化学品目录》,且物理危险性尚未确定的化学品;

(3)以科学研究或者产品开发为目的,年产量或者使用量超过 1 吨,且物理危险性尚未确定的化学品。

第十七条规定:化学品单位对确定为危险化学品的化学品以及国家安全生产监督管理总局公告的免予物理危险性鉴定与分类的危险化

学品，应当编制化学品安全技术说明书和安全标签，根据《危险化学品登记管理办法》(安监总局令53号)办理危险化学品登记，按照有关危险化学品的法律、法规和标准的要求，加强安全管理。

通过目录管理与鉴别分类等管理方式的结合，形成了对危险化学品安全管理的全覆盖。

《危险化学品安全管理条例》第三条还规定，危险化学品目录，由国务院安全生产监督管理部门会同国务院工业和信息化、公安、环境保护、卫生、质量监督检验检疫、交通运输、铁路、民用航空、农业主管部门，根据化学品危险特性的鉴别和分类标准确定、公布，并适时调整。

十三、企业在危险化学品安全信息管理方面要开展哪些工作？

《危险化学品从业单位安全标准化通用规范》(AQ 3013—2008)第5.7.1条规定：企业应对所有危险化学品，包括产品、原料和中间产品进行普查，建立危险化学品档案，包括：(1)名称，包括别名、英文名等；(2)存放、生产、使用地点；(3)数量；(4)危险性分类、危规号、包装类别、登记号；(5)安全技术说明书与安全标签。

第5.7.2条规定：企业应按照国家有关规定对其产品、所有中间产品进行分类，并将分类结果汇入危险化学品档案。

第5.7.3.2条规定：企业采购危险化学品时，应索取安全技术说明书和安全标签，不得采购无安全技术说明书和安全标签的危险化学品。

《危险化学品安全管理条例》第十五条规定：危险化学品生产企业应当提供与其生产的危险化学品相符的化学品安全技术说明书，并在危险化学品包装(包括外包装件)上粘贴或者拴挂与包装内危险化学品相符的化学品安全标签。

危险化学品生产企业发现其生产的危险化学品有新的危险特性的，应当立即公告，并及时修订其化学品安全技术说明书和化学品安全标签。

第二十七条规定：生产储存危险化学品企业转产、停产、停业或解散时，应当采取有效措施，及时妥善处置危险化学品装置、储存设施以及库存的危险化学品，不得丢弃；处置方案应当报所在地县级人民政府安全生产监督管理部门、工业和信息化主管部门、环境保护主管部门和公安机关备案。

《安全生产法》第二十五条规定：企业应以适当、有效的方式对从业人员及相关方进行宣传，使其了解生产过程中危险化学品的危险特性、活性危害、禁配物等，以及采取的预防及应急处理措施。

《危险化学品登记管理办法》第二十二条规定：生产企业应设立24小时应急咨询服务固定电话，有专业人员值班并负责相关应急咨询。没有条件设立应急咨询服务电话的，应委托危险化学品专业应急机构作为应急咨询服务代理。

十四、危险化学品登记工作监管要点有哪些？

《危险化学品登记管理办法》（安监总局令第53号）中对如何办理危险化学品登记进行了规定，规定危险化学品登记实行企业申请、两级审核、统一发证、分级管理的原则。

《危险化学品登记管理办法》是为了加强对危险化学品的安全管理，规范危险化学品登记工作，为危险化学品事故预防和应急救援提供技术、信息支持，根据《危险化学品安全管理条例》制定的。

《危险化学品登记管理办法》明确了化学品登记管理适用的范围、登记机构、登记的时间、内容和程序、登记企业的职责、监督管理以及法律责任等内容。

对同一企业生产、进口的同一品种的危险化学品，不进行重复登记。危险化学品生产企业、进口企业发现其生产、进口的危险化学品有新的危险特性的，应当及时向危险化学品登记机构办理登记内容变更手续。

《危险化学品登记管理办法》第四条规定：国家安全生产监督管理总局负责全国危险化学品登记的监督管理工作。县级以上地方各级人民政府安全生产监督管理部门负责本行政区域内危险化学品登记的监督管理工作。

《危险化学品安全管理条例》第六十七条规定：危险化学品生产企业、进口企业，应当向国务院安全生产监督管理部门负责危险化学品登记的机构(以下简称危险化学品登记机构)办理危险化学品登记。

危险化学品登记包括下列内容：(1)分类和标签信息；(2)物理、化学性质；(3)主要用途；(4)危险特性；(5)储存、使用、运输的安全要求；(6)出现危险情况的应急处置措施。
《危险化学品安全管理条例》第六十七条还规定：危险化学品生产企业、进口企业发现其生产、进口的危险化学品有新的危险特性的，应当及时向危险化学品登记机构办理登记内容变更手续。

十五、安全生产监督管理部门对危险化学品监管的依据主要有哪些？

主要有两大类。

第一类是国家的法律法规，主要有以下三种：

(1) 国家的法律，如《中华人民共和国安全生产法》《中华人民共和国消防法》等。

(2) 国家的行政法规，如《危险化学品安全管理条例》《安全生产许可证条例》《使用有毒物品作业场所劳动保护条例》《生产安全事故报告和调查处理条例》等。

（3）安全监管总局部门规章，如《危险化学品重大危险源监督管理暂行规定》（总局令第40号，依据总局令第79号修订）、《危险化学品输送管道安全管理规定》（总局令第43号）、《危险化学品建设项目安全监督管理办法》（总局令第45号）、《危险化学品登记管理办法》（总局令第53号）、《化学品物理危险性鉴定与分类管理办法》（总局令第60号）等。

第二类是涉及危险化学品安全生产的国家、行业标准，主要有以下两种：

（1）技术标准，如《石油化工企业设计防火规范》（GB 50160—2008）、《建筑设计防火规范》（GB 50016—2014）、《石油库设计规范》（GB 50074—2014）、《石油天然气工程设计防火规范》（GB 50183—2004）等。

（2）管理标准，如《化学品生产单位特殊作业安全规范》（GB 30871—2014）、《化工企业工艺安全管理实施导则》（AQ/T 3034—2010）、《危险化学品从业单位安全标准化通用规范》（AQ 3013—2008）、《化学品作业场所安全警示标志规范》（AQ 3047—2013）等。

十六、对危险化学品的储存环节监管要点有哪些？

（一）《危险化学品安全管理条例》对危险化学品的储存地点做了规定。

第十一条规定：国家对危险化学品的生产、储存实行统筹规划、合理布局。国务院工业和信息化主管部门以及国务院其他有关部门依据各自职责，负责危险化学品生产、储存的行业规划和布局。

地方人民政府组织编制城乡规划，应当根据本地区的实际情况，按照确保安全的原则，规划适当区域专门用于危险化学品的生产、储存。

第二十三条规定：生产、储存剧毒化学品或者国务院公安部门规定的可用于制造爆炸物品的危险化学品（以下简称易制爆危险化学品）的单位，应当如实记录其生产、储存的剧毒化学品、易制爆危险化学品的数量、流向，并采取必要的安全防范措施，防止剧毒化学品、易制爆危险化学品丢失或者被盗；发现剧毒化学品、易制爆危险化学品丢失或者被盗的，应当立即向当地公安机关报告。

生产、储存剧毒化学品、易制爆危险化学品的单位，应当设置治安保卫机构，配备专职治安保卫人员。

第二十四条规定：危险化学品应当储存在专用仓库、专用场地或者专用储存室（以下统称专用仓库）内，并由专人负责管理。剧毒化学品以及储存数量构成重大危险源的其他危险化学品，应当在专用仓库内单独存放，并实行双人收发、双人保管制度。

危险化学品的储存方式、方法以及储存数量应当符合国家标准或者国家有关规定。

第二十五条规定：对剧毒化学品以及储存数量构成重大危险源的其他危险化学品，储存单位应当将其储存数量、储存地点以及管理人员的情况，报所在地县级人民政府安全生产监督管理部门（在港区内储存的，报港口行政管理部门）和公安机关备案。

第二十六条规定：危险化学品专用仓库应当符合国家标准、行业标准的要求，并设置明显的标志。

储存危险化学品的单位应当对其危险化学品专用仓库的安全设施、设备定期进行检测、检验。

（二）《常用化学危险品贮存通则》（GB 15603—1995）对危险化学品的储存方式、方法和储存数量进行了规定。

（1）储存化学危险品必须遵照国家法律、法规和其他有关的规定。

（2）化学危险品必须储存在经公安部门批准设置的专门的化学危险品仓库中，经销部门自管仓库储存化学危险品及储存数量必须经公安部门批准。未经批准不得随意设置化学危险品储存仓库。

（3）化学危险品露天堆放，应符合防火、防爆的安全要求，爆炸物品、一级易燃物品、遇湿燃烧物品、剧毒物品不得露天堆放。

（4）储存化学危险品的仓库必须配备有专业知识的技术人员，其库房及场所应设专人管理，管理人员必须配备可靠的个人安全防护用品。

（三）《安全生产法》第三十五条规定：生产、经营、储存、使用危险物品的车间、商店、仓库不得与员工宿舍在同一座建筑物内，并应当与员工宿舍保持安全距离。

（四）《危险化学品安全管理条例》还对特定的危险化学品储存作了规定。

第十九条规定：危险化学品生产装置或者储存数量构成重大危险源的危险化学品储存设施(运输工具、加油站、加气站除外)，与下列场所、设施、区域的距离应当符合国家有关规定：

（1）居住区以及商业中心、公园等人员密集场所；

（2）学校、医院、影剧院、体育场(馆)等公共设施；

（3）饮用水源、水厂以及水源保护区；

（4）车站、码头(依法经许可从事危险化学品装卸作业的除外)、机场以及通信干线、通信枢纽、铁路线路、道路交通干线、水路交通干线、地铁风亭以及地铁站出入口；

（5）基本农田保护区、基本草原、畜禽遗传资源保护区、畜禽规模化养殖场(养殖小区)、渔业水域以及种子、种畜禽、水产苗种生产基地；

（6）河流、湖泊、风景名胜区、自然保护区；

（7）军事禁区、军事管理区；

（8）法律、行政法规规定的其他场所、设施、区域。

设置外部安全防护距离是国际上风险管控的通行做法。2014年5月，国家安全监管总局发布第13号公告《危险化学品生产、储存装置个人可接受风险标准和社会可接受风险标准(试行)》，明确了陆上危险化学品企业新建、改建、扩建和在役生产、储存装置的外部安全防护距离的标准。

(五)油气储罐要满足以下条件:

(1)《石油化工企业设计防火规范》(GB 50160—2008)第 6.3.11 条规定:液化烃的储罐应设液位计、温度计、压力表、安全阀,以及高液位报警和高高液位自动联锁切断进料措施;全冷冻式液化烃储罐还应设真空泄放设施和高、低温度检测,并应与自动控制系统相联锁;

(2)《石油化工企业设计防火规范》(GB 50160—2008)第 6.3.12 条规定:气柜应设上、下限位报警装置,并宜设进出管道自动联锁切断装置;

(3)《液化烃球形储罐安全设计规范》(SH 3136—2003)第 6.1 条规定:液化石油气球形储罐液相进出口应设置紧急切断阀,其位置宜靠近球形储罐;

(4)《石油化工企业设计防火规范》(GB 50160—2008)第 6.3.16 条规定,"全压力式储罐应采取防止液化烃泄漏的注水措施";《液化烃球形储罐安全设计规范》(SH 3136—2003)第 7.4 条规定:丙烯、丙烷、混合 C_4、抽余 C_4 及液化石油气的球形储罐应设置注水措施。

(六)《国家安全监管总局关于印发遏制危险化学品烟花爆竹重特大事故工作意见的通知》(安监总管三〔2016〕62 号)中规定:

(1)自 2017 年 1 月 1 日起,凡是构成一级、二级重大危险源,未设置紧急停车(紧急切断)功能的危险化学品罐区,一律停止使用;

(2)自 2017 年 1 月 1 日起,凡是未实现温度、压力、液位等信息的远程不间断采集检测,未设置可燃和有毒有害气体泄漏检测报警装置的构成重大危险源的危险化学品罐区,一律停止使用。

(七)《建筑设计防火规范》(GB 50016—2014)第 3.3.6 条规定:厂房内设置甲、乙类中间仓库时,其储量不宜超过一昼夜的需要量。

(八)《易燃易爆性商品储存养护技术条件》(GB 17914—2014)对易燃易爆性商品储存养护技术条件、储存条件、入库验收、堆垛、养护技术、安全操作、出库和应急处理等要求进行了规定。

(九)《腐蚀性商品储存养护技术条件》(GB 17915—2013)对腐蚀性商品储存养护技术条件、储存条件、储存要求、养护技术、安全操作、出库、应急处理等要求进行了规定。

（十）《毒害性商品储存养护技术条件》（GB 17916—2013）对毒害性商品储存养护技术条件、储存条件、入库验收、堆垛、养护技术、安全操作、出库和应急处理等要求进行了规定。

十七、对危险化学品的装卸环节监管要点有哪些？

（一）《化工（危险化学品）企业安全检查重点指导目录》（安监总管三〔2015〕113 号）中规定以下行为属于违反《安全生产法》第三十八条的行为：

（1）脱水、装卸、倒罐作业时，作业人员离开现场或油气罐区同一防火堤内切水和动火作业同时进行的；

（2）易燃易爆区域使用非防爆工具或电气的；

（3）液化烃、液氨、液氯等易燃易爆、有毒有害液化气体的充装未使用万向节管道充装系统的。

在《国务院安委会办公室关于进一步加强危险化学品安全生产工作的指导意见》（安委办〔2008〕26 号）、《国家安全监管总局 工业和信息化部关于危险化学品企业贯彻落实〈国务院关于进一步加强企业安全生产工作的通知〉的实施意见》（安监总管三〔2010〕186 号）和《国家安全监管总局 住房城乡建设部关于进一步加强危险化学品建设项目安全设计管理的通知》（安监总管三〔2013〕76 号）中均要求，在危险化学品充装环节，使用金属万向管道充装系统代替充装软管，禁止使用软管充装液氯、液氨、液化石油气、液化天然气等液化危险化学品。

（二）《危险化学品企业事故隐患排查实施导则》（安监总管三〔2012〕103 号）中规定：可燃液体、液化烃装卸设施应满足：

（1）流速应符合防静电规范要求；

（2）甲类、乙$_A$类液体为密闭装车；

（3）汽车、火车和船装卸应有静电接地安全装置；

(4)装车时采用液下装车。

(三)《危险化学品企业事故隐患排查实施导则》(安监总管三〔2012〕103号)中规定,汽车装卸管理应满足:

(1)装运危险品的汽车必须"三证"(驾驶证、危险品准运证、危险品押运证)齐全;

(2)汽车安装阻火器;

(3)液化气槽车定位后必须熄火,充装完毕,确认管线与接头断开后,方能开车;

(4)消防设施齐全;

(5)劳保、着装工具符合要求。

(四)《石油化工企业设计防火规范》(GB 50160—2008)第6.4.1条规定了可燃液体铁路装卸设施应符合的条件,其中"甲$_B$、乙、丙$_A$类液体严禁采用沟槽卸车系统"和"顶部敞口装车的甲$_B$、乙、丙$_A$类液体应采用液下装卸鹤管"为强制标准。

(五)《石油化工企业设计防火规范》(GB 50160—2008)第6.4.2条规定了可燃液体汽车装卸站应符合的条件,其中"甲$_B$、乙、丙$_A$类液体的装卸车应采用液下装卸鹤管"为强制标准。

(六)《石油化工企业设计防火规范》(GB 50160—2008)第6.4.3条规定了液化烃铁路和汽车装卸设施应符的条件,其中"液化烃严禁就地排放"和"低温液化烃装卸鹤位应单独设置"为强制标准。

十八、化工(危险化学品)企业如何设置安全标志?

(1)企业应按照《安全标志及其使用导则》(GB 2894—2008)规定,在易燃、易爆、有毒有害等危险场所的醒目位置设置安全标志。例如装置、仓库、罐区、装卸区、危险化学品输送管道等危险场所的醒目位置设置符合 GB 2894—2008 规定的安全标志。

(2)重大危险源现场应设置明显的安全警示标志和告知牌。

（3）企业应按《工业企业厂内铁路、道路运输安全规程》（GB 4387—2008），在厂内道路设置限速、限高、禁行等标志。

（4）企业应在检维修、施工、吊装等作业现场设置警戒区域和安全标志，在检修现场的坑、井、洼、沟、陡坡等场所设置围栏和警示灯。例如：检维修、施工、吊装等作业现场设置相应的警戒区域和警示标志；检修现场的坑、井、洼、沟、陡坡等场所设置围栏和警示灯。

（5）企业应按《化工企业安全卫生设计规范》（HG 20571—2014）在生产区域设置风向标。

第七章 设备安全管理

一、化工企业的设备是如何分类的？

化工企业的设备没有固定的、严格的分类，一般情况下，广义的化工设备按专业可分为机械、电气、仪表、分析设备等类别。具体到化工机械包括两部分：其一是化工机器，主要是指诸如流体输送的风机、压缩机、各种机泵等设备，其主要部件是运动的机械，也就是通常所说的动设备；其二是化工设备，主要是指部件是静止的机械，诸如塔器、容器、反应器设备等，也就是通常所说的静设备，有时也称为非标准设备。在化工过程中，化工机器和化工设备间没有严格的区分，例如一些反应器也常常装有运动的机器。化工企业的设备有时也按其功用进行分类，如安全设备、储运设备。而特种设备则是按照特定的管理要求来分的。

二、《安全生产法》中的安全设备指的是什么？

安全设备主要是指为了保护从业人员等生产经营参与者的安全，防止生产安全事故发生以及在发生生产安全事故时用于救援而安装使用的机械设备和器械。安全设备有的是作为生产经营装备的附属设备，需要与这些装备配合使用；有的则是能够在保证安全生产方面独立发挥作用。

三、《安全生产法》规定对不符合保障安全生产标准要求的设备设施如何处置？

《安全生产法》第六十二条规定，对有根据认为不符合保障安全生产的国家标准或者行业标准的设施、设备、器材以及违法生产、储存、使用、经营、运输的危险物品予以查封或者扣押，对违法生产、储存、使用、经营危险物品的作业场所予以查封，并依法作出处理决定。

四、《安全生产法》对安全设备的设计、维护、保养、检测等工作有何规定？

《安全生产法》第三十三条规定，安全设备的设计、制造、安装、使用、检测、维修、改造和报废，应当符合国家标准或者行业标准。

生产经营单位必须对安全设备进行经常性维护、保养，并定期检测，保证正常运转。维护、保养、检测应当作好记录，并由有关人员签字。

五、《安全生产法》对生产经营单位在安全设施、设备方面的违法行为的处罚有何规定？

《安全生产法》第九十六条规定，生产经营单位有下列行为之一的，责令限期改正，可以处五万元以下的罚款；逾期未改正的，处五万元以上二十万元以下的罚款，其直接负责的主管人员和其他直接责任人员处一万元以上二万元以下的罚款；情节严重的，责令停产停业整顿；构成犯罪的，依照刑法有关规定追究刑事责任：

（一）未在有较大危险因素的生产经营场所和有关设施、设备上设置明显的安全警示标志的；

（二）安全设备的安装、使用、检测、改造和报废不符合国家标准或者行业标准的；

（三）未对安全设备进行经常性维护、保养和定期检测的；

（四）未为从业人员提供符合国家标准或者行业标准的劳动防护用品的；

（五）危险物品的容器、运输工具，以及涉及人身安全、危险性较大的海洋石油开采特种设备和矿山井下特种设备未经具有专业资质的机构检测、检验合格，取得安全使用证或者安全标志，投入使用的；

（六）使用应当淘汰的危及生产安全的工艺、设备的。

《安全生产法》第一百条规定，生产经营单位将生产经营项目、场所、设备发包或者出租给不具备安全生产条件或者相应资质的单位或者个人的，责令限期改正，没收违法所得；违法所得十万元以上的，并处违法所得二倍以上五倍以下的罚款；没有违法所得或者违法所得不足十万元的，单处或者并处十万元以上二十万元以下的罚款；对其直接负责的主管人员和其他直接责任人员处一万元以上二万元以下的罚款；导致发生生产安全事故给他人造成损害的，与承包方、承租方承担连带赔偿责任。

六、特种设备包括哪些？哪个政府部门负责特种设备的安全监督管理工作？

《中华人民共和国特种设备安全法》所称的特种设备是指对人身和财产安全有较大危险性的锅炉、压力容器(含气瓶)、压力管道、电梯、起重机械、客运索道、大型游乐设施、场(厂)内专用机动车辆，以及法律、行政法规规定的其他特种设备。

《中华人民共和国特种设备安全法》第五条规定，国务院负责特种设备安全监督管理的部门对全国特种设备安全实施监督管理。县级以上地方各级人民政府负责特种设备安全监督管理的部门对本行政区域内特种设备安全实施监督管理。

七、《特种设备安全法》对特种设备使用单位的原则要求有哪些？

特种设备安全工作应当坚持安全第一、预防为主、节能环保、综合治理的原则。

特种设备生产、经营、使用单位应当遵守本法和其他有关法律、法规，建立、健全特种设备安全和节能责任制度，加强特种设备安全和节能管理，确保特种设备生产、经营、使用安全，符合节能要求。

特种设备生产、经营、使用、检验、检测应当遵守有关特种设备安全技术规范及相关标准。

八、《特种设备安全法》对生产、经营、使用特种设备单位的一般规定有哪些？

（一）特种设备生产、经营、使用单位及其主要负责人对其生产、经营、使用的特种设备安全负责。

特种设备生产、经营、使用单位应当按照国家有关规定配备特种设备安全管理人员、检测人员和作业人员，并对其进行必要的安全教育和技能培训。

（二）特种设备安全管理人员、检测人员和作业人员应当按照国家有关规定取得相应资格，方可从事相关工作。特种设备安全管理人员、检测人员和作业人员应当严格执行安全技术规范和管理制度，保证特种设备安全。

（三）特种设备生产、经营、使用单位对其生产、经营、使用的特种设备应当进行自行检测和维护保养，对国家规定实行检验的特种设备应当及时申报并接受检验。

（四）国家鼓励投保特种设备安全责任保险。

九、《特种设备安全法》对使用登记的要求是什么？

特种设备使用单位应当在特种设备投入使用前或者投入使用后三十日内，向负责特种设备安全监督管理的部门办理使用登记，取得使用登记证书。登记标志应当置于该特种设备的显著位置。

第八章 安全设施和安全仪表

一、什么是安全设施？安全设施的设计原则和采用要求是什么？

安全设施是指在生产经营活动中用于预防、控制、减少与消除事故影响采用的设备、设施、装备及其他技术措施的总称。

安全设施的设计是基于本质安全理念、事故预防优先、可靠性优先，综合考虑可操作性和经济合理的原则。

安全设施必须符合有关法律、法规、规章和国家标准或者行业标准、技术规范的规定，并尽可能采用先进适用的工艺、技术和可靠的设备、设施以满足要求的安全绩效。

二、危险化学品建设项目安全设备设施和技术措施包含哪些内容？

1. 工艺系统

（1）工艺过程用于防泄漏、防火、防爆、防尘、防毒、防腐蚀等措施的设备设施；

（2）正常工况与非正常工况下用于危险物料安全控制措施的设备设施，如实现联锁保护、安全泄压、紧急切断、事故排放、反应失控等措施的设备设施，重点监管的危险化工工艺应采取的控制系统等。

2. 总平面布置

（1）建设项目与厂/界外设施的主要间距、及采取的防护措施的设备设施；

（2）全厂及装置(设施)平面及竖向布置的主要安全考虑，包括功能分区、风速、风向、间距、高程、危险化学品运输等；

（3）平面布置的主要防火间距；

（4）厂区消防道路、安全疏散通道及出口等。

3. 设备及管道

（1）主要设备、管道材料的选择和防护措施；

（2）用于设备、管道防护、检验检测的设备设施等。

4. 电气

（1）供电电源、应急或备用电源；

（2）防雷、防静电接地设施。

5. 自控仪表及火灾报警

（1）应急或备用电源、气源；

（2）实现自动控制和安全功能的设备设施，包括紧急停车系统、安全仪表系统等；

（3）可燃及有毒气体检测和报警设施；

（4）实现生产控制、消防控制、应急控制等的设备设施；

（5）火灾报警系统、工业电视监控系统及应急广播系统等。

6. 建(构)筑物

（1）防火、防爆、抗爆、防腐、耐火保护等设施；

（2）通风、排烟、除尘、降温等设施。

7. 其他防范设施

（1）防洪、防台风、防地质灾害、抗震等设施；

（2）防噪声、防灼烫、防护栏、安全标志、风向标等设备设施；

（3）个体防护装备等。

8. 事故应急措施

（1）采用的主要事故应急救援设施，包括消防站、气防站、医疗急救设施等；

（2）发生事故时，防止污水排出厂/界外的事故应急措施的设备设施等。

三、什么是安全仪表系统？什么是安全仪表功能？

安全仪表系统(Safety Instrumented System，SIS)是指用于执行一个或多个安全仪表功能(Safety Instrumented Function，SIF)的仪表系统。SIS 是由传感器(如各类开关、变送器等)、逻辑控制器、以及最终元件(如电磁阀、电动门等)的组合组成。SIS 可以包括，也可以不包括软件。另外，当操作人员的手动操作被视为 SIS 的有机组成部分时，必须在安全规格书(Safety Requirement Specification，SRS)中对人员操作动作的有效性和可靠性作出明确规定，并包括在 SIS 的绩效计算中。

安全仪表功能是指具有特定安全完整性等级(SIL)的，用于使设备设施达到功能安全的安全功能，它既可以是一个由机械的、固态的电子电气设备和可编程检测、控制电子设备集成的仪表安全保护功能，也可以是一个由机械的、固态的电子电气设备和可编程检测、控制电子设备集成仪表控制功能。

《过程工业领域安全仪表系统的功能安全》(GB/T 21109—2007)把安全仪表功能(SIF)的安全完整性等级(SIL)划分为 4 个等级，最低 SIL1 级，最高 SIL4 级，对应企业不同风险降低的需求。化工行业通常应用的最高级为 3 级，既通常所说的 SIL3。

四、什么是基本过程控制系统？

《过程工业领域安全仪表系统的功能安全》(GB/T 21109—2007)把基本过程控制系统(BPCS)定义为：对来自过程的、系统相关设备的、其他可编程系统的和/或某个操作员的输入信号进行响应，并产生使过程和系统相关设备按要求方式运行的系统。基本过程控制系统(BPCS)不执行具有被声明的安全完整性等级SIL≥1的安全仪表功能。

五、什么是功能安全？什么是功能安全评估？

《过程工业领域安全仪表系统的功能安全》(GB/T 21109—2007)把功能安全定义为：与过程和基本控制系统(BPCS)有关的整体安全的组成部分，它取决于SIS和其他保护层功能的正确执行。

《过程工业领域安全仪表系统的功能安全》(GB/T 21109—2007)把功能安全评估定义为：基于证据的调查，以判断由一个或多个保护层所实现的功能安全。功能安全评估工作是安全仪表系统全生命周期管理的一部分，它贯穿安全仪表系统全生命周期管理整个过程，该项工作执行后应出具"安全仪表系统功能安全评估报告"。

"安全仪表系统功能安全评估报告"至少应包含安全仪表功能(SIF)定级并输出"安全要求规格书"、安全仪表功能验证并输出"安全仪表功能验证计算书"以及实现安全仪表功能相关设备设施检查、维护、测试程序文件。

安全仪表功能在设计完成后、安装调试后、工艺技术路线和设备及设施变更后需进行安全仪表功能的功能安全评估，原则上SIL1级的SIF可由独立个人为主参与的评估小组完成，SIL2级的SIF须由独立部门为主参与的评估小组完成，SIL3级的SIF须有独立组织为主参与的评估小组完成。

六、安全仪表系统涵盖的范围有哪些？

按照《国家安全监管总局关于加强化工安全仪表系统管理的指导意见》(安监总管三〔2014〕116号)SIS的定义，下述系统均属于安全仪表系统：

安全联锁系统(Safety Interlock System，SIS)；
安全关联系统(Safety Related System，SRS)；
仪表保护系统(Instrument Protective System，IPS)；
透平压缩机集成控制系统(Integrated Turbo & Compressor Control System，ITCC)；
火灾及气体检测系统(Fire and Gas Systems，F&G)；
紧急停车系统(Emergency Shutdown Device，ESD)；
燃烧管理系统(Burner Management System)等。

七、安全仪表系统全生命周期管理主要包括哪些内容？

安全仪表系统全生命周期管理包括三个阶段内容，分别为安全仪表功能安全完整性等级定级、设计和工程、投用及运行中的安全完整性保持、验证、停用管理。安全仪表系统的功能安全评估贯穿其整个生命周期。

安全完整性等级定级是在企业工艺技术路线和主体设备设施确定后，采用风险分析方法(如 HAZOP+LOPA 分析)，参照组织可接受风险标准而确定的对安全仪表功能执行成功概率的要求。

八、企业加强安全仪表系统管理工作的主要要求是什么？

《国家安全监管总局关于加强化工安全仪表系统管理的指导意见》(安监总管三〔2014〕116 号)，对企业加强安全仪表系统管理提出了以下要求：

(1) 企业应加快安全仪表系统功能安全相关技术和管理人才的培养，具备专业技术能力、掌握相关标准规范，满足开展和加强化工安全仪表系统功能安全管理工作的需要。

（2）新设计、改造设计安全仪表系统之前，应明确安全仪表系统过程安全要求、设计意图和依据。要通过过程危险分析，充分辨识危险与危险事件，科学确定必要的安全仪表功能，并根据国家法律法规和标准规范对安全风险进行评估，确定必要的风险降低要求。根据所有安全仪表功能的功能性和完整性要求，编制安全仪表系统安全要求技术文件。

（3）企业应严格按照安全仪表系统安全要求技术文件设计与实现安全仪表功能。通过仪表设备合理选择、结构约束（冗余容错）、检验测试周期以及诊断技术等手段，优化安全仪表功能设计，确保实现风险降低要求。要合理确定安全仪表功能（或子系统）检验测试周期，需要在线测试时，必须设计在线测试手段与相关措施。详细设计阶段要明确每个安全仪表功能（或子系统）的检验测试周期和测试方法等要求。

（4）企业应制定完善的安装调试与联合确认计划并保证有效实施，详细记录调试（单台仪表调试与回路调试）、确认的过程和结果，并建立管理档案。施工单位按照设计文件安装调试完成后，企业在投运前应依据国家法律法规、标准规范、行业和企业安全管理规定以及安全要求技术文件，组织对安全仪表系统进行审查和联合确认，确保安全仪表功能具备既定的功能和满足完整性要求，具备安全投用条件。

（5）企业应编制安全仪表系统操作维护计划和规程，保证安全仪表系统能够可靠执行所有安全仪表功能，实现功能安全。

企业应按照符合安全完整性要求的检验测试周期，对安全仪表功能进行定期全面检验测试，并详细记录测试过程和结果。要加强安全仪表系统相关设备故障管理（包括设备失效、联锁动作、误动作情况等）和分析处理，逐步建立相关设备失效数据库。要规范安全仪表系统相关设备选用，建立安全仪表设备准入和评审制度以及变更审批制度，并根据企业应用和设备失效情况不断修订完善。

（6）企业要制定和完善安全仪表系统相关管理制度或企业内部技术规范，把功能安全管理融入企业安全管理体系，不断提升过程安全管理水平。

加强过程报警管理,制定企业报警管理制度并严格执行。与安全仪表功能安全完整性要求相关的报警可以参照安全仪表功能进行管理和检验测试。

加强基本过程控制系统的管理,与安全完整性要求相关的控制回路,参照安全仪表功能进行管理和检验测试,并保证自动控制回路的投用率。

严格按照相关标准设计和实施有毒有害和可燃气体检测保护系统,为确保其功能可靠,相关系统应独立于基本过程控制系统。

(7)从2018年1月1日起,所有新建涉及"两重点一重大"的化工装置和危险化学品储存设施要设计符合要求的安全仪表系统。其他新建化工装置、危险化学品储存设施安全仪表系统,从2020年1月1日起,应执行功能安全相关标准要求,设计符合要求的安全仪表系统。

涉及"两重点一重大"在役生产装置或设施的化工企业和危险化学品储存单位,要在全面开展过程危险分析(如危险与可操作性分析)基础上,通过风险分析确定安全仪表功能及其风险降低要求,并尽快评估现有安全仪表功能是否满足风险降低要求。

企业应在评估基础上,制定安全仪表系统管理方案和定期检验测试计划。对于不满足要求的安全仪表功能,要制定相关维护方案和整改计划,2019年底前完成安全仪表系统评估和完善工作。其他化工装置、危险化学品储存设施,要参照安监总管三〔2014〕116号文要求实施。

第九章 特殊作业安全管理

一、什么是特殊作业？

特殊作业是指化学品生产单位设备检修过程中可能涉及的动火、进入受限空间、盲板抽堵、高处作业、吊装、临时用电、动土、断路等，对操作者本人、他人及周围建（构）筑物、设备、设施的安全可能造成危害的作业。

二、为什么要进行特殊作业安全管理？

化工生产具有工艺反应复杂、反应过程处于高（低）温、高（负）压，化工原料、产品（中间产品）易燃、易爆、易中毒、易腐蚀的特点，因此化工行业生产的安全风险要高于其他工业生产行业，化工生产对工艺操作及检修作业都有很高的技术和安全要求，化工装置发生的生产安全事故可分为生产操作事故和生产检修作业事故，而绝大部分生产检修作业事故都与特殊作业有关联。

三、特殊作业过程中事故频发的主要原因有哪些？

（1）企业负责人是法治意识差，企业没有认真贯彻执行国家有关化工安全生产的法律、法规及关于特殊作业的相关国家标准。

(2) 企业安全监督管理体系和管理制度不健全，责任不明确，存在无人管和管理制度存在漏洞或缺陷的问题。

(3) 企业主要负责人对安全生产不重视，缺乏风险管理的意识，不清楚如何管控动火等特殊作业的安全风险，不具备基本的安全管理能力。

(4) 企业安全教育培训不够，特殊作业人员和安全管理人员对特殊作业安全和风险管理措施知识相对匮乏，不能认真、严格执行特殊作业安全规范。

(5) 对特殊作业的风险辩识能力差，不能对特殊作业过程中存在风险进行正确的辨识分析，制订相应的安全管控措施。

(6) 特殊作业在执行过程中管控不严，监督检查力度不够，安全措施落实不到位，安全管理工作混乱。

四、危险化学品企业如何实行特殊作业安全管理？

（一）建立企业的安全管理体系

化工生产的特殊性决定了特殊作业具有相当大的风险性，由于特殊作业过程中具有工艺处理复杂、涉及的专业多（工艺、设备、电气、仪表、检修等），作业人员复杂（承包商）的特点，造成了在作业过程不可预测的危险因素多，给安全管理增加了较大的难度。应该清醒地认识到，特殊作业安全管理不是单一作业的安全管理。而是必须在建立完善企业安全管理体系的基础才能实现有效的安全管理。因此，企业必须建立完善安全管理体系，构建"横到边，竖到底、不留死角"的安全网格，达到层层审查、层层把关的安全管理目的。

（二）建立特殊作业安全管理制度

企业要根据《化学品生产单位特殊作业安全规范》（GB 30871—2014）制定特殊作业安全管理制度，确定特殊作业的作业内容、范围；作业相关单位的工作职责、安全职责；相关作业人员的安全职责；工作程序及要求及审批管理程序等要求。各作业单位、作业人员必须严格按照制度执行。

(三) 开展作业前危险、有害因素辨识分析

由于化工生产的复杂性和风险不可预潜性,在作业前分析出潜在作业风险,并制定出相应的安全措施,就能有效地控制风险,减少或消除事故的发生。因此,工作前安全分析是特殊作业安全管理重要的一步,不可缺少。

(四) 加强对作业人员的安全培训和管理

特殊作业涉及的专业多、人员复杂,作业人员安全知识和技能参差不齐,只对施工管理人员进行安全技术交底还不够,很多其他作业人员对现场的情况不太了解,因此对每一个作业人员进行告知施工现场有关的安全问题、厂纪厂规以及如何防止事故发生和事故应急救援等方面内容并进行考试,提高受教育者安全技能和自身安全保护意识。

(五) 严格执行特殊作业许可制度

特殊作业许可是一种现场安全管理制度,是风险管理的工具,正确执行特殊作业许可管理规范,可以识别、分析与控制作业过程中的风险,采取有针对性防控措施,采用作业证审批制度,能有效地控制风险,预防事故的发生。

五、安全生产监管人员对企业实施特殊作业的监督检查重点有哪些?

(1) 检查企业是否按照《化学品生产单位特殊作业安全规范》(GB 30871—2014)的要求,制定特殊作业管理制度;

(2) 检查企业的特殊作业管理制度是否执行特殊作业审批许可管理,特殊作业是否执行了特殊作业审批流程;

(3) 检查企业实施特殊作业前是否进行了危险、有害因素分析;针对危险、有害因素制定的安全控制措施是否符合现场实际,是否按要求执行;

(4) 检查企业是否对作业现场涉及的设备、管线进行隔绝、清洗、置换,并确认满足动火、进入受限空间等作业安全要求;

（5）检查特殊作业人员是否持证上岗，是否进行过作业安全教育，是否按照要求佩戴、使用劳动防护用品和器具；

（6）检查监护人是否具备基本的救护能力；现场监护是否到位，是否存在"三违"现象等；

（7）检查作业环节管控是否到位，是否各项特殊作业都制定有操作步骤，并责任落实到人；

（8）检查特殊作业负责人、作业人、监护人、审批人对安全控制措施的掌握情况。

六、企业对特殊作业的安全管控要点有哪些？

（一）开展特殊作业风险辨识，制定有效的安全措施

特殊作业的风险辨识包括作业环境、作业对象、作业过程的危险、危害因素和环境因素进行识别。确定危险程度，制定和落实控制措施，包括能量的释放控制措施、个体防护措施和应急处理措施，对措施进行完整性、安全性、可靠性的确认评估，保证措施的有效性。

（二）严格落实各项安全措施

生产人员要对作业设备、作业部位进行有效的隔离、清洗、置换工作，对作业周边环境要严格按照安全措施要求逐项落实，不得采用任何"替代"手段，要防止留下"漏洞"和"死角"。

（三）严把作业前安全交底及安全教育关

要对作业人员就作业现场和作业过程中可能存在的危险及采取的具体安全措施进行安全交底，并对作业人员就个体防护器具的使用方法、事故的预防、避险、逃生、自救、互救等知识进行安全教育。

（四）严把作业分析关

分析人员要通过特殊作业分析培训，掌握各类特殊作业的分析要领，按分析要求进行作业前及作业过程中的分析，分析位置要有代表性，分析仪器要定期校验，分析数据要进行核实，并如实、及时填写数据及上报。严禁随意减少分析部位、分析次数。

（五）严把作业审批关

审批人员应到现场对特殊作业部位及周边情况进行检查、逐项落实安全措施，确认无误后，方可签字。禁止审批人不到现场就在作业证上签字或由其他人代签。

（六）严把作业安全监督关

安全监护人要严格监护职责，认真检查作业前各项安全措施的落实情况，做好作业过程的监护工作，不得擅离职守，并做好作业完成后现场各种不安全因素的消除及现场清理及验收工作。

七、特殊作业许可程序包括几个环节？

特殊作业许可程序包括作业申请、作业审批、作业实施和作业关闭等四个环节。

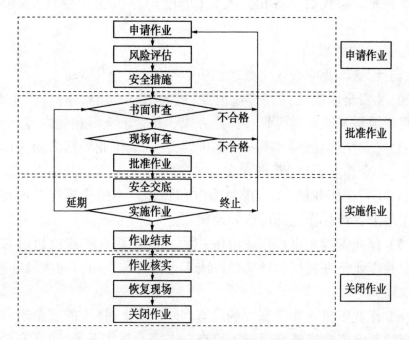

特殊作业许可程序图

八、如何使用和管理特殊作业《安全作业证》？

1.《安全作业证》申请

作业单位向相关部门提出作业申请，并按要求填写《安全作业证》，申请内容应包括作业部位、作业方式、作业时间，存在的危险、采取的安全措施、技术要求等。

2.《安全作业证》审批

当完成作业前的所有准备工作后，根据不同作业级别签批要求，签批人落实安全措施后进行签批。

3.《安全作业证》的分发

作业许可审批完后，将《安全作业证》按每联的持有要求发给作业人、监护人和审批人（审批单位）。

4. 许可证的保存

作业完成验收后，各相关人员（单位）对《安全作业证》妥善保管一年。

5. 其他注意事项

（1）特殊作业应按规定办理相应级别的《安全作业证》。

（2）《安全作业证》的"作业地点"栏的填写必须具体；"作业方式"栏要明确填写采取何类机具、作业方式、是否动火等相关内容。

（3）《安全作业证》实行一个作业点、一个作业周期内同一作业内容一张《安全作业证》的管理方式。

（4）《安全作业证》不应随意涂改和转让、不应变更作业内容、扩大使用范围、转移作业部位或异地使用。

（5）作业内容变更，作业范围扩大、作业地点转移或超过有效期限，以及作业条件、作业环境条件或工艺条件改变时，应重新办理《安全作业证》。

（6）作业审批人要亲临现场检查《安全作业证》上的安全措施、包括补充的其他安全措施必须逐条检查，未完全落实不得签发《安全作业证》。

九、化工企业如何对动火作业进行分级管理？

危险化学品企业动火作业分为"二区三级"，二区即固定动火区及禁火区，三级为二级动火、一级动火、特殊动火三个级别。

二级动火作业：除特殊动火作业和一级动火作业以外的动火作业。凡生产装置或系统全部停车，装置经清洗、置换、分析合格并采取安全隔离措施后，可根据其火灾、爆炸危险性大小，经所在单位安全管理部门批准，动火作业可按二级动火作业管理。

一级动火作业：在易燃易爆场所进行的除特殊动火作业以外的动火作业。装置区管廊上的动火作业按一级动火作业管理。

特殊动火作业：在生产运行状态下的易燃易爆生产装置、输送管道、储罐、容器等部位上及其他特殊危险场所进行的动火作业，带压不置换动火按特殊动火作业管理。

如果在夜间(每天20时至次日8时)、国家固定节日、假日内进行动火作业，按规定进行升级管理。

特殊动火和一级动火《安全作业证》的有效时限不超过8小时。二级动火《安全作业证》的有效时限不超过72小时；每日动火前要进行动火分析。动火作业超过有效期限应重新办理动火作业证。

十、动火作业的风险防范措施主要有哪些？

（一）一级和二级动火作业的风险管控措施

（1）动火作业必须办理动火安全作业证，进入设备内、高处等进行动火作业，还须办理相关的作业证并采取相应的安全措施。

（2）将动火设备、管道有效隔离，将其内部的物料清洗、置换，经分析合格。动火点周围或其下方的地面如有可燃物、空洞、窨井、地沟、水封等，应检查分析并采取清理或封盖等措施；对于动火点周围有可能泄漏易燃、可燃物料的设备，应采取隔离措施。

(3) 在有可燃物构件和使用可燃物做防腐内衬的设备内部进行动火作业时，应采取防火隔绝措施。

(4) 高处动火作业要采取防止火花飞溅措施。

(5) 在生产、使用、储存氧气的设备上进行动火作业时，设备内氧含量不应超过 23.5%。

(6) 动火期间距动火点 30m 内不应排放可燃气体；距动火点 15m 内不应排放可燃液体；在动火点 10m 范围内及用火点下方不应同时进行可燃溶剂清洗或喷漆等作业。

(7) 铁路沿线 25m 以内的动火作业，如遇有装有危险化学品的火车通过或停留时，应立即停止作业。

(8) 使用气焊、气割动火作业时，乙炔瓶应直立放置，氧气瓶与之间距不应小于 5m，二者与作业地点间距不应小于 10 m，并应设置防晒设施。

(9) 五级以上(含五级)天气，原则上禁止露天动火作业，因生产确需动火，动火作业应升级管理。

(10) 动火作业应有专人监火，作业前应清除动火现场及周围的易燃物品，或采取其他有效安全防火措施，并配备消防器材，满足作业现场应急需求。

(11) 动火作业完毕，应清理现场，确认无残留火种后，方可离开。

(二)特殊动火作业要求

特殊动火作业在符合一、二级动火规定的同时，还应符合以下规定：

(1) 应在正压条件下进行作业；在生产不稳定的情况下不应进行带压不置换动火作业。

(2) 作业单位与生产单位应预先制定作业方案，落实安全防火措施，并得到相应的审批人批准，方可实施。

(3) 动火点所在生产单位应制定应急预案，配备好应急人员、应急器材，并做好应急准备，专职消防队到现场监护，并通知公司应急管理部门，使之在异常情况下能及时采取相应的应急措施。

(4) 应保持作业现场通排风良好。

十一、企业开展受限空间作业有哪些安全管控措施？

(1) 安全隔绝。受限空间与其他系统连通的可能危及安全作业的管道应采取有效隔离措施。与受限空间连通的可能危及安全作业的管道应采用插入盲板或拆除一段管道进行隔绝。与受限空间连通的可能危及安全作业的孔、洞应进行严密地封堵。受限空间内用电设备应停止运行并有效切断电源，在电源开关处上锁并加挂警示牌。

(2) 清洗或置换。受限空间应达到如下要求：氧含量为 18%~21%，富氧环境下不应大于 23.5%。有毒气体(物质)浓度应符合《工作场所有害因素职业接触限值 第 1 部分：化学有害因素》GBZ 2.1—2007 的规定。可燃气体浓度要求同动火作业规定。

(3) 通风。打开人孔、手孔、料孔、风门、烟门等与大气相通的设施进行自然通风。必要时，应采用风机强制通风或管道送风，管道送风前应对管道内介质和风源进行分析确认。

(4) 照明及用电安全。受限空间照明电压应小于或等于 36V，在潮湿容器、狭小容器内作业电压应小于或等于 12V。在潮湿容器中，作业人员应站在绝缘板上，同时保证金属容器接地可靠。

(5) 作业前对参加作业的人员进行安全教育，内容包括有关作业的安全规章制度；作业现场和作业过程中可能存在的危险、有害因素及应采取的具体安全措施；作业过程中所使用的个体防护器具的使用方法及使用注意事项；事故的预防、避险、逃生、自救、互救等知识；相关事故案例和经验、教训。

(6) 作业监护。在受限空间外应设有专人监护，作业期间监护人员不应离开。在风险较大的受限空间作业时，应增设监护人员，并随时与受限空间内作业人员保持联络。

（7）现场安全管理。受限空间外应设置安全警示标志。受限空间出入口应保持畅通。作业前后应清点作业人员和作业工器具。作业人员不应携带与作业无关的物品进入受限空间。作业中不应抛掷材料、工器具等物品；在有毒、缺氧环境下不应摘下防护面具；不应向受限空间充氧气或富氧空气；离开受限空间时应将气割(焊)工器具带出。难度大、劳动强度大、时间长的受限空间作业应采取轮换作业方式。

（8）应急管理。作业现场应备有空气呼吸器(氧气呼吸器)、消防器材和清水等相应的应急用品。作业人员发生紧急状况时，救援人员一定要再穿戴好防护装备，确保自身安全的情况下进行施救。

（9）作业延期。最长作业时限不应超过24h，特殊情况超过时限的应办理作业延期手续。

（10）作业结束。作业结束后，受限空间所在单位和作业单位共同检查受限空间内外，确认无问题后方可封闭受限空间。

十二、高处作业的安全措施有哪些？

（1）患有职业禁忌症和年老体弱、疲劳过度、视力不佳、酒后人员及其他健康状况不良者，不准高处作业。

（2）高处作业必须办理《高处作业证》若涉及动火、抽堵盲板等危险作业时，应同时办理相关作业许可证。

（3）作业人员必须经安全教育，熟悉现场环境和施工安全要求，按《高处作业证》内容检查确认安全措施落实到位后，方可作业。

（4）作业人员必须戴安全帽，拴安全带，穿防滑鞋。作业前要检查其符合相关安全标准，作业中应正确使用。

（5）搭设的脚手架、防护围栏应符合相关安全规程。在石棉瓦、瓦楞板等轻型材料上作业，应搭设并站在固定承重板上作业。

（6）高处作业使用的工具、材料、零件必须装入工具袋，上下时手中不得持物。不准空中抛接工具、材料及其他物品。易滑动、易滚动的工具、材料堆放在脚手架上时,应采取措施防止坠落。

(7) 在电气设备(线路)旁高处作业应符合安全距离要求。在采取地(零)电位或等(同)电位作业方式进行带电高处作业时,必须使用绝缘工具。

(8) 高处作业正下方严禁站人,与其他作业交叉进行时,必须按指定的路线上下,禁止上下垂直作业。若必须垂直进行作业时,应采取可靠的隔离措施。

(9) 高处作业应有足够的照明;30m 以上高处作业应配备通信、联络工具,指定专人负责联系,并将联络相关事宜填入《高处作业证》安全防范措施补充栏内。

(10) 作业监护人应熟悉现场环境和检查确认安全措施落实到位,具备相关安全知识和应急技能,与岗位保持联系,随时掌握工况变化,并坚守现场。

(11) 如遇暴雨、大雾、六级以上大风等恶劣气象条件应停止高处作业。

(12) 若作业条件发生重大变化,应重新办理《高处作业证》。

十三、盲板抽堵作业的安全措施有哪些?

(1) 要根据工艺质的特性选用符合国家规定的盲板。

(2) 在拆装盲板前,应将管道压力泄至常压或微正压;工艺介质温度应小于60℃;严禁在同一管道上同时进行两处及两处以上抽堵盲板作业。

(3) 作业人员严禁正对危险有害物质(能量)可能突出的方向,作好个人防护。

(4) 在易燃易爆场所进行盲板抽堵作业时,作业人员应穿防静电工作服、工作鞋,并应使用防爆灯具和防爆工具。

(5)在强腐蚀性介质的管道、设备上进行盲板抽堵作业时,作业人员应采取防止酸碱灼伤的措施。在可能释放有害物质的管道、设备上进行盲板抽堵作业时,作业人员应佩戴个防护用具,并连续进行有毒气体检测。

(6)在易燃易爆场所作业时,作业地点30m内不得有动火作业;工作照明使用防爆灯具;使用防爆工具,禁止用铁器敲打管线、法兰等。

(7)作业时应有专人监护,作业结束前监护人不得离开作业现场。

(8)监护人应熟悉现场环境和检查确认安全措施落实到位,具备相关安全知识和应急技能,与岗位保持联系,随时掌握工况变化。

(9)作业复杂、危险性大的场所,除监护人外,其他相关部门人员应到现场,作好应急准备。

(10)若涉及动火、受限空间、高处等危险作业时,应同时办理相关作业许可证。

(11)若作业条件发生重大变化,应重新办理《抽堵盲板作业证》。

第十章 职业病和职业病危害因素防护

一、我国职业病防治的工作方针是什么？

《职业病防治法》第三条规定了我国职业病防治的工作方针，即：坚持预防为主、防治结合的方针，建立用人单位负责、行政机关监管、行业自律、职工参与和社会监督的机制，实行分类管理、综合治理。

二、什么是职业病？什么是职业病危害？

《中华人民共和国职业病防治法》(2016年修正)规定了职业病的定义：指企业、事业单位和个体经济组织等用人单位的劳动者在职业活动中，因接触粉尘、放射性物质和其他有毒、有害因素而引起的疾病。

职业病危害是指对从事职业活动的劳动者可能导致职业病的各种危害。

三、什么是职业病危害因素？职业病危害因素分为几类？

职业病危害因素是指劳动者在职业活动中存在的各种有害的化学、物理、生物因素以及在作业过程中产生的其他职业有害因素。

《职业病危害因素分类目录》(国卫疾控发〔2015〕92号)规定职业

病危害因素共分为6类，分别为粉尘、化学因素、物理因素、放射性因素、生物因素和其他因素。粉尘按其性质又可分为无机粉尘、有机粉尘和混合性粉尘三类。

四、职业病主要危害因素的危害特性有哪些？

（一）粉尘

粉尘经呼吸道吸入体内后，会附着在肺的最深处，引起中毒性肺炎和矽肺，严重的会得肺癌。有些金属性的粉尘如锰尘、铅尘等，由于化学性质的作用，进入人体后会直接引起锰、铅中毒或发生病变，严重的时候可能会导致死亡的发生。粉尘还会在空气中吸附大量的细菌或病毒进入人体，使人发病。

（二）化学因素

化学物质都具有一定的毒性和腐蚀性，某种化学物质进入人体机体后，会损害机体组织与器官，通过生物化学或生物物理学的作用，使组织细胞的代谢或功能遭受损害，引起机体发生病理变化，造成人体中毒。

（三）物理因素

（1）噪声。生产性噪声对人体的危害主要是对神经系统的影响，会引发神经衰弱综合征；对心血管系统的影响，会造成心跳加快、心律不齐、血压变化等。对视觉器官的影响，会造成眼痛、视力减退；对消化系统的影响，会造成食欲不振、恶心；还有对内分泌系统的影响等。

（2）振动。接触强烈的全身振动可能导致内脏器官的损伤或位移，周围神经和血管功能的改变，女工可发生子宫下垂、自然流产及异常分娩率增加；手臂局部接触强烈震动物件，长期持续使用振动工具，严重时可造成血管痉挛明显，引起局部振动病。

（3）高温。高温会影响人体水盐代谢，导致水和电解质紊乱引发中暑；大量出汗造成皮肤血管扩张，心肌负荷加重。同时对消化系统、神经系统和泌尿系统都有影响。

(4) 电磁辐射、非电离辐射。辐射引起的主要症状有头痛、乏力、记忆力衰退、睡眠障碍等神经衰弱综合症以及心悸、胸闷、脱发等症状。

(5) 紫外线。紫外线对人体的伤害主要是灼伤皮肤，同时也会对眼睛及免疫系统造成危害，严重时会导致皮肤癌。

(四) 放射性因素

在大剂量的照射下，放射性对人体和动物存在着某种损害作用。放射性也能损伤剂量单位遗传物质，主要在于引起基因突变和染色体畸变，使一代甚至几代受害。

(五) 生物因素

生物性有害因素对职业人群的健康损害，除引起法定职业性传染病，如炭疽、布氏杆菌病、森林脑炎外，也是构成哮喘、外源性、过敏性肺泡炎和职业性皮肤病等法定职业病的致病因素之一。

五、哪些政府部门对企业职业病的预防工作负有监管责任？监管范围是如何界定的？

《职业病防治法》第九条规定：国务院安全生产监督管理部门、卫生行政部门、劳动保障行政部门依照本法和国务院确定的职责，负责全国职业病防治的监督管理工作。国务院有关部门在各自的职责范围内负责职业病防治的有关监督管理工作。

县级以上地方人民政府安全生产监督管理部门、卫生行政部门、劳动保障行政部门依据各自职责，负责本行政区域内职业病防治的监督管理工作。县级以上地方人民政府有关部门在各自的职责范围内负责职业病防治的有关监督管理工作。

第十条规定：县级以上地方人民政府统一负责、领导、组织、协调本行政区域的职业病防治工作,统一领导、指挥职业卫生突发事件应对工作。乡、民族乡、镇的人民政府应当认真执行本法,支持职业卫生监督管理部门依法履行职责。

六、我国在职业病预防监督管理方面主要有哪些法律法规?

(1)《中华人民共和国职业病防治法(2016年修正)》(中华人民共和国主席令第四十八号);

(2)《使用有毒物品作业场所劳动保护条例》(国务院令第352号);

(3)《工作场所职业卫生监督管理规定》(国家安监总局令第47号);

(4)《职业病危害项目申报办法》(国家安监总局令第48号);

(5)《用人单位职业健康监护监督管理办法》(国家安监总局令第49号);

(6)《建设项目职业病防护设施"三同时"监督管理办法》(国家安监总局令第90号);

(7)《建设项目职业病危害分类管理办法》(卫生部令第49号);

(8)《职业卫生档案管理规范》(安监总厅安健〔2013〕171号);

(9)《关于印发用人单位职业病危害告知与警示标识管理规范的通知》(安监总厅安健〔2014〕111号);

(10)《关于印发〈用人单位职业病危害因素定期检测管理规范〉的通知》(安监总厅安健〔2015〕16号);

(11)《关于印发〈用人单位劳动防护用品管理规范〉的通知》(安监总厅安健〔2015〕124号);

(12)《关于修改〈用人单位劳动防护用品管理规范〉的通知》(安监总厅安健〔2018〕3号);

(13)《职业病分类和目录(2016版)》(国卫疾控发〔2013〕48号);

(14)《职业病危害因素分类目录》(国卫疾控发〔2015〕92号)。

其他相关的法规、技术标准还有:

(1)《工业企业设计卫生标准》(GBZ 1—2010);

(2)《工作场所有害因素职业接触限值》(GBZ 2—2007);

(3)《职业健康监护技术规范》(GBZ 188—2014);

(4)《职业性接触毒物危害程度分级》(GBZ 230—2010);

(5)《化工企业劳动防护用品选用及配备》(AQ/T 3048—2013);

(6)《有毒作业场所危害程度分级》(AQ/T 4208—2010);

(7)《工作场所职业病危害警示标识》(GB Z 158—2003);

(8)《安全标志及其使用导则》(GB 2894—2008)。

七、什么是职业病危害项目建设的"三同时"?

职业病危害的建设项目,是指存在或者产生职业病危害因素分类目录所列职业病危害因素的建设项目。

《职业病防治法》第十八条规定:建设项目的职业病防护设施必须与主体工程同时设计,同时施工,同时投入生产和使用。

职业病防护设施是指控制或者消除生产过程中产生的职业病危害因素,以阻止职业病危害因素给劳动者健康造成影响的一切措施,是预防和减少职业病危害因素对劳动者健康的损害或者影响,保护劳动者健康的设备、设施、装置、构(建)筑物等的总称。包括用于防尘、防毒、防噪声、防振动、防暑降温、防寒、防潮、防非电离辐射、防电离辐射、防生物危害、人体工效学等职业病防护设施、工程技术、个体防护用品等。

《建设项目职业病防护设施"三同时"监督管理办法》第四条规定,建设项目职业病防护设施"三同时"工作可以与安全设施"三同时"工作一并进行。建设单位可以将建设项目职业病危害预评价和安全预评价、职业病防护设施设计和安全设施设计、职业病危害控制效果评价和安全验收评价合并出具报告或者设计，并对职业病防护设施与安全设施一并组织验收。

八、如何监督建设单位做好职业病防护设施"三同时"工作？

《建设项目职业病防护设施"三同时"监督管理办法》第三十条规定：安全生产监督管理部门应当在职责范围内按照分类分级监管的原则，将建设单位开展建设项目职业病防护设施"三同时"情况的监督检查纳入安全生产年度监督检查计划，并按照监督检查计划与安全设施"三同时"实施一体化监督检查，对发现的违法行为应当依法予以处理；对违法行为情节严重的，应当按照规定纳入安全生产不良记录"黑名单"管理。

第三十一条规定：安全生产监督管理部门应当依法对建设单位开展建设项目职业病危害预评价情况进行监督检查，重点监督检查下列事项：

（1）是否进行建设项目职业病危害预评价；

（2）是否对建设项目可能产生的职业病危害因素及其对工作场所、劳动者健康影响与危害程度进行分析、评价；

（3）是否对建设项目拟采取的职业病防护设施和防护措施进行评价，是否提出对策与建议；

（4）是否明确建设项目职业病危害风险类别；

（5）主要负责人或其指定的负责人是否组织职业卫生专业技术人员对职业病危害预评价报告进行评审，职业病危害预评价报告是否按照评审意见进行修改完善；

（6）职业病危害预评价工作过程是否形成书面报告备查；

（7）是否按照本办法规定公布建设项目职业病危害预评价情况；

（8）依法应当监督检查的其他事项。

第三十二条规定：安全生产监督管理部门应当依法对建设单位开展建设项目职业病防护设施设计情况进行监督检查，重点监督检查下列事项：

（1）是否进行职业病防护设施设计；

（2）是否采纳职业病危害预评价报告中的对策与建议，如未采纳是否进行充分论证说明；

（3）是否明确职业病防护设施和应急救援设施的名称、规格、型号、数量、分布，并对防控性能进行分析；

（4）是否明确辅助用室及卫生设施的设置情况；

（5）是否明确职业病防护设施和应急救援设施投资预算；

（6）主要负责人或其指定的负责人是否组织职业卫生专业技术人员对职业病防护设施设计进行评审，职业病防护设施设计是否按照评审意见进行修改完善；

（7）职业病防护设施设计工作过程是否形成书面报告备查；

（8）是否按照本办法规定公布建设项目职业病防护设施设计情况；

（9）依法应当监督检查的其他事项。

第三十三条规定：安全生产监督管理部门应当依法对建设单位开展建设项目职业病危害控制效果评价及职业病防护设施验收情况进行监督检查，重点监督检查下列事项：

（1）是否进行职业病危害控制效果评价及职业病防护设施验收；

（2）职业病危害防治管理措施是否齐全；

（3）主要负责人或其指定的负责人是否组织职业卫生专业技术人员对建设项目职业病危害控制效果评价报告进行评审和对职业病防护设施进行验收，是否按照评审意见和验收意见对职业病危害控制效果评价报告和职业病防护设施进行整改完善；

（4）建设项目职业病危害控制效果评价及职业病防护设施验收工作过程是否形成书面报告备查；

（5）建设项目职业病防护设施验收方案、职业病危害严重建设项目职业病危害控制效果评价与职业病防护设施验收工作报告是否按照规定向安全生产监督管理部门进行报告；

（6）是否按照本办法规定公布建设项目职业病危害控制效果评价和职业病防护设施验收情况；

（7）依法应当监督检查的其他事项。

第三十四条规定：安全生产监督管理部门应当按照下列规定对建设单位组织的验收活动和验收结果进行监督核查，并纳入安全生产年度监督检查计划：

（1）对职业病危害严重建设项目的职业病防护设施的验收方案和验收工作报告，全部进行监督核查；

（2）对职业病危害较重和一般的建设项目职业病防护设施的验收方案和验收工作报告，按照国家安全生产监督管理总局规定的"双随机"方式实施抽查。

九、对违反职业病防护设施"三同时"规定的建设单位应如何进行处罚？

《建设项目职业病防护设施"三同时"监督管理办法》第三十九条规定：建设单位有下列行为之一的，由安全生产监督管理部门给予警告，责令限期改正；逾期不改正的，处10万元以上50万元以下的罚款；情节严重的，责令停止产生职业病危害的作业，或者提请有关人民政府按照国务院规定的权限责令停建、关闭：

（1）未按照本办法规定进行职业病危害预评价的；

（2）建设项目的职业病防护设施未按照规定与主体工程同时设计、同时施工、同时投入生产和使用的；

（3）建设项目的职业病防护设施设计不符合国家职业卫生标准和卫生要求的；

（4）未按照本办法规定对职业病防护设施进行职业病危害控制效

果评价的；

（5）建设项目竣工投入生产和使用前，职业病防护设施未按照本办法规定验收合格的。

第四十条规定：建设单位有下列行为之一的，由安全生产监督管理部门给予警告，责令限期改正；逾期不改正的，处5000元以上3万元以下的罚款：

（1）未按照本办法规定，对职业病危害预评价报告、职业病防护设施设计、职业病危害控制效果评价报告进行评审或者组织职业病防护设施验收的；

（2）职业病危害预评价、职业病防护设施设计、职业病危害控制效果评价或者职业病防护设施验收工作过程未形成书面报告备查的；

（3）建设项目的生产规模、工艺等发生变更导致职业病危害风险发生重大变化的，建设单位对变更内容未重新进行职业病危害预评价和评审，或者未重新进行职业病防护设施设计和评审的；

（4）需要试运行的职业病防护设施未与主体工程同时试运行的；

（5）建设单位未按照本办法第八条规定公布有关信息的。

第四十一条规定：建设单位在职业病危害预评价报告、职业病防护设施设计、职业病危害控制效果评价报告编制、评审以及职业病防护设施验收等过程中弄虚作假的，由安全生产监督管理部门责令限期改正，给予警告，可以并处5000元以上3万元以下的罚款。

第四十二条规定：建设单位未按照规定及时、如实报告建设项目职业病防护设施验收方案，或者职业病危害严重建设项目未提交职业病危害控制效果评价与职业病防护设施验收的书面报告的，由安全生产监督管理部门责令限期改正，给予警告，可以并处5000元以上3万元以下的罚款。

十、国家法律法规对用人单位职业病管理是如何要求的？

《职业病防治法》第四条规定：劳动者依法享有职业卫生保护的权利。用人单位应当为劳动者创造符合国家职业卫生标准和卫生要求的工作环境和条件，并采取措施保障劳动者获得职业卫生保护。

第五条规定：用人单位应当建立、健全职业病防治责任制，加强对职业病防治的管理，提高职业病防治水平，对本单位产生的职业病危害承担责任。

第六条规定：用人单位的主要负责人对本单位的职业病防治工作全面负责。

第七条规定：用人单位必须依法参加工伤保险。

第十五条规定：产生职业病危害的用人单位的设立除应当符合法律、行政法规规定的设立条件外，其工作场所还应当符合下列职业卫生要求：

(1) 职业病危害因素的强度或者浓度符合国家职业卫生标准；

(2) 有与职业病危害防护相适应的设施；

(3) 生产布局合理，符合有害与无害作业分开的原则；

(4) 有配套的更衣间、洗浴间、孕妇休息间等卫生设施；

(5) 设备、工具、用具等设施符合保护劳动者生理、心理健康的要求；

(6) 法律、行政法规和国务院卫生行政部门、安全生产监督管理部门关于保护劳动者健康的其他要求。

第十六条规定：用人单位工作场所存在职业病目录所列职业病的危害因素的，应当及时、如实向所在地安全生产监督管理部门申报危害项目，接受监督。

十一、法律法规要求用人单位应该采取哪些职业病防治管理措施？

《职业病防治法》第二十条规定：用人单位应当采取下列职业病防治管理措施：

（1）设置或者指定职业卫生管理机构或者组织，配备专职或者兼职的职业卫生管理人员，负责本单位的职业病防治工作；

（2）制定职业病防治计划和实施方案；

（3）建立、健全职业卫生管理制度和操作规程；

（4）建立、健全职业卫生档案和劳动者健康监护档案；

（5）建立、健全工作场所职业病危害因素监测及评价制度；

（6）建立、健全职业病危害事故应急救援预案。

十二、如何受理用人单位的职业病危害项目申报工作？

根据《职业病危害项目申报办法》，对安全生产监督管理部门受理用人单位职业病危害项目的申报工作提出的要求是：

（一）需要受理的项目类型

用人单位（煤矿除外）工作场所存在职业病目录所列职业病的危害因素的建设项目。

（二）对用人单位申报时间的要求

（1）新建、改建、扩建、技术改造或者技术引进建设项目的，自建设项目竣工验收之日起30日内进行申报；

（2）因技术、工艺、设备或者材料等发生变化导致原申报的职业病危害因素及其相关内容发生重大变化的，自发生变化之日起15日内进行申报；

（3）企业工作场所、名称、法定代表人或者主要负责人发生变化的，自发生变化之日起15日内进行申报；

（4）经过职业病危害因素检测、评价，发现原申报内容发生变化的，自收到有关检测、评价结果之日起15日内进行申报。

（5）企业终止生产经营活动的，应当自生产经营活动终止之日起15日内向原申报机关报告并办理注销手续。

（三）受理单位责任分工

中央企业、省属企业及其所属用人单位的职业病危害项目，向其所在地设区的市级人民政府安全生产监督管理部门申报。

前款规定以外的其他用人单位的职业病危害项目，向其所在地县级人民政府安全生产监督管理部门申报。

（四）受理项目申报时要求用人单位提交的材料

受理用人单位项目申报时，需查看用人单位是否提交《职业病危害项目申报表》和下列文件、资料：

（1）企业的基本情况；

（2）工作场所职业病危害因素种类、分布情况以及接触人数；

（3）法律、法规和规章规定的其他文件、资料。

职业病危害项目申报同时采取电子数据和纸质文本两种方式。

用人单位应当首先通过"职业病危害项目申报系统"进行电子数据申报，同时将《职业病危害项目申报表》加盖公章并由本单位主要负责人签字后，连同有关文件、资料一并上报所在地设区的市级或县级安全生产监督管理部门。

十三、存在职业病危害的用人单位应当制定哪些职业卫生管理制度和操作规程？

根据《工作场所职业卫生监督管理规定》规定，存在职业病危害的用人单位应当制定下列职业卫生管理制度和操作规程：

（1）职业病危害防治责任制度；

（2）职业病危害警示与告知制度；

(3) 职业病危害项目申报制度;
(4) 职业病防治宣传教育培训制度;
(5) 职业病防护设施维护检修制度;
(6) 职业病防护用品管理制度;
(7) 职业病危害监测及评价管理制度;
(8) 建设项目职业卫生"三同时"管理制度;
(9) 劳动者职业健康监护及其档案管理制度;
(10) 职业病危害事故处置与报告制度;
(11) 职业病危害应急救援与管理制度;
(12) 岗位职业卫生操作规程;
(13) 法律、法规、规章规定的其他职业病防治制度。

十四、如何监管用人单位对工作场所职业病危害因素的检测以及职业病危害因素的告知工作?

《职业病防治法》规定:用人单位应当按照国务院安全生产监督管理部门的规定,定期对工作场所进行职业病危害因素检测、评价。检测、评价结果存入用人单位职业卫生档案,定期向所在地安全生产监督管理部门报告并向劳动者公布。

《用人单位职业病危害因素定期检测管理规范》规定:用人单位应当建立职业病危害因素定期检测制度,每年至少委托具备资质的职业卫生技术服务机构对其存在职业病危害因素的工作场所进行一次全面检测。

职业病危害告知是指用人单位通过与劳动者签订劳动合同、公告、培训等方式,使劳动者知晓工作场所产生或存在的职业病危害因素、防护措施、对健康的影响以及健康检查结果等的行为。

《职业病防治法》第二十四条规定:产生职业病危害的用人单位,应当在醒目位置设置公告栏,公布有关职业病防治的规章制度、操作规程、职业病危害事故应急救援措施和工作场所职业病危害因素检测结果。

对产生严重职业病危害的作业岗位,应当在其醒目位置,设置警示标识和中文警示说明。警示说明应当载明产生职业病危害的种类、后果、预防以及应急救治措施等内容。

第三十三条规定:用人单位与劳动者订立劳动合同(含聘用合同,下同)时,应当将工作过程中可能产生的职业病危害及其后果、职业病防护措施和待遇等如实告知劳动者,并在劳动合同中写明,不得隐瞒或者欺骗。

劳动者在已订立劳动合同期间因工作岗位或者工作内容变更,从事与所订立劳动合同中未告知的存在职业病危害的作业时,用人单位应当依照前款规定,向劳动者履行如实告知的义务,并协商变更原劳动合同相关条款。

十五、法律法规对哪些作业场所实行特殊管理?《使用有毒物品作业场所劳动保护条例》对使用有毒物品作业场所提出了哪些特殊要求?

《职业病防治法》第十九条规定:国家对从事放射性、高毒、高危粉尘等作业实行特殊管理。

有毒场所的分级依据《职业性接触毒物危害程度分级》(GBZ 230—2010)和《有毒作业场所危害程度分级》(AQ/T 4208—2010)进行。

《使用有毒物品作业场所劳动保护条例》规定了用人单位的使用有毒物品作业场所,除符合《职业病防治法》规定的职业卫生要求外,还必须符合下列要求:

(1)作业场所与生活场所分开,作业场所不得住人;

(2)有害作业与无害作业分开,高毒作业场所与其他作业场所隔离;

(3)设置有效的通风装置;可能突然泄漏大量有毒物品或者易造成急性中毒的作业场所,设置自动报警装置和事故通风设施;

(4) 高毒作业场所设置应急撤离通道和必要的泄险区。

十六、防控职业病危害的技术措施主要有哪些？

(一) 生产环境的控制措施

主要有：从卫生和安全角度考虑生产过程和设备，正确选择厂址，合理安排车间布局等；消除或控制产生职业危害因素的操作环节；隔离和密闭，例如使用管道化生产、自动加料、机械包装等；合理的通风装置，例如用局部抽风装置排除毒物等；湿式作业，例如水磨石英粉、使用湿式风钻开掘岩洞等；保持车间整洁，加强设备维修；安全储运，有毒产品贴毒品标签及处理说明。

(二) 控制、减弱职业危害因素的强度控制

减弱职业病危害因素的强度，主要包括：体力劳动负荷限量，生产环境气象条件，工业噪声、振动，高频电磁场与微波，作业现场空气中毒物、粉尘的最高容许浓度等卫生标准。

(三) 工艺技术措施

1. 改革工艺

从生产工艺流程中消除有毒物质，用无毒物质代替有毒物质，以无职业性危害物质产生的新工艺、新材料代替有职业性危害物质产生的工艺过程和原材料。

淘汰的设备、工艺、技术可参见《国家安全监管总局关于印发淘汰落后安全技术工艺、设备目录（2016年）的通知》（安监总科技〔2016〕137号）和《国家安全监管总局关于印发淘汰落后安全技术装备目录（2015年第一批）的通知》（安监总科技〔2015〕75号）。

2. 密闭

对于散发有害物质的生产过程，要尽量采用先进技术和工艺过程，以减轻劳动强度，避免开放式生产，消除毒物逸散的条件。有可能时可采用遥控或程控，最大限度地减少工人接触毒物的机会。采用新技

术、新方法亦可从根本上控制毒物的逸散。

3. 尽可能地提高生产过程的自动化程度

以机械化生产代替手工或半机械化生产，采用隔离操作(将有害物质和操作者分离)、仪表控制(自动化控制)。

4. 通风排毒

用通风的方法将逸散的毒物排出，经常采用的通风方式有局部排风、全面通风换气。局部排风是在不能密封的有害物质发生源近旁设置吸风罩，排毒柜、槽边吸风将有害物质从发生源处直接抽走，以保持作业场所的清洁。全面通风换气是利用新鲜空气置换作业场所内含有害物质的空气，以保持作业场所空气中有害物质浓度低于国家卫生标准。

5. 革新生产设备，采用湿式作业

采用风力运输、负压吸砂、吸风风选等消除粉尘飞扬。湿式作业是一种经济易行的防止粉尘飞扬的有效措施。

6. 做好密闭、吸风、除尘

对不能采用湿式作业的，应采用密闭吸风除尘办法。凡能产生粉尘的设备均应尽可能密闭，并和局部抽出式机械通风相结合，使密闭系统内保持一定的负压，防止粉尘外逸。抽出的含尘空气应经除尘处理再排入大气中。

7. 建筑布局卫生

不同生产工序的布局，不仅要满足生产上的需要，而且要考虑卫生上的要求。有毒物逸散的作业，应设在单独房间内，以避免相互影响。可能发生剧毒物质泄漏的生产设备应隔离。使用容易积存或吸附于墙壁、地面等处的毒物(如汞)，或能发生有毒粉尘飞扬的工房，其内部装饰应符合卫生要求。

8. 隔绝热源

采用隔热材料或水隔热等方法将热源密封，可以起到防止高温、热辐射对人体的不良伤害。

9. 屏蔽辐射源

使用吸收电磁辐射的材料屏蔽隔射源，减少辐射源的直接辐射作用,是放射性防护中的基本方法。

10. 隔、吸声

对于噪声污染严重的作业场所,采取措施将噪声源与操作者隔离;用吸声材料将产生噪声设备密闭,减少产生噪声设备的振动等等,可以大大减弱噪声污染。

十七、如何监管用人单位职业卫生档案的建立符合性情况?

《职业卫生档案管理规范》(安监总厅安健〔2013〕171号)规定:

用人单位职业卫生档案,是指用人单位在职业病危害防治和职业卫生管理活动中形成的,能够准确、完整反映本单位职业卫生工作全过程的文字、图纸、照片、报表、音像资料、电子文档等文件材料。

用人单位应建立健全职业卫生档案,包括以下主要内容:

(1) 建设项目职业卫生"三同时"档案;
(2) 职业卫生管理档案;
(3) 职业卫生宣传培训档案;
(4) 职业病危害因素监测与检测评价档案;
(5) 用人单位职业健康监护管理档案;
(6) 劳动者个人职业健康监护档案;
(7) 法律、行政法规、规章要求的其他资料文件。

用人单位应做好职业卫生档案的归档工作,按年度或建设项目进行案卷归档,及时编号登记,入库保管。

十八、如何监督用人单位做好劳动者的职业病诊断工作?

《职业病防治法》第四十七条规定:安全生产监督管理部门应当监督检查和督促用人单位提供职业病诊断、鉴定所需的劳动者职业史和职业病危害接触史、工作场所职业病危害因素检测结果等与职业病诊断、鉴定有关的资料资料。

职业病诊断、鉴定机构需要了解工作场所职业病危害因素情况时，可以对工作场所进行现场调查，也可以向安全生产监督管理部门提出，安全生产监督管理部门应当在十日内组织现场调查。

十九、法律法规对用人单位在职业病危害事故的上报管理方面是如何规定的？

《工作场所职业卫生监督管理规定》第三十五条规定：用人单位发生职业病危害事故，应当及时向所在地安全生产监督管理部门和有关部门报告，并采取有效措施，减少或者消除职业病危害因素，防止事故扩大。

《用人单位职业健康监护监督管理办法》第十八条规定：职业健康监护中出现新发生职业病(职业中毒)或者两例以上疑似职业病(职业中毒)的，用人单位应当及时向所在地安全生产监督管理部门报告。

二十、在对用人单位开展职业病防护监督检查时，安全生产监督管理部门可以履行哪些职责？

《职业病防治法》第六十三条规定：安全生产监督管理部门履行监督检查职责时，有权采取下列措施：

（1）进入被检查单位和职业病危害现场，了解情况，调查取证；

（2）查阅或者复制与违反职业病防治法律、法规的行为有关的资料和采集样品；

（3）责令违反职业病防治法律、法规的单位和个人停止违法行为。

第六十四条规定：发生职业病危害事故或者有证据证明危害状态

可能导致职业病危害事故发生时,安全生产监督管理部门可以采取下列临时控制措施:

(1) 责令暂停导致职业病危害事故的作业;

(2) 封存造成职业病危害事故或者可能导致职业病危害事故发生的材料和设备;

(3) 组织控制职业病危害事故现场。

在职业病危害事故或者危害状态得到有效控制后,及时解除控制措施。

二十一、在对用人单位开展职业病防护监督检查时,安监执法人员不得有哪些行为?

《职业病防治法》第六十七条规定:卫生行政部门、安全生产监督管理部门及其职业卫生监督执法人员履行职责时,不得有下列行为:

(1) 对不符合法定条件的,发给建设项目有关证明文件、资质证明文件或者予以批准;

(2) 对已经取得有关证明文件的,不履行监督检查职责;

(3) 发现用人单位存在职业病危害的,可能造成职业病危害事故,不及时依法采取控制措施;

(4) 其他违反本法的行为。

二十二、用人单位违反哪些职业卫生防治法律法规要求,安全生产监督管理部门可以责令其限期改正和采取处罚措施?

《职业卫生防治法》第六十九条规定:建设单位有下列行为之一的,由安全生产监督管理部门给予警告,责令限期改正;逾期不改正的，处十万元以上五十万元以下的罚款；情节严重的，责令停止产生职业病危害的作业，或者提请有关人民政府按照国务院规定的权限责令停建、关闭：

（1）未按照规定进行职业病危害预评价的；

（2）建设项目的职业病防护设施未按照规定与主体工程同时设计、同时施工、同时投入生产和使用的；

（3）建设项目的职业病防护设施设计不符合国家职业卫生标准和卫生要求擅自施工的；

（4）建设项目竣工投入生产和使用前，职业病防护设施未按照规定验收合格的。

（5）未按照规定对职业病防护设施进行职业病危害控制效果评价的；

第七十条规定：有下列行为之一的，给予警告，由安全生产监督管理部门责令限期改正；逾期不改正的，处十万元以下的罚款：

（1）工作场所职业病危害因素检测、评价结果没有存档、上报、公布的；

（2）未采取本法规定的职业病防治管理措施的；

（3）未按照规定公布有关职业病防治的规章制度、操作规程、职业病危害事故应急救援措施的；

（4）未按照规定组织劳动者进行职业卫生培训，或者未对劳动者个人职业病防护采取指导、督促措施的；

（5）国内首次使用或者首次进口与职业病危害有关的化学材料，未按照规定报送毒性鉴定资料以及经有关部门登记注册或者批准进口的文件的。

第七十一条规定：用人单位违反规定，有下列行为之一的，由安全生产监督管理部门责令限期改正，给予警告，可以并处五万元以上十万元以下的罚款：

（1）未按照规定及时、如实向安全生产监督管理部门申报产生职业病危害的项目的；

（2）未实施由专人负责的职业病危害因素日常监测，或者监测系统不能正常监测的；

（3）订立或者变更劳动合同时，未告知劳动者职业病危害真实情况的；

（4）未按照规定组织职业健康检查、建立职业健康监护档案或者未将检查结果书面告知劳动者的；

（5）未依照本法规定在劳动者离开用人单位时提供职业健康监护档案复印件的。

第七十二条规定：用人单位违反本法规定，有下列行为之一的，由安全生产监督管理部门给予警告，责令限期改正，逾期不改正的，处五万元以上二十万元以下的罚款；情节严重的，责令停止产生职业病危害的作业，或者提请有关人民政府按照国务院规定的权限责令关闭：

（1）工作场所职业病危害因素的强度或者浓度超过国家职业卫生标准的；

（2）未提供职业病防护设施和个人使用的职业病防护用品，或者提供的职业病防护设施和个人使用的职业病防护用品不符合国家职业卫生标准和卫生要求的；

（3）对职业病防护设备、应急救援设施和个人使用的职业病防护用品未按照规定进行维护、检修、检测，或者不能保持正常运行、使用状态的；

（4）未按照规定对工作场所职业病危害因素进行检测、评价的；

（5）工作场所职业病危害因素经治理仍然达不到国家职业卫生标准和卫生要求时，未停止存在职业病危害因素的作业的；

（6）未按照规定安排职业病病人、疑似职业病病人进行诊治的；

（7）发生或者可能发生急性职业病危害事故时，未立即采取应急救援和控制措施或者未按照规定及时报告的；

（8）未按照规定在产生严重职业病危害的作业岗位醒目位置设置警示标识和中文警示说明的；

（9）拒绝职业卫生监督管理部门监督检查的；

（10）隐瞒、伪造、篡改、毁损职业健康监护档案、工作场所职业病危害因素检测评价结果等相关资料，或者拒不提供职业病诊断、鉴定所需资料的；

（11）未按照规定承担职业病诊断、鉴定费用和职业病病人的医疗、生活保障费用的。

第七十五条规定：有下列情形之一的，由安全生产监督管理部门责令限期治理，并处五万元以上三十万元以下的罚款；情节严重的，责令停止产生职业病危害的作业，或者提请有关人民政府按照国务院规定的权限责令关闭：

（1）隐瞒技术、工艺、设备、材料所产生的职业病危害而采用的；

（2）隐瞒本单位职业卫生真实情况的；

（3）可能发生急性职业损伤的有毒、有害工作场所、放射工作场所或者放射性同位素的运输、储贮存不符合本法第二十六条规定的；

（4）使用国家明令禁止使用的可能产生职业病危害的设备或者材料的；

（5）将产生职业病危害的作业转移给没有职业病防护条件的单位和个人，或者没有职业病防护条件的单位和个人接受产生职业病危害的作业的；

（6）擅自拆除、停止使用职业病防护设备或者应急救援设施的；

（7）安排未经职业健康检查的劳动者、有职业禁忌的劳动者、未成年工或者孕期、哺乳期女职工从事接触职业病危害的作业或者禁忌作业的；

（8）违章指挥和强令劳动者进行没有职业病防护措施的作业的。

第七十七条规定：用人单位违反规定，已经对劳动者生命健康造成严重损害的，由安全生产监督管理部门责令停止产生职业病危害的作业，或者提请有关人民政府按照国务院规定的权限责令关闭，并处十万元以上五十万元以下的罚款。

二十三、政府有关部门及监管人员在职业病防护工作中失职,可能给予怎样的处理?

《职业卫生防治法》第八十二条规定:卫生行政部门、安全生产监督管理部门不按照规定报告职业病和职业病危害事故的,由上一级行政部门责令改正,通报批评,给予警告;虚报、瞒报的,对单位负责人、直接负责的主管人员和其他直接责任人员依法给予降级、撤职或者开除的处分。

第八十三条规定:县级以上地方人民政府在职业病防治工作中未依照本法履行职责,本行政区域出现重大职业病危害事故、造成严重社会影响的,依法对直接负责的主管人员和其他直接责任人员给予记大过直至开除的处分。

县级以上人民政府职业卫生监督管理部门不履行本法规定的职责,滥用职权、玩忽职守、徇私舞弊,依法对直接负责的主管人员和其他直接责任人员给予记大过或者降级的处分;造成职业病危害事故或者其他严重后果的,依法给予撤职或者开除的处分。

第八十四条规定:违反本法规定,构成犯罪的,依法追究刑事责任。

二十四、《中共中央 国务院关于推进安全生产领域改革发展的意见》对企业职业病防治工作及政府监督执法方面提出的要求是什么?

《中共中央 国务院关于推进安全生产领域改革发展的意见》(中发〔2016〕32号)对企业职业卫生管理及政府监督执法方面提出的要求是:

(1)明确部门监管责任。按照管行业必须管安全、管业务必须管安全、管生产经营必须管安全和谁主管谁负责的原则,厘清安全生产综合监管与行业监管的关系,明确各有关部门安全生产和职业健康工作职责，并落实到部门工作职责规定中。安全生产监督管理部门承担职责范围内行业领域安全生产和职业健康监管执法职责。负有安全生产监督管理职责的有关部门依法依规履行相关行业领域安全生产和职业健康监管职责，强化监管执法，严厉查处违法违规行为。

（2）建立完善职业病防治体系。加快职业病危害严重企业技术改造、转型升级和淘汰退出，加强高危粉尘、高毒物品等职业病危害源头治理。加强企业职业健康监管执法，督促落实职业病危害告知、日常监测、定期报告、防护保障和职业健康体检等制度措施，落实职业病防治主体责任。

应急管理

一、什么是应急预案？生产经营单位应急预案体系由哪些内容构成？

根据《生产经营单位安全生产事故应急预案编制导则》(GB/T 29639—2013)定义，应急预案是为有效预防和控制可能发生的事故，最大程度减少事故及其造成损害而预先制定的工作方案。

生产经营单位的应急预案体系主要由综合应急预案、专项应急预案和现场处置方案构成，生产经营单位应根据本单位组织管理体系、生产规模、危险源的性质以及可能发生的事故类型等确定应急预案体系。

二、综合应急预案、专项应急预案、现场处置方案的定义分别是什么？

根据《生产安全事故应急预案管理办法》(国家安监总局令第88号)定义如下：综合应急预案是指生产经营单位为应对各种生产安全事故而制定的综合性工作方案，是本单位应对生产安全事故的总体工作程序、措施和应急预案体系的总纲；专项应急预案是指生产经营单位为应对某一种或者多种类型生产安全事故，或者针对重要生产设施、重大危险源、重大活动，防止生产安全事故而制定的专项性工作方案；现场处置方案是指生产经营单位根据不同生产安全事故类型，针对具体场所、装置或者设施所制定的应急处置措施。

三、生产经营单位的主要负责人、安全生产管理机构以及安全生产管理人员有哪些应急方面的职责？

根据《中华人民共和国安全生产法》第十八条、二十二条规定，生产经营单位主要负责人组织制定并实施本单位的生产安全事故应急救援预案；生产经营单位安全生产管理机构以及安全生产管理人员组织或者参与拟订本单位安全生产规章制度、操作规程、生产安全事故应急救援预案，组织或者参与本单位应急救援预案的演练。

四、生产经营单位编制的综合应急预案主要包括哪些内容？

根据《生产经营单位安全生产事故应急预案编制导则》（GB/T 29639—2013）要求，生产经营单位编制的综合应急预案主要包括总则、事故风险描述、应急组织机构及职责、预警及信息报告、应急响应、信息公开、后期处置、保障措施、应急预案管理等内容。

五、生产经营单位的应急预案如何备案？

根据《生产安全事故应急预案管理办法》（国家安监总局令第88号）第二十六条规定，中央企业总部（上市公司）的应急预案，报国务院主管的负有安全生产监督管理职责的部门备案，并抄送国家安全生产监督管理总局；其所属单位的应急预案报所在地的省、自治区、直辖市或者设区的市级人民政府主管的负有安全生产监督管理职责的部门备案，并抄送同级安全生产监督管理部门。

前款规定以外的危险化学品生产、经营、储存企业,以及使用危险化学品达到国家规定数量的化工企业的应急预案,按照隶属关系报所在地县级以上地方人民政府安全生产监督管理部门备案。

第二十七条规定,生产经营单位编制的应急预案经评审或论证后,应由本单位主要负责人签署公布,并在公布之日起20个工作日内,向属地安全生产监督管理部门和有关部门备案。

生产经营单位申报应急预案备案时应提交下列材料:
(1)应急预案备案申报表;
(2)应急预案评审或者论证意见;
(3)应急预案文本及电子文档;
(4)风险评估结果、应急资源调查清单。

六、安全生产监督管理部门在危险化学品事故应急救援方面有哪些职责?

《危险化学品安全管理条例》第六十九条规定:县级以上地方人民政府安全生产监督管理部门应当会同工业和信息化、环境保护、公安、卫生、交通运输、铁路、质量监督检验检疫等部门,根据本地区实际情况,制定危险化学品事故应急预案,报本级人民政府批准。

第七十一条规定:发生危险化学品事故,事故单位主要负责人应当立即按照本单位危险化学品应急预案组织救援,并向当地安全生产监督管理部门和环境保护、公安、卫生主管部门报告;道路运输、水路运输过程中发生危险化学品事故的,驾驶人员、船员或者押运人员还应当向事故发生地交通运输主管部门报告。

第七十二条规定:发生危险化学品事故,有关地方人民政府应当立即组织安全生产监督管理、环境保护、公安、卫生、交通运输等有关部门,按照本地区危险化学品事故应急预案组织实施救援,不得拖延、推诿。

第七十六条规定：国务院安全生产监督管理部门建立全国统一的生产安全事故应急救援信息系统，国务院有关部门建立健全相关行业、领域的生产安全事故应急救援信息系统。

七、什么是应急演练？应急演练的内容应包含哪些？

根据《生产安全事故应急演练指南》（AQ/T 9007—2011）规定，应急演练是针对可能发生的事故情景，依据应急预案而模拟开展的应急活动；应急演练应包括：预警与报告、指挥与协调、应急通信、事故监测、警戒与管制、疏散与安置、医疗卫生、现场处置、社会沟通、后期处置、其他等内容。

根据《生产安全事故应急预案管理办法》（国家安监总局令第88号）第三十三条规定，生产经营单位应每年至少组织一次综合应急预案演练或专项应急预案演练，每半年至少组织一次现场处置方案演练。

根据《危险化学品重大危险源监督管理暂行规定》（安监总局令第40号公布 第79号修正）第二十一条规定，重大危险源专项应急预案演练每年至少进行一次，重大危险源现场处置方案演练每半年至少进行一次。

八、生产经营单位在应急管理方面存在哪些违法行为，可以由安全生产监督管理部门进行处罚？

根据《中华人民共和国安全生产法》第四十五条规定，生产经营单位有下列情形之一的，安全生产监督管理部门责令限期改正，可处1万元以上3万元以下罚款：

（一）在应急预案编制前未按照规定开展风险评估和应急资源调查的；

（二）未按照规定开展应急预案评审或者论证的；

(三)未按照规定进行应急预案备案的;

(四)事故风险可能影响周边单位、人员的,未将事故风险的性质、影响范围和应急防范措施告知周边单位和人员的;

(五)未按照规定开展应急预案评估的;

(六)未按照规定进行应急预案修订并重新备案的;

(七)未落实应急预案规定的应急物资及装备的。

第九十四条规定:生产经营单位未按照规定编制应急预案、未定期组织应急预案演练的,责令限期改正,可处5万元以下罚款;逾期未改正的,责令停产停业整顿,并处5万元以上10万元以下罚款;对直接负责的主管人员和其他直接责任人员处1万元以上2万元以下的罚款。

九、危险化学品应急救援管理人员主要包括哪些方面人员?

根据《危险化学品应急救援管理人员培训及考核要求》(AQ/T 3043—2013)规定,危险化学品应急救援管理人员包括:

(1)政府部门危险化学品应急管理人员;

(2)危险化学品生产经营单位主要负责人、分管安全负责人和安全管理部门负责人;

(3)危险化学品应急救援队伍负责人。

十、对危险化学品应急救援管理人员的技能要求是什么?

《危险化学品应急救援管理人员培训及考核要求》(AQ/T 3043—2013)中规定:

（1）针对政府部门危险化学品应急管理人员、危险化学品生产经营单位主要负责人、分管安全负责人和安全管理部门负责人要进行危险化学品应急救援基础知识的培训考核，考核内容包括：应急管理、化学品危险性基础知识、危险化学品应急处置、危险化学品应急防护与装备、典型危险化学品应急处置等。

（2）掌握典型危险化学品的应急处置技能。12种典型危险化学品包括液化石油气、液化天然气、液氨、氯气、异氰酸酯、硫酸二甲酯、氰化物、电石、硝酸、硫酸、盐酸、硫化氢。

十一、危险化学品生产单位配备的应急救援物资主要包括哪些？

根据《危险化学品单位应急救援物资配备要求》（GB 30077—2013）的定义，危险化学品生产单位应急救援物资主要包括危险化学品单位配备的用于处置危险化学品事故的车辆和各类侦检、个体防护、警戒、通信、输转、堵漏、洗消、破拆、排烟照明、灭火、救生等物资及其他器材。

在危险化学品单位作业场所，应急救援物资应存放在应急救援器材专用柜或指定地点，作业场所应急物资配备标准应符合下表要求。

序号	物资名称	技术要求或功能要求	配备	备注
1	正压式空气呼吸器	技术性能符合GB/T 18664要求	(2)套	
2	化学防护服	技术性能符合AQ/T 6107要求	(2)套	有毒腐蚀液体危化品作业场所
3	过滤式防毒面具	技术性能符合GB/T 18664要求	(1)个/人	根据有毒有害物质、当班人数确定
4	气体浓度检测仪	检测气体浓度（有毒、可燃）	(2)台	根据作业场所气体确定

续表

序号	物资名称	技术要求或功能要求	配备	备注
5	手电筒	易燃易爆场所,防爆	(1)个/人	根据当班人数确定
6	对讲机	易燃易爆场所,防爆	(2)台	根据作业场所选择防护类型
7	急救箱或急救包	物资清单可参考GBZ 1	(1)包	
8	吸附材料	吸附泄漏的化学品	*	根据介质理化性质确定,常用的为沙土
9	洗消设施或清洗剂	洗消进入事故现场的人员	*	在工作地点配备
10	应急处置工具箱	箱内配备常用或专业处置工具	*	根据作业场所具体情况确定

注:表中所有"*"表示由单位根据实际需要进行配置。

第十二章 事故调查和处理

一、什么是事故？事故是如何分级的？

事故是指生产经营活动中发生的造成人身伤亡或者直接经济损失的生产安全事故。

《生产安全事故报告和调查处理条例》(中华人民共和国国务院令第493号)根据生产安全事故(以下简称事故)造成的人员伤亡或者直接经济损失，事故一般分为以下等级：

（一）特别重大事故，是指造成30人以上死亡，或者100人以上重伤(包括急性工业中毒，下同)，或者1亿元以上直接经济损失的事故；

（二）重大事故，是指造成10人以上30人以下死亡，或者50人以上100人以下重伤，或者5000万元以上1亿元以下直接经济损失的事故；

（三）较大事故，是指造成3人以上10人以下死亡，或者10人以上50人以下重伤，或者1000万元以上5000万元以下直接经济损失的事故；

（四）一般事故，是指造成3人以下死亡，或者10人以下重伤，或者1000万元以下直接经济损失的事故。

二、发生生产安全事故后，事故上报的程序和时限要求是什么？

发生生产安全事故后，事故发生单位事故现场有关人员应当立即向本单位负责人报告；单位负责人接到报告后，应当于 1 小时内向事故发生地县级以上人民政府安全生产监督管理部门和负有安全生产监督管理职责的有关部门报告，不得隐瞒不报、谎报或者迟报。

情况紧急时，事故现场有关人员可以直接向事故发生地县级以上人民政府安全生产监督管理部门和负有安全生产监督管理职责的有关部门报告。

事故报告后出现新情况的，应当及时补报。自事故发生之日起 30 日内，事故造成的伤亡人数发生变化的，应当及时补报。道路交通事故、火灾事故自发生之日起 7 日内，事故造成的伤亡人数发生变化的，应当及时补报。

安全生产监督管理部门和负有安全生产监督管理职责的有关部门逐级上报事故情况，每级上报的时间不得超过 2 小时。

三、发生生产安全事故后，事故上报的内容是什么？

发生生产安全事故后，事故发生单位向事故发生地县级以上人民政府安全生产监督管理部门和负有安全生产监督管理职责的有关部门报告事故，安全生产监督管理部门和负有安全生产监督管理职责的有关部门逐级上报事故情况，事故报告应当包括下列内容：

（1）事故发生单位概况；
（2）事故发生的时间、地点以及事故现场情况；
（3）事故的简要经过；
（4）事故已经造成或者可能造成的伤亡人数（包括下落不明的人数）和初步估计的直接经济损失；
（5）已经采取的措施；
（6）其他应当报告的情况。

事故报告后出现新情况的，应当及时补报。

四、发生生产安全事故后,如何根据事故级别进行逐级上报?

安全生产监督管理部门和负有安全生产监督管理职责的有关部门接到事故报告后,应当依照下列规定上报事故情况,并通知公安机关、劳动保障行政部门、工会和人民检察院:

(1) 特别重大事故、重大事故逐级上报至国务院安全生产监督管理部门和负有安全生产监督管理职责的有关部门;

(2) 较大事故逐级上报至省、自治区、直辖市人民政府安全生产监督管理部门和负有安全生产监督管理职责的有关部门;

(3) 一般事故上报至设区的市级人民政府安全生产监督管理部门和负有安全生产监督管理职责的有关部门。

安全生产监督管理部门和负有安全生产监督管理职责的有关部门依照前款规定上报事故情况,应当同时报告本级人民政府。国务院安全生产监督管理部门和负有安全生产监督管理职责的有关部门以及省级人民政府接到发生特别重大事故、重大事故的报告后,应当立即报告国务院。

必要时,安全生产监督管理部门和负有安全生产监督管理职责的有关部门可以越级上报事故情况。

五、事故调查的"四不放过"是指什么?

事故调查处理应坚持"四不放过"和"科学严谨、依法依规、实事求是、注重实效"的原则,及时、准确地查清事故原因,查明事故性质和责任,总结事故教训,提出整改措施,并对事故责任者提出处理意见。

事故调查处理"四不放过"即事故原因不查清不放过,防范措施不落实不放过,职工群众未受到教育不放过,事故责任者未受到处理不放过。

六、事故原因分析的方法是什么?

事故原因分析方法主要分为三个步骤:首先是分析导致事故发生的直接原因,再次是分析事故的间接有因,最后是分析事故的根原因,必要时,还应考虑外部原因。

1. 事故的直接原因分析

事故的直接原因主要集中在物的不安全状态、人的不安全行为两个方面。

分析物的不安全状态主要从以下几方面考虑:

(1) 安全防护装置,即防护、保险、联锁、信号等装置或用具的缺失或者缺欠。

(2) 设备、设施、工具、附件等的缺失或者缺欠。

(3) 场地环境的不安全状态。

(4) 操作对象的不安全状态等。

分析人的不安全行为时应注意以下几方面:

(1) 全面考虑组织内各类、各层级人员的不安全行为,不仅是一线人员,还应包括管理层等人员的不安全行为。

(2) 全面考虑违章行为、不违章但曾经引起过事故以及经风险评估确定为不安全的行为。

(3) 全面考虑各种作用路径的不安全行为。

2. 事故的间接原因分析

事故的间接原因主要从以下几个方面进行分析:

(1) 技术和设计上有缺陷——工业构件、建筑物、机械设备、仪器仪表、工艺过程、操作方法、维修检验等的设计,施工和材料使用存在问题。

(2) 教育培训不够，未经培训，缺乏或不懂安全操作技术知识。

(3) 劳动组织不合理。

(4) 对现场工作缺乏检查或指导错误。

(5) 没有安全操作规程或不健全。

(6) 没有或不认真实施事故防范措施；对事故隐患整改不力。

(7) 其他。

3. 事故根原因分析

事故根原因主要体现在安全管理体系的缺欠，为企业组织层面的原因。安全管理体系的缺欠时应从如下几方面考虑：

(1) 安全方针的概括性、有效性。

(2) 组织结构的有效性。

(3) 安全管理程序和作业指导书等的充分性和有效性。

(4) 安全管理体系的建立、实施、保持和持续改进状况。

4. 外部原因分析

事故的外部原因有对事故发生有影响的监管因素，供应商的产品与服务因素，自然因素，事故引发人的家庭、遗传、成长环境因素，以及影响组织的政治、经济、文化、法律因素等等。分析时，应具体找出其作用点和具体影响作用，为预防事故奠定基础。

七、事故档案应包括哪些资料？

(1) 事故报告及领导批示；

(2) 事故调查组织工作的有关材料，包括事故调查组成立批准文件、内部分工、调查组成员名单及签字等；

(3) 事故抢险救援报告；

(4) 现场勘查报告及事故现场勘查材料，包括事故现场图、照片、录像、勘查过程中形成的其他材料等；

(5) 事故技术分析、取证、鉴定等材料，包括技术鉴定报告，专家鉴定意见，设备、仪器等现场提取物的技术检测或鉴定报告以及物证材料或物证材料的影像材料，物证材料的事后处理情况报告等；

（6）安全生产管理情况调查报告；

（7）伤亡人员名单，尸检报告或死亡证明，受伤人员伤害程度鉴定或医疗证明；

（8）调查取证、谈话、询问笔录等；

（9）其他有关认定事故原因、管理责任的调查取证材料，包括事故责任单位营业执照及有关资质证书复印件、作业规程图纸等；

（10）关于事故经济损失的材料；

（11）事故调查组工作简报；

（12）与事故调查工作有关的会议记录；

（13）其他与事故调查有关的文件材料；

（14）关于事故调查处理意见的请示（附调查报告）；

（15）事故处理决定、批复或结案通知；

（16）关于事故责任认定和对责任人进行处理的相关单位的意见函；

（17）关于事故责任单位和责任人的责任追究落实情况的文件材料；

（18）其他与事故处理有关的文件材料。

八、不同级别的事故调查权限是如何规定的？

《生产安全事故报告和调查处理条例》（中华人民共和国国务院令第493号）规定：

（一）特别重大事故，由国务院或者国务院授权有关部门组织事故调查组进行调查。

（二）重大事故、较大事故、一般事故，分别由事故发生地省级人民政府、设区的市级人民政府、县级人民政府负责调查。省级人民政府、设区的市级人民政府、县级人民政府可以直接组织事故调查组进行调查，也可以授权或者委托有关部门组织事故调查组进行调查。

（三）未造成人员伤亡的一般事故，县级人民政府也可以委托事故发生单位组织事故调查组进行调查。

（四）上级人民政府认为必要时，可以调查由下级人民政府负责调查的事故。

（五）自事故发生之日起30日内（道路交通事故、火灾事故自发生之日起7日内），因事故伤亡人数变化导致事故等级发生变化，应当由上级人民政府负责调查的，上级人民政府可以另行组织事故调查组进行调查。

（六）特别重大事故以下等级事故，事故发生地与事故发生单位不在同一个县级以上行政区域的，由事故发生地人民政府负责调查，事故发生单位所在地人民政府应当派人参加。

九、事故调查的程序是什么？

事故调查的程序主要包括：

1. 组建事故调查组

根据事故的具体情况，事故调查组由有关人民政府、安全生产监督管理部门、负有安全生产监督管理职责的有关部门、监察机关、公安机关以及工会派人组成，并应当邀请人民检察院派人参加。

事故调查组可以聘请有关专家参与调查。

2. 事故调查和技术鉴定

事故调查的内容暨事故调查组应完成的工作包括：

（1）查明事故发生的经过、原因、人员伤亡情况及直接经济损失；

（2）认定事故的性质和事故责任；

（3）提出对事故责任者的处理建议；

（4）总结事故教训，提出防范和整改措施；

(5) 提交事故调查报告。

事故调查中需要进行技术鉴定的，事故调查组应当委托具有国家规定资质的单位进行技术鉴定。必要时，事故调查组可以直接组织专家进行技术鉴定。

3. 提交事故调查报告

事故调查报告报送负责事故调查的人民政府后，事故调查工作即告结束。

(1) 提交事故报告的期限：事故调查组应当自事故发生之日起 60 日内提交事故调查报告；特殊情况下，经负责事故调查的人民政府批准，提交事故调查报告的期限可以适当延长，但延长的期限最长不超过 60 日。

(2) 事故调查报告的内容包括以下几项：

——事故发生单位概况；

——事故发生经过和事故救援情况；

——事故造成的人员伤亡和直接经济损失；

——事故发生的原因和事故性质；

——事故责任的认定以及对事故责任者的处理建议；

——事故防范和整改措施。

(3) 事故调查报告应当附具有关证据材料。事故调查组成员应当在事故调查报告上签名。

十、人民政府批复事故调查报告的时限是如何规定的？

重大事故、较大事故、一般事故，负责事故调查的人民政府应当自收到事故调查报告之日起 15 日内做出批复；特别重大事故，30 日内做出批复，特殊情况下，批复时间可以适当延长，但延长的时间最长不超过 30 日。

十一、对于政府部门及公务人员在事故报告和调查过程中的不当行为,该承担什么法律责任?

《生产安全事故报告和调查处理条例》(中华人民共和国国务院令第493号)第三十九条规定:

有关地方人民政府、安全生产监督管理部门和负有安全生产监督管理职责的有关部门有下列行为之一的,对直接负责的主管人员和其他直接责任人员依法给予处分;构成犯罪的,依法追究刑事责任:

(一)不立即组织事故抢救的;
(二)迟报、漏报、谎报或者瞒报事故的;
(三)阻碍、干涉事故调查工作的;
(四)在事故调查中作伪证或者指使他人作伪证的。

十二、参与事故调查的人员在事故调查中有不当行为,该承担什么法律责任?

《生产安全事故报告和调查处理条例》(中华人民共和国国务院令第493号)第四十一条规定:

参与事故调查的人员在事故调查中有下列行为之一的,依法给予处分;构成犯罪的,依法追究刑事责任:

(一)对事故调查工作不负责任,致使事故调查工作有重大疏漏的;
(二)包庇、袒护负有事故责任的人员或者借机打击报复的。

第十三章 "两重点一重大"安全监管

一、什么是"两重点一重大"?

重点监管危险化工工艺、重点监管危险化学品和危险化学品重大危险源简称"两重点一重大"。

二、我国主要有哪些法律法规对危险化学品重大危险源的管理提出了要求?是如何要求的?

(1)《国务院关于进一步加强企业安全生产工作的通知》(国发〔2010〕23号)第16条:企业要对重大危险源和重大隐患报当地安全生产监管监察部门、负有安全生产监管职责的有关部门和行业管理部门备案。

(2)《国务院关于坚持科学发展安全发展促进安全生产形势持续稳定好转的意见》(国发〔2011〕40号)第(十三)条:各地区要建立重大危险源管理档案,实施动态全程监控。

(3)《危险化学品安全管理条例》(国务院令第591号):

第十九条 "危险化学品生产装置或者储存数量构成重大危险源的危险化学品储存设施(运输工具加油站、加气站除外),与下列场所、设施、区域的距离应当符合国家有关规定:

① 居民区以及商业中心、公园等人口密集场所;

② 学校、医院、影剧院、体育场(馆)等公共设施;

③ 饮水水源、水厂及水源保护区；

④ 车站、码头（依法经许可从事危险化学品装卸作业的除外）、机场以及通信干线、通信枢纽、铁路线路、道路交通干线、水路交通干线、地铁风亭及地铁站出入口；

⑤ 基本农田保护区、基本草原、畜禽遗传资源保护区、畜禽规模化养殖场（养殖小区）、渔业水域和种子、种畜禽、水产苗种生产基地；

⑥ 河流、湖泊、风景名胜区、自然保护区；

⑦ 军事禁区、军事管理区；

⑧ 法律、行政法规规定的其他场所、设施、区域。

已建危险化学品的生产装置和储存数量构成重大危险源的储存设施不符合前款规定的，由所在地设区的市级人民政府负责危险化学品安全监督管理综合工作的部门监督其在规定期限内进行整顿；需要转产、停产、搬迁、关闭的，报本级人民政府批准后实施。

第二十四条：剧毒化学品以及储存数量构成重大危险源的其他危险化学品，应当在专用仓库内单独存放，并实行双人收发、双人保管制度。

第二十五条：对剧毒化学品以及储存数量构成重大危险源的其他危险化学品，储存单位应当将其储存数量、储存地点以及管理人员的情况，报所在地县级人民政府安全生产监督管理部门（在港区内储存的，报港口行政管理部门）和公安机关备案。

(4)《安全生产法》第三十七条：生产经营单位对重大危险源应当登记建档，进行定期检测、评估、监控，并制定应急预案，告知从业人员和相关人员在紧急情况下应当采取的应急措施。生产经营单位应当按照国家有关规定将本单位重大危险源及有关安全措施、应急措施报有关地方人民政府安全生产监督管理部门和有关部门备案。

(5)《关于开展提升危险化学品领域本质安全水平专项行动的通知》（安监总管三〔2012〕87号）：

全面开展危险化工工艺自动化控制系统改造。涉及已公布的15种重点监管危险化工工艺的化工装置，要在2012年底前全面完成自动化控制系统改造。将原料和产品中均含有爆炸品的化工生产工艺纳入重点监管危险化工工艺范围，涉及上述工艺的化工装置要在2014年底前完成自动化控制系统改造工作。今后新建化工生产装置必须装备自动化控制系统，高度危险和大型生产装置要装备紧急停车系统。

开展涉及重点监管危险化学品的生产储存装置自动化控制系统改造完善工作。涉及重点监管危险化学品的生产储存装置必须在2014年底前装备自动化控制系统。将受热、遇明火、摩擦、震动、撞击时可发生爆炸的化学品全部纳入重点监管危险化学品范围。

开展危险化学品重大危险源自动化监控系统改造工作。要按照《危险化学品重大危险源监督管理暂行规定》（国家安全监管总局令第40号）的要求，改造危险化学品重大危险源的自动化监测监控系统，完善监控措施，2014年底前全面实现危险化学品重大危险源温度、压力、液位、流量、可燃有毒气体泄漏等重要参数自动监测监控、自动报警和连续记录。

三、涉及重大危险源管理的部门规章及行业标准主要有哪些？是如何要求的？

（1）《国家安全监管总局住房城乡建设部关于进一步加强危险化学品建设项目安全设计管理的通知》（安监总管三〔2013〕76号）要求：

第二条规定，涉及"两重点一重大"的大型建设项目，其设计单位资质应为工程设计综合资质或相应工程设计化工石化医药、石油天然气（海洋石油）行业、专业资质甲级。

第七条规定，涉及"两重点一重大"建设项目的工艺包设计文件应当包括工艺危险性分析报告。

第十四条规定，对涉及"两重点一重大"的建设项目，应至少满足下列现行标准规范的要求，并以最严格的安全条款为准：

①《工业企业总平面设计规范》（GB 50187—2012）；

②《化工企业总图运输设计规范》(GB 50489—2009);

③《石油化工企业设计防火规范》(GB 50160—2008);

④《石油天然气工程设计防火规范》(GB 50183—2004);

⑤《建筑设计防火规范》(GB 50016—2014);

⑥《石油库设计规范》(GB 50074—2014);

⑦《石油化工可燃气体和有毒气体检测报警设计规范》(GB 50493—2009);

⑧《化工建设项目安全设计管理导则》(AQ/T 3033—2010)。

(2)《国家安全监管总局关于加强化工仪表系统管理的指导意见》(安监总管三[2014]116号)要求:

第十三条要求,从2018年1月1日起,所有新建涉及"两重点一重大"的化工装置和危险化学品储存设施要设计符合要求的安全仪表系统。

第十四条要求,涉及"两重点一重大"在役生产装置或设施的化工企业和危险化学品储存单位,要在全面开展过程危险分析(如危险与可操作性分析)基础上,通过风险分析确定安全仪表功能及其风险降低要求,并尽快评估现有安全仪表功能是否满足风险降低要求。

第十五条要求,企业应在评估基础上,制定安全仪表系统管理方案和定期检验测试计划。对于不满足要求的安全仪表功能,要制定相关维护方案和整改计划,2019年底前完成安全仪表系统评估和完善工作。

(3)《危险化学品重大危险源监督管理暂行规定》(国家安监总局令第40号)分别从总则、辨识与评估、安全管理、监督检查、法律责任、附则对危险化学品重大危险源的管理提出了具体要求。

(4)《危险化学品重大危险源安全监控通用技术规范》(AQ 3035—2010)规定了危险化学品重大危险源安全监控预警系统的监控项目、组成和功能设计等技术要求。

对于储罐区(储罐)、库区(库)、生产场所三类重大危险源,因监控对象不同,所需要的安全监控预警参数有所不同。主要可分为:

① 储罐以及生产装置内的温度、压力、液位、流量、阀位等可能直接引发安全事故的关键工艺参数;

② 当易燃易爆及有毒物质为气态、液态或气液两相时，应监测现场的可燃/有毒气体浓度；

③ 气温、湿度、风速、风向等环境参数；

④ 音视频信号和人员出入情况；

⑤ 明火和烟气；

⑥ 避雷针、防静电装置的接地电阻以及供电状况。

（5）《危险化学品重大危险源 罐区现场安全监控装备设置规范》（AQ 3036—2010）规定了危险化学品重大危险源罐区现场安全监控装备的设置要求和管理。其中4.1条规定：罐区的监控预警参数一般有罐内介质的液位、温度、压力等工艺参数，罐区内可燃/有毒气体的浓度、明火以及气象参数和音视频信号等。主要的预警和报警指标包括与液位相关的高低液位超限，温度、压力、流速和流量超限，空气中可燃和有毒气体浓度、明火源和风速等超限及异常情况。

（6）《危险化学品安全使用许可证实施办法》（国家安全监管总局令第57号令，根据第79号令修正）第十五条规定，企业应当依据《危险化学品重大危险源辨识》（GB 18218—2009），对本企业的生产、储存和使用装置、设施或者场所进行重大危险源辨识。

对于已经确定为重大危险源的，应当按照《危险化学品重大危险源监督管理暂行规定》（国家安监总局令第40号）进行安全管理。

四、危险化学品重大危险源的辨识依据、辨识指标和分级是如何规定的？

《危险化学品重大危险源辨识》（GB 18218—2009）中规定危险化学品重大危险源的辨识依据是危险化学品的危险特性及其数量。

《危险化学品重大危险源辨识》（GB 18218—2009）中规定重大危险源的辨识指标指单元内存在危险化学品的数量等于或超过规定的临界量，即被定为重大危险源。

《危险化学品重大危险源监督管理暂行规定》(国家安监总局令第40号)第八条要求危险化学品单位应当对重大危险源进行安全评估并确定重大危险源等级。重大危险源根据其危险程度,分为一级、二级、三级和四级,一级为最高级别。

五、对危险化学品重大危险源的管理责任主体是如何界定的?

《危险化学品重大危险源监督管理暂行规定》(国家安监总局令第40号)第四条要求,危险化学品单位是本单位重大危险源安全管理的责任主体,其主要负责人对本单位的重大危险源安全管理工作负责,并保证重大危险源安全生产所必需的安全投入。

六、法律法规对危险化学品重大危险源分级监管的职责是如何界定的?

《危险化学品重大危险源监督管理暂行规定》(国家安监总局令第40号)第五条要求,重大危险源的安全监督管理实行属地监管与分级管理相结合的原则。县级以上地方人民政府安全生产监督管理部门按照有关法律、法规、标准和本规定,对本辖区内的重大危险源实施安全监督管理。

七、安全生产监督管理部门在重大危险源信息报送时间方面有何要求?

《危险化学品重大危险源监督管理暂行规定》(国家安监总局令第40号)第二十六条规定,县级人民政府安全生产监督管理部门应当在每年 1 月 15 日前，将辖区内上一年度重大危险源的汇总信息报送至设区的市级人民政府安全生产监督管理部门。设区的市级人民政府安全生产监督管理部门应当在每年 1 月 31 日前，将辖区内上一年度重大危险源的汇总信息报送至省级人民政府安全生产监督管理部门。省级人民政府安全生产监督管理部门应当在每年 2 月 15 日前，将辖区内上一年度重大危险源的汇总信息报送至国家安全生产监督管理总局。

八、法律法规对危险化学品重大危险源的评估方面是如何规定的？

《危险化学品重大危险源监督管理暂行规定》（国家安监总局令第 40 号）中对危险化学品重大危险源的评估有如下规定：

第八条　危险化学品单位应当对重大危险源进行安全评估并确定重大危险源等级。危险化学品单位可以组织本单位的注册安全工程师、技术人员或者聘请有关专家进行安全评估，也可以委托具有相应资质的安全评价机构进行安全评估。依照法律、行政法规的规定，危险化学品单位需要进行安全评价的，重大危险源安全评估可以与本单位的安全评价一起进行，以安全评价报告代替安全评估报告，也可以单独进行重大危险源安全评估。

第九条　重大危险源有下列情形之一的，应当委托具有相应资质的安全评价机构，按照有关标准的规定采用定量风险评价方法进行安全评估，确定个人和社会风险值：

（1）构成一级或者二级重大危险源，且毒性气体实际存在（在线）量与其在《危险化学品重大危险源辨识》中规定的临界量比值之和大于或等于 1 的；

（2）构成一级重大危险源，且爆炸品或液化易燃气体实际存在（在线）量与其在《危险化学品重大危险源辨识》中规定的临界量比值之和大于或等于 1 的。

第十一条 有下列情形之一的，危险化学品单位应当对重大危险源重新进行辨识、安全评估及分级：

（1）重大危险源安全评估已满三年的；

（2）构成重大危险源的装置、设施或者场所进行新建、改建、扩建的；

（3）危险化学品种类、数量、生产、使用工艺或者储存方式及重要设备、设施等发生变化，影响重大危险源级别或者风险程度的；

（4）外界生产安全环境因素发生变化，影响重大危险源级别和风险程度的；

（5）发生危险化学品事故造成人员死亡，或者10人以上受伤，或者影响到公共安全的；

（6）有关重大危险源辨识和安全评估的国家标准、行业标准发生变化的。

九、危险化学品重大危险源的评估报告包括哪些内容？

《危险化学品重大危险源监督管理暂行规定》（国家安监总局令第40号）中第十条要求：重大危险源安全评估报告应当客观公正、数据准确、内容完整、结论明确、措施可行，并包括下列内容：

（一）评估的主要依据；

（二）重大危险源的基本情况；

（三）事故发生的可能性及危害程度；

（四）个人风险和社会风险值（仅适用定量风险评价方法）；

（五）可能受事故影响的周边场所、人员情况；

（六）重大危险源辨识、分级的符合性分析；

（七）安全管理措施、安全技术和监控措施；

（八）事故应急措施；

（九）评估结论与建议。

危险化学品单位以安全评价报告代替安全评估报告的，其安全评价报告中有关重大危险源的内容应当符合本条第一款规定的要求。

十、法律法规对危险化学品重大危险源应采取的控制措施主要有哪些规定？

《危险化学品重大危险源监督管理暂行规定》（国家安监总局令第40号）第十三条规定，危险化学品单位应当根据构成重大危险源的危险化学品种类、数量、生产、使用工艺（方式）或者相关设备、设施等实际情况，按照下列要求建立健全安全监测监控体系，完善控制措施：

（一）重大危险源配备温度、压力、液位、流量、组分等信息的不间断采集和监测系统以及可燃气体和有毒有害气体泄漏检测报警装置，并具备信息远传、连续记录、事故预警、信息存储等功能；一级或者二级重大危险源，具备紧急停车功能。记录的电子数据的保存时间不少于30天。

（二）重大危险源的化工生产装置装备满足安全生产要求的自动化控制系统；一级或者二级重大危险源，装备紧急停车系统。

（三）对重大危险源中的毒性气体、剧毒液体和易燃气体等重点设施，设置紧急切断装置；毒性气体的设施，设置泄漏物紧急处置装置。涉及毒性气体、液化气体、剧毒液体的一级或者二级重大危险源，配备独立的安全仪表系统（SIS）。

（四）重大危险源中储存剧毒物质的场所或者设施，设置视频监控系统。

（五）安全监测监控系统符合国家标准或者行业标准的规定。

十一、法律法规对重大危险源的备案工作有什么规定？

《危险化学品重大危险源监督管理暂行规定》（国家安监总局令第

40号)第二十三条规定:危险化学品单位在完成重大危险源安全评估报告或者安全评价报告后15日内,应当填写重大危险源备案申请表,连同重大危险源档案材料,报送所在地县级人民政府安全生产监督管理部门备案。

县级人民政府安全生产监督管理部门应当每季度将辖区内的一级、二级重大危险源备案材料报送至设区的市级人民政府安全生产监督管理部门。设区的市级人民政府安全生产监督管理部门应当每半年将辖区内的一级重大危险源备案材料报送至省级人民政府安全生产监督管理部门。

重大危险源重新进行辨识、安全评估及分级后,危险化学品单位应当及时更新档案,并向所在地县级人民政府安全生产监督管理部门重新备案。

十二、安全生产监督管理部门如何进行重大危险源核销管理?

《危险化学品重大危险源监督管理暂行规定》(国家安监总局令第40号)第二十八条要求,县级人民政府安全生产监督管理部门应当自收到申请核销的文件、资料之日起30日内进行审查,符合条件的,予以核销并出具证明文书;不符合条件的,说明理由并书面告知申请单位。必要时,县级人民政府安全生产监督管理部门应当聘请有关专家进行现场核查。

第二十九条规定,县级人民政府安全生产监督管理部门应当每季度将辖区内一级、二级重大危险源的核销材料报送至设区的市级人民政府安全生产监督管理部门。设区的市级人民政府安全生产监督管理部门应当每半年将辖区内一级重大危险源的核销材料报送至省级人民政府安全生产监督管理部门。

十三、安全生产监督管理部门首次对重大危险源的监督检查应当包括哪些内容？

《危险化学品重大危险源监督管理暂行规定》（国家安监总局令第40号）第三十条规定，县级以上地方各级人民政府安全生产监督管理部门首次对重大危险源的监督检查应当包括下列主要内容：

（一）重大危险源的运行情况、安全管理规章制度及安全操作规程制定和落实情况；

（二）重大危险源的辨识、分级、安全评估、登记建档、备案情况；

（三）重大危险源的监测监控情况；

（四）重大危险源安全设施和安全监测监控系统的检测、检验以及维护保养情况；

（五）重大危险源事故应急预案的编制、评审、备案、修订和演练情况；

（六）有关从业人员的安全培训教育情况；

（七）安全标志设置情况；

（八）应急救援器材、设备、物资配备情况；

（九）预防和控制事故措施的落实情况。

安全生产监督管理部门在监督检查中发现重大危险源存在事故隐患的，应当责令立即排除；重大事故隐患排除前或者排除过程中无法保证安全的，应当责令从危险区域内撤出作业人员，责令暂时停产停业或者停止使用；重大事故隐患排除后，经安全生产监督管理部门审查同意，方可恢复生产经营和使用。

十四、企业未按要求对重大危险源进行有效管理应承担的法律责任有哪些？

（1）《安全生产法》第九十八条第二款规定，生产经营单位对重大危险源未登记建档，或者未进行评估、监控，或者未制定应急预案的行为，责令限期改正，可以处十万元以下的罚款；逾期未改正的，责令停产停业整顿，并处十万元以上二十万元以下的罚款，对其直接负责的主管人员和其他直接责任人员处二万元以上五万元以下的罚款；构成犯罪的，依照刑法有关规定追究刑事责任。

(2)《危险化学品安全管理条例》中涉及危险化学品重大危险源的法律责任有：

第七十八条　有下列情形之一的，由安全生产监督管理部门责令改正，可以处5万元以下的罚款；拒不改正的，处5万元以上10万元以下的罚款；情节严重的，责令停产停业整顿：危险化学品专用仓库未设专人负责管理，或者对储存的剧毒化学品以及储存数量构成重大危险源的其他危险化学品未实行双人收发、双人保管制度的；

第八十条　生产、储存、使用危险化学品的单位有下列情形之一的，由安全生产监督管理部门责令改正，处5万元以上10万元以下的罚款；拒不改正的，责令停产停业整顿直至由原发证机关吊销其相关许可证件，并由工商行政部门责令其办理经营范围变更登记或者吊销其营业执照；有关责任人员构成犯罪的，依法追究刑事责任：未将危险化学品储存在专用仓库内，或者未将剧毒化学品以及储存数量构成重大危险源的其他危险化学品在专用仓库内单独存放的；

第八十一条　有下列情形之一的，由公安机关责令改正，可以处1万元以下的罚款；拒不改正的，处1万元以上5万元以下的罚款：

生产、储存危险化学品的企业或者使用危险化学品从事生产的企业未按照本条例规定将安全评价报告以及整改方案的落实情况报安全生产监督管理部门或者港口部门备案，或者储存危险化学品的单位未将其剧毒化学品以及储存数量构成重大危险源的其他危险化学品的储存数量、储存地点以及管理人员的情况报安全生产监督管理部门或者港口部门备案的，分别由安监部门或者港口部门依照前款规定予以处罚。

(3)《危险化学品重大危险源监督管理暂行规定》(国家安全生产

监总局令第40号)规定：

第三十二条　危险化学品单位有下列行为之一的，由县级以上人民政府安全生产监督管理部门责令限期改正；逾期未改正的，责令停产停业整顿，可以并处2万元以上10万元以下的罚款：

- 未按照本规定要求对重大危险源进行安全评估或者安全评价的；
- 未按照本规定要求对重大危险源进行登记建档的；
- 未按照本规定及相关标准要求对重大危险源进行安全监测监控的；
- 未制定重大危险源事故应急预案的。

第三十三条　危险化学品单位有下列行为之一的，由县级以上人民政府安全生产监督管理部门责令限期改正；逾期未改正的，责令停产停业整顿，并处5万元以下的罚款：

- 未在构成重大危险源的场所设置明显的安全警示标志的；
- 未对重大危险源中的设备、设施等进行定期检测、检验的。

第三十四条　危险化学品单位有下列情形之一的，由县级以上人民政府安全生产监督管理部门给予警告，可以并处5000元以上3万元以下的罚款：

- 未按照标准对重大危险源进行辨识的；
- 未按照本规定明确重大危险源中关键装置、重点部位的责任人或者责任机构的；
- 未按照本规定建立应急救援组织或者配备应急救援人员，以及配备必要的防护装备及器材、设备、物资，并保障其完好的；
- 未按照本规定进行重大危险源备案或者核销的；
- 未将重大危险源可能引发的事故后果、应急措施等信息告知可能受影响的单位、区域及人员的；
- 未按照本规定要求开展重大危险源事故应急预案演练的；
- 未按照本规定对重大危险源的安全生产状况进行定期检查，采取措施消除事故隐患的。

十五、安全评价机构出具重大危险源虚假评估报告应承担何种责任？

《危险化学品重大危险源监督管理暂行规定》(国家安全生产监督管理总局令第40号)第三十五条规定，承担检测、检验、安全评价工作的机构，出具虚假证明，构成犯罪的，依照刑法有关规定追究刑事责任；尚不够刑事处罚的，由县级以上人民政府安全生产监督管理部门没收违法所得；违法所得在5000元以上的，并处违法所得2倍以上5倍以下的罚款；没有违法所得或者违法所得不足5000元的，单处或者并处5000元以上2万元以下的罚款；同时可对其直接负责的主管人员和其他直接责任人员处5000元以上5万元以下的罚款；给他人造成损害的，与危险化学品单位承担连带赔偿责任。

对有前款违法行为的机构，撤销其相应资格。

十六、对重点监管的危险化工工艺进行管理的法规规范和部门规章主要有哪些？

(1)《国家安全监管总局关于公布首批重点监管的危险化工工艺目录的通知》(安监总管三〔2009〕116号)；

(2)《国家安全监管总局办公厅关于印发首批重点监管的危险化学品安全措施和应急处置原则的通知》(安监总厅管三〔2011〕142号)；

(3)《关于开展提升危险化学品领域本质安全水平专项行动的通知》(安监总管三〔2012〕87号)；

(4)《关于公布第二批重点监管危险化工工艺目录和调整首批重点监管危险工艺》(安监总管三〔2013〕3号)；

(5)《关于加强精细化工反应安全风险评估工作的指导意见》(安监总管三〔2017〕1号)；

(6)《国家安全监管总局关于加强化工过程安全管理的指导意见》

(安监总管三〔2013〕88号);

(7)《国务院安委会办公室关于进一步加强危险化学品安全生产工作的指导意见》(安委办〔2008〕26号)。

十七、重点监管的危险化工工艺有哪些?

国家安全监管总局2009年6月下发《国家安全监管总局关于公布首批重点监管的危险化工工艺目录的通知》(安监总管三〔2009〕116号)文件,其中规定了重点监管的危险化工工艺共15种,分别是光气及光气化工艺、电解工艺(氯碱)、氯化工艺、硝化工艺、合成氨工艺、裂解(裂化)工艺、氟化工艺、加氢工艺、重氮化工艺、氧化工艺、过氧化工艺、胺基化工艺、磺化工艺、聚合工艺、烷基化工艺。

国家安全监管总局2013年1月下发《关于公布第二批重点监管危险化工工艺目录和调整首批重点监管危险工艺》(安监总管三〔2013〕3号)文件,公布3种重点监管的危险化工工艺,分别是新型煤化工工艺、电石生产工艺、偶氮化工艺。

目前,国家安全监管总局已公布的重点监管的危险化工工艺共有18种。

十八、重点监管的危险化工工艺的危险特点和安全控制要求分别有哪些?

(一) 光气及光气化工艺安全控制要求

反应类型	放热反应	重点监控单元	光气化反应釜、光气储运单元
工艺简介			
光气及光气化工艺包含光气的制备工艺,以及以光气为原料制备光气化产品的工艺路线,光气化工艺主要分为气相和液相两种。			

续表

反应类型	放热反应	重点监控单元	光气化反应釜、光气储运单元

工艺危险特点

(1) 光气为剧毒气体，在储运、使用过程中发生泄漏后，易造成大面积污染、中毒事故；
(2) 反应介质具有燃爆危险性；
(3) 副产物氯化氢具有腐蚀性，易造成设备和管线泄漏使人员发生中毒事故。

典型工艺

一氧化碳与氯气的反应得到光气；
光气合成双光气、三光气；
采用光气作单体合成聚碳酸酯；
甲苯二异氰酸酯(TDI)的制备；
4,4′-二苯基甲烷二异氰酸酯(MDI)的制备等。

重点监控工艺参数

一氧化碳、氯气含水量；反应釜温度、压力；反应物质的配料比；光气进料速度；冷却系统中冷却介质的温度、压力、流量等。

安全控制的基本要求

事故紧急切断阀；紧急冷却系统；反应釜温度、压力报警联锁；局部排风设施；有毒气体回收及处理系统；自动泄压装置；自动氨或碱液喷淋装置；光气、氯气、一氧化碳监测及超限报警；双电源供电。

宜采用的控制方式

光气及光气化生产系统一旦出现异常现象或发生光气及其剧毒产品泄漏事故时，应通过自控联锁装置启动紧急停车并自动切断所有进出生产装置的物料，将反应装置迅速冷却降温，同时将发生事故设备内的剧毒物料导入事故槽内，开启氨水、稀碱液喷淋，启动通风排毒系统，将事故部位的有毒气体排至处理系统。

（二）电解工艺（氯碱）安全控制要求

反应类型	吸热反应	重点监控单元	电解槽、氯气储运单元

工艺简介

电流通过电解质溶液或熔融电解质时，在两个极上所引起的化学变化称为电解反应。涉及电解反应的工艺过程为电解工艺。许多基本化学工业产品(氢、氧、氯、烧碱、过氧化氢等)的制备，都是通过电解来实现的。

续表

反应类型	吸热反应	重点监控单元	电解槽、氯气储运单元
工艺危险特点			

(1) 电解食盐水过程中产生的氢气是极易燃烧的气体，氯气是氧化性很强的剧毒气体，两种气体混合极易发生爆炸，当氯气中含氢量达到5%以上，则随时可能在光照或受热情况下发生爆炸；

(2) 如果盐水中存在的铵盐超标，在适宜的条件(pH<4.5)下，铵盐和氯作用可生成氯化铵，浓氯化铵溶液与氯还可生成黄色油状的三氯化氮。三氯化氮是一种爆炸性物质，与许多有机物接触或加热至90℃以上以及被撞击、摩擦等，即发生剧烈的分解而爆炸；

(3) 电解溶液腐蚀性强；

(4) 液氯的生产、储存、包装、输送、运输可能发生液氯的泄漏。

典型工艺

氯化钠(食盐)水溶液电解生产氯气、氢氧化钠、氢气；
氯化钾水溶液电解生产氯气、氢氧化钾、氢气。

重点监控工艺参数

电解槽内液位；电解槽内电流和电压；电解槽进出物料流量；可燃和有毒气体浓度；电解槽的温度和压力；原料中铵含量；氯气杂质含量(水、氢气、氧气、三氯化氮等)等。

安全控制的基本要求

电解槽温度、压力、液位、流量报警和联锁；电解供电整流装置与电解槽供电的报警和联锁；紧急联锁切断装置；事故状态下氯气吸收中和系统；可燃和有毒气体检测报警装置等。

宜采用的控制方式

将电解槽内压力、槽电压等形成联锁关系，系统设立联锁停车系统。
安全设施，包括安全阀、高压阀、紧急排放阀、液位计、单向阀及紧急切断装置等。

(三) 氯化工艺安全控制要求

反应类型	放热反应	重点监控单元	氯化反应釜、氯气储运单元
工艺简介			

氯化是化合物的分子中引入氯原子的反应，包含氯化反应的工艺过程为氯化工艺，主要包括取代氯化、加成氯化、氧氯化等。

续表

反应类型	放热反应	重点监控单元	氯化反应釜、氯气储运单元

工艺危险特点

(1) 氯化反应是一个放热过程,尤其在较高温度下进行氯化,反应更为剧烈,速度快,放热量较大;

(2) 所用的原料大多具有燃爆危险性;

(3) 常用的氯化剂氯气本身为剧毒化学品,氧化性强,储存压力较高,多数氯化工艺采用液氯生产是先汽化再氯化,一旦泄漏危险性较大;

(4) 氯气中的杂质,如水、氢气、氧气、三氯化氮等,在使用中易发生危险,特别是三氯化氮积累后,容易引发爆炸危险;

(5) 生成的氯化氢气体遇水后腐蚀性强;

(6) 氯化反应尾气可能形成爆炸性混合物。

典型工艺

(1) 取代氯化

氯取代烷烃的氢原子制备氯代烷烃;

氯取代苯的氢原子生产六氯化苯;

氯取代萘的氢原子生产多氯化萘;

甲醇与氯反应生产氯甲烷;

乙醇和氯反应生产氯乙烷(氯乙醛类);

醋酸与氯反应生产氯乙酸;

氯取代甲苯的氢原子生产苄基氯等。

(2) 加成氯化

乙烯与氯加成氯化生产1,2-二氯乙烷;

乙炔与氯加成氯化生产1,2-二氯乙烯;

乙炔和氯化氢加成生产氯乙烯等。

(3) 氧氯化

乙烯氧氯化生产二氯乙烷;

丙烯氧氯化生产1,2-二氯丙烷;

甲烷氧氯化生产甲烷氯化物;

丙烷氧氯化生产丙烷氯化物等。

(4) 其他工艺

硫与氯反应生成一氯化硫;

四氯化钛的制备;

黄磷与氯气反应生产三氯化磷、五氯化磷等。

续表

| 反应类型 | 放热反应 | 重点监控单元 | 氯化反应釜、氯气储运单元 |

重点监控工艺参数

氯化反应釜温度和压力；氯化反应釜搅拌速率；反应物料的配比；氯化剂进料流量；冷却系统中冷却介质的温度、压力、流量等；氯气杂质含量(水、氢气、氧气、三氯化氮等)；氯化反应尾气组成等。

安全控制的基本要求

反应釜温度和压力的报警和联锁；反应物料的比例控制和联锁；搅拌的稳定控制；进料缓冲器；紧急进料切断系统；紧急冷却系统；安全泄放系统；事故状态下氯气吸收中和系统；可燃和有毒气体检测报警装置等。

宜采用的控制方式

将氯化反应釜内温度、压力与釜内搅拌、氯化剂流量、氯化反应釜夹套冷却水进水阀形成联锁关系，设立紧急停车系统。
安全设施，包括安全阀、高压阀、紧急放空阀、液位计、单向阀及紧急切断装置等。

(四) 硝化工艺安全控制要求

| 反应类型 | 放热反应 | 重点监控单元 | 硝化反应釜、分离单元 |

工艺简介

硝化是有机化合物分子中引入硝基($—NO_2$)的反应，最常见的是取代反应。硝化方法可分成直接硝化法、间接硝化法和亚硝化法，分别用于生产硝基化合物、硝胺、硝酸酯和亚硝基化合物等。涉及硝化反应的工艺过程为硝化工艺。

工艺危险特点

(1) 反应速度快，放热量大。大多数硝化反应是在非均相中进行的，反应组分的不均匀分布容易引起局部过热导致危险。尤其在硝化反应开始阶段，停止搅拌或由于搅拌叶片脱落等造成搅拌失效是非常危险的，一旦搅拌再次开动，就会突然引发局部激烈反应，瞬间释放大量的热量，引起爆炸事故；
(2) 反应物料具有燃爆危险性；
(3) 硝化剂具有强腐蚀性、强氧化性，与油脂、有机化合物(尤其是不饱和有机化合物)接触能引起燃烧或爆炸；
(4) 硝化产物、副产物具有爆炸危险性。

续表

反应类型	放热反应	重点监控单元	硝化反应釜、分离单元

典型工艺

(1) 直接硝化法

丙三醇与混酸反应制备硝酸甘油；

氯苯硝化制备邻硝基氯苯、对硝基氯苯；

苯硝化制备硝基苯；

蒽醌硝化制备 1-硝基蒽醌；

甲苯硝化生产三硝基甲苯(俗称梯恩梯，TNT)；

丙烷等烷烃与硝酸通过气相反应制备硝基烷烃等。

(2) 间接硝化法

苯酚采用磺酰基的取代硝化制备苦味酸等。

(3) 亚硝化法

2-萘酚与亚硝酸盐反应制备 1-亚硝基-2-萘酚；

二苯胺与亚硝酸钠和硫酸水溶液反应制备对亚硝基二苯胺等。

重点监控工艺参数

硝化反应釜内温度、搅拌速率；硝化剂流量；冷却水流量；pH 值；硝化产物中杂质含量；精馏分离系统温度；塔釜杂质含量等。

安全控制的基本要求

反应釜温度的报警和联锁；自动进料控制和联锁；紧急冷却系统；搅拌的稳定控制和联锁系统；分离系统温度控制与联锁；塔釜杂质监控系统；安全泄放系统等。

宜采用的控制方式

将硝化反应釜内温度与釜内搅拌、硝化剂流量、硝化反应釜夹套冷却水进水阀形成联锁关系，在硝化反应釜处设立紧急停车系统，当硝化反应釜内温度超标或搅拌系统发生故障，能自动报警并自动停止加料。分离系统温度与加热、冷却形成联锁，温度超标时，能停止加热并紧急冷却。

硝化反应系统应设有泄爆管和紧急排放系统。

（五）合成氨工艺安全控制要求

反应类型	吸热反应	重点监控单元	合成塔、压缩机、氨储存系统

工艺简介

氮和氢两种组分按一定比例(1∶3)组成的气体(合成气)，在高温、高压下(一般为400~450℃，15~30MPa)经催化反应生成氨的工艺过程。

续表

| 反应类型 | 吸热反应 | 重点监控单元 | 合成塔、压缩机、氨储存系统 |

工艺危险特点

（1）高温、高压使可燃气体爆炸极限扩宽，气体物料一旦过氧（亦称透氧），极易在设备和管道内发生爆炸；

（2）高温、高压气体物料从设备管线泄漏时会迅速膨胀与空气混合形成爆炸性混合物，遇到明火或因高流速物料与裂（喷）口处摩擦产生静电火花引起着火和空间爆炸；

（3）气体压缩机等转动设备在高温下运行会使润滑油挥发裂解，在附近管道内造成积炭，可导致积炭燃烧或爆炸；

（4）高温、高压可加速设备金属材料发生蠕变、改变金相组织，还会加剧氢气、氮气对钢材的氢蚀及渗氮，加剧设备的疲劳腐蚀，使其机械强度减弱，引发物理爆炸；

（5）液氨大规模事故性泄漏会形成低温云团引起大范围人群中毒，遇明火还会发生空间爆炸。

典型工艺

（1）节能 AMV 法；

（2）德士古水煤浆加压汽化法；

（3）凯洛格法；

（4）甲醇与合成氨联合生产的联醇法；

（5）纯碱与合成氨联合生产的联碱法；

（6）采用变换催化剂、氧化锌脱硫剂和甲烷催化剂的"三催化"气体净化法等。

重点监控工艺参数

合成塔、压缩机、氨储存系统的运行基本控制参数，包括温度、压力、液位、物料流量及比例等。

安全控制的基本要求

合成氨装置温度、压力报警和联锁；物料比例控制和联锁；压缩机的温度、入口分离器液位、压力报警联锁；紧急冷却系统；紧急切断系统；安全泄放系统；可燃、有毒气体检测报警装置。

宜采用的控制方式

将合成氨装置内温度、压力与物料流量、冷却系统形成联锁关系；将压缩机温度、压力、入口分离器液位与供电系统形成联锁关系；紧急停车系统。

合成单元自动控制还需要设置以下几个控制回路：

（1）氨分、冷交液位；（2）废锅液位；（3）循环量控制；（4）废锅蒸汽流量；（5）废锅蒸汽压力。

安全设施，包括安全阀、爆破片、紧急放空阀、液位计、单向阀及紧急切断装置等。

（六）裂解（裂化）工艺安全控制要求

反应类型	高温吸热反应	重点监控单元	裂解炉、制冷系统、压缩机、引风机、分离单元

工艺简介

裂解是指石油系的烃类原料在高温条件下，发生碳链断裂或脱氢反应，生成烯烃及其他产物的过程。产品以乙烯、丙烯为主，同时副产丁烯、丁二烯等烯烃和裂解汽油、柴油、燃料油等产品。

烃类原料在裂解炉内进行高温裂解，产出组成为氢气、低/高碳烃类、芳烃类以及馏分为288℃以上的裂解燃料油的裂解气混合物。经过急冷、压缩、激冷、分馏以及干燥和加氢等方法，分离出目标产品和副产品。

在裂解过程中，同时伴随缩合、环化和脱氢等反应。由于所发生的反应很复杂，通常把反应分成两个阶段。第一阶段，原料变成的目的产物为乙烯、丙烯，这种反应称为一次反应。第二阶段，一次反应生成的乙烯、丙烯继续反应转化为炔烃、二烯烃、芳烃、环烷烃，甚至最终转化为氢气和焦炭，这种反应称为二次反应。裂解产物往往是多种组分混合物。影响裂解的基本因素主要为温度和反应的持续时间。化工生产中用热裂解的方法生产小分子烯烃、炔烃和芳香烃，如乙烯、丙烯、丁二烯、乙炔、苯和甲苯等。

工艺危险特点

（1）在高温（高压）下进行反应，装置内的物料温度一般超过其自燃点，若漏出会立即引起火灾；

（2）炉管内壁结焦会使流体阻力增加，影响传热，当焦层达到一定厚度时，因炉管壁温度过高，而不能继续运行下去，必须进行清焦，否则会烧穿炉管，裂解气外泄，引起裂解炉爆炸；

（3）如果由于断电或引风机机械故障而使引风机突然停转，则炉膛内很快变成正压，会从窥视孔或烧嘴等处向外喷火，严重时会引起炉膛爆炸；

（4）如果燃料系统大幅度波动，燃料气压力过低，则可能造成裂解炉烧嘴回火，使烧嘴烧坏，甚至会引起爆炸；

（5）有些裂解工艺产生的单体会自聚或爆炸，需要向生产的单体中加阻聚剂或稀释剂等。

典型工艺

热裂解制烯烃工艺；

重油催化裂化制汽油、柴油、丙烯、丁烯；

乙苯裂解制苯乙烯；

二氟一氯甲烷（HCFC-22）热裂解得四氟乙烯（TFE）；

二氟一氯乙烷（HCFC-142b）热裂解制得偏氟乙烯（VDF）；

四氟乙烯和八氟环丁烷热裂解制得六氟乙烯（HFP）等。

第十三章 "两重点一重大"安全监管

续表

反应类型	高温吸热反应	重点监控单元	裂解炉、制冷系统、压缩机、引风机、分离单元

重点监控工艺参数

裂解炉进料流量；裂解炉温度；引风机电流；燃料油进料流量；稀释蒸汽比及压力；燃料油压力；滑阀差压超驰控制、主风流量控制、外取热器控制、机组控制、锅炉控制等。

安全控制的基本要求

裂解炉进料压力、流量控制报警与联锁；紧急裂解炉温度报警和联锁；紧急冷却系统；紧急切断系统；反应压力与压缩机转速及入口放火炬控制；再生压力的分程控制；滑阀差压与料位；温度的超驰控制；再生温度与外取热器负荷控制；外取热器汽包和锅炉汽包液位的三冲量控制；锅炉的熄火保护；机组相关控制；可燃与有毒气体检测报警装置等。

宜采用的控制方式

将引风机电流与裂解炉进料阀、燃料油进料阀、稀释蒸汽阀之间形成联锁关系，一旦引风机故障停车，则裂解炉自动停止进料并切断燃料供应，但应继续供应稀释蒸汽，以带走炉膛内的余热。

将燃料油压力与燃料油进料阀、裂解炉进料阀之间形成联锁关系，燃料油压力降低，则切断燃料油进料阀，同时切断裂解炉进料阀。

分离塔应安装安全阀和放空管，低压系统与高压系统之间应有逆止阀并配备固定的氮气装置、蒸汽灭火装置。

将裂解炉电流与锅炉给水流量、稀释蒸汽流量之间形成联锁关系；一旦水、电、蒸汽等公用工程出现故障，裂解炉能自动紧急停车。

反应压力正常情况下由压缩机转速控制，开工及非正常工况下由压缩机入口放火炬控制。

再生压力由烟机入口蝶阀和旁路滑阀(或蝶阀)分程控制。

再生、待生滑阀正常情况下分别由反应温度信号和反应器料位信号控制，一旦滑阀差压出现低限，则转由滑阀差压控制。

再生温度由外取热器催化剂循环量或流化介质流量控制。

外取热汽包和锅炉汽包液位采用液位、补水量和蒸发量三冲量控制。

带明火的锅炉设置熄火保护控制。

大型机组设置相关的轴温、轴震动、轴位移、油压、油温、防喘振等系统控制。

在装置存在可燃气体、有毒气体泄漏的部位设置可燃气体报警仪和有毒气体报警仪。

（七）氟化工艺安全控制要求

反应类型	放热反应	重点监控单元	氟化剂储运单元

工艺简介

氟化是化合物的分子中引入氟原子的反应，涉及氟化反应的工艺过程为氟化工艺。氟与有机化合物作用是强放热反应，放出大量的热可使反应物分子结构遭到破坏，甚至着火爆炸。氟化剂通常为氟气、卤族氟化物、惰性元素氟化物、高价金属氟化物、氟化氢、氟化钾等。

工艺危险特点

（1）反应物料具有燃爆危险性；

（2）氟化反应为强放热反应，不及时排除反应热量，易导致超温超压，引发设备爆炸事故；

（3）多数氟化剂具有强腐蚀性、剧毒，在生产、储存、运输、使用等过程中，容易因泄漏、操作不当、误接触以及其他意外而造成危险。

典型工艺

（1）直接氟化

黄磷氟化制备五氟化磷等。

（2）金属氟化物或氟化氢气体氟化

SbF_3、AgF_2、CoF_3 等金属氟化物与烃反应制备氟化烃；

氟化氢气体与氢氧化铝反应制备氟化铝等。

（3）置换氟化

三氯甲烷氟化制备二氟一氯甲烷；

2,4,5,6-四氯嘧啶与氟化钠制备 2,4,6-三氟-5-氯嘧啶等。

（4）其他氟化物的制备

浓硫酸与氟化钙(萤石)制备无水氟化氢等。

重点监控工艺参数

氟化反应釜内温度、压力；氟化反应釜内搅拌速率；氟化物流量；助剂流量；反应物的配料比；氟化物浓度。

安全控制的基本要求

反应釜内温度和压力与反应进料、紧急冷却系统的报警和联锁；搅拌的稳定控制系统；安全泄放系统；可燃和有毒气体检测报警装置等。

第十三章 "两重点一重大"安全监管

续表

反应类型	放热反应	重点监控单元	氟化剂储运单元

宜采用的控制方式

氟化反应操作中，要严格控制氟化物浓度、投料配比、进料速度和反应温度等。必要时应设置自动比例调节装置和自动联锁控制装置。

将氟化反应釜内温度、压力与釜内搅拌、氟化物流量、氟化反应釜夹套冷却水进水阀形成联锁控制，在氟化反应釜处设立紧急停车系统，当氟化反应釜内温度或压力超标或搅拌系统发生故障时自动停止加料并紧急停车。安全泄放系统。

（八）加氢工艺安全控制要求

反应类型	放热反应	重点监控单元	加氢反应釜、氢气压缩机

工艺简介

加氢是在有机化合物分子中加入氢原子的反应，涉及加氢反应的工艺过程为加氢工艺，主要包括不饱和键加氢、芳环化合物加氢、含氮化合物加氢、含氧化合物加氢、氢解等。

工艺危险特点

（1）反应物料具有燃爆危险性，氢气的爆炸极限为4%~75%，具有高燃爆危险特性；
（2）加氢为强烈的放热反应，氢气在高温高压下与钢材接触，钢材内的碳分子易与氢气发生反应生成碳氢化合物，使钢制设备强度降低，发生氢脆；
（3）催化剂再生和活化过程中易引发爆炸；
（4）加氢反应尾气中有未完全反应的氢气和其他杂质在排放时易引发着火或爆炸。

典型工艺

（1）不饱和炔烃、烯烃的三键和双键加氢
环戊二烯加氢生产环戊烯等。
（2）芳烃加氢
苯加氢生成环己烷；
苯酚加氢生产环己醇等。
（3）含氧化合物加氢
一氧化碳加氢生产甲醇；
丁醛加氢生产丁醇；
辛烯醛加氢生产辛醇等。
（4）含氮化合物加氢
己二腈加氢生产己二胺；
硝基苯催化加氢生产苯胺等。
（5）油品加氢
馏分油加氢裂化生产石脑油、柴油和尾油；
渣油加氢改质；
减压馏分油加氢改质；
催化（异构）脱蜡生产低凝柴油、润滑油基础油等。

反应类型	放热反应	重点监控单元	加氢反应釜、氢气压缩机

续表

重点监控工艺参数

加氢反应釜或催化剂床层温度、压力；加氢反应釜内搅拌速率；氢气流量；反应物质的配料比；系统氧含量；冷却水流量；氢气压缩机运行参数、加氢反应尾气组成等。

安全控制的基本要求

温度和压力的报警和联锁；反应物料的比例控制和联锁系统；紧急冷却系统；搅拌的稳定控制系统；氢气紧急切断系统；加装安全阀、爆破片等安全设施；循环氢压缩机停机报警和联锁；氢气检测报警装置等。

宜采用的控制方式

将加氢反应釜内温度、压力与釜内搅拌电流、氢气流量、加氢反应釜夹套冷却水进水阀形成联锁关系，设立紧急停车系统。加入急冷氮气或氢气的系统。当加氢反应釜内温度或压力超标或搅拌系统发生故障时自动停止加氢，泄压，并进入紧急状态。安全泄放系统。

（九）重氮化工艺安全控制要求

反应类型	绝大多数是放热反应	重点监控单元	重氮化反应釜、后处理单元

工艺简介

一级胺与亚硝酸在低温下作用，生成重氮盐的反应。脂肪族、芳香族和杂环的一级胺都可以进行重氮化反应。涉及重氮化反应的工艺过程为重氮化工艺。通常重氮化试剂是由亚硝酸钠和盐酸作用临时制备的。除盐酸外，也可以使用硫酸、高氯酸和氟硼酸等无机酸。脂肪族重氮盐很不稳定，即使在低温下也能迅速自发分解，芳香族重氮盐较为稳定。

工艺危险特点

（1）重氮盐在温度稍高或光照的作用下，特别是含有硝基的重氮盐极易分解，有的甚至在室温时亦能分解。在干燥状态下，有些重氮盐不稳定，活性强，受热或摩擦、撞击等作用能发生分解甚至爆炸；

（2）重氮化生产过程所使用的亚硝酸钠是无机氧化剂，175℃时能发生分解、与有机物反应导致着火或爆炸；

（3）反应原料具有燃爆危险性。

第十三章 "两重点一重大"安全监管

续表

反应类型	绝大多数是放热反应	重点监控单元	重氮化反应釜、后处理单元

典型工艺

（1）顺法

对氨基苯磺酸钠与2-萘酚制备酸性橙-II染料；

芳香族伯胺与亚硝酸钠反应制备芳香族重氮化合物等。

（2）反加法

间苯二胺生产二氟硼酸间苯二重氮盐；

苯胺与亚硝酸钠反应生产苯胺基重氮苯等。

（3）亚硝酰硫酸法

2-氰基-4-硝基苯胺、2-氰基-4-硝基-6-溴苯胺、2,4-二硝基-6-溴苯胺、2,6-二氰基-4-硝基苯胺和2,4-二硝基-6-氰基苯胺为重氮组分与端氨基含醚基的偶合组分经重氮化、偶合成单偶氮分散染料；

2-氰基-4-硝基苯胺为原料制备蓝色分散染料等。

（4）硫酸铜触媒法

邻、间氨基苯酚用弱酸（醋酸、草酸等）或易于水解的无机盐和亚硝酸钠反应制备邻、间氨基苯酚的重氮化合物等。

（5）盐析法

氨基偶氮化合物通过盐析法进行重氮化生产多偶氮染料等。

重点监控工艺参数

重氮化反应釜内温度、压力、液位、pH值；重氮化反应釜内搅拌速率；亚硝酸钠流量；反应物质的配料比；后处理单元温度等。

安全控制的基本要求

反应釜温度和压力的报警和联锁；反应物料的比例控制和联锁系统；紧急冷却系统；紧急停车系统；安全泄放系统；后处理单元配置温度监测、惰性气体保护的联锁装置等。

宜采用的控制方式

将重氮化反应釜内温度、压力与釜内搅拌、亚硝酸钠流量、重氮化反应釜夹套冷却水进水阀形成联锁关系，在重氮化反应釜处设立紧急停车系统，当重氮化反应釜内温度超标或搅拌系统发生故障时自动停止加料并紧急停车。安全泄放系统。

重氮盐后处理设备应配置温度检测、搅拌、冷却联锁自动控制调节装置，干燥设备应配置温度测量、加热热源开关、惰性气体保护的联锁装置。

安全设施，包括安全阀、爆破片、紧急放空阀等。

（十）氧化工艺安全控制要求

| 反应类型 | 放热反应 | 重点监控单元 | 氧化反应釜 |

工艺简介

氧化为有电子转移的化学反应中失电子的过程，即氧化数升高的过程。多数有机化合物的氧化反应表现为反应原料得到氧或失去氢。涉及氧化反应的工艺过程为氧化工艺。常用的氧化剂有：空气、氧气、双氧水、氯酸钾、高锰酸钾、硝酸盐等。

工艺危险特点

（1）反应原料及产品具有燃爆危险性；
（2）反应气相组成容易达到爆炸极限，具有闪爆危险；
（3）部分氧化剂具有燃爆危险性，如氯酸钾，高锰酸钾、铬酸酐等都属于氧化剂，如遇高温或受撞击、摩擦以及与有机物、酸类接触，皆能引起火灾爆炸；
（4）产物中易生成过氧化物，化学稳定性差，受高温、摩擦或撞击作用易分解、燃烧或爆炸。

典型工艺

乙烯氧化制环氧乙烷；
甲醇氧化制备甲醛；
对二甲苯氧化制备对苯二甲酸；
异丙苯经氧化-酸解联产苯酚和丙酮；
环己烷氧化制环己酮；
天然气氧化制乙炔；
丁烯、丁烷、C_4馏分或苯的氧化制顺丁烯二酸酐；
邻二甲苯或萘的氧化制备邻苯二甲酸酐；
均四甲苯的氧化制备均苯四甲酸二酐；
苊的氧化制1，8-萘二甲酸酐；
3-甲基吡啶氧化制3-吡啶甲酸（烟酸）；
4-甲基吡啶氧化制4-吡啶甲酸（异烟酸）；
2-乙基已醇（异辛醇）氧化制备2-乙基己酸（异辛酸）；
对氯甲苯氧化制备对氯苯甲醛和对氯苯甲酸；
甲苯氧化制备苯甲醛、苯甲酸；
对硝基甲苯氧化制备对硝基苯甲酸；
环十二醇/酮混合物的开环氧化制备十二碳二酸；
环己酮/醇混合物的氧化制己二酸；
乙二醛硝酸氧化法合成乙醛酸；
丁醛氧化制丁酸；
氨氧化制硝酸等。

续表

反应类型	放热反应	重点监控单元	氧化反应釜
重点监控工艺参数			
氧化反应釜内温度和压力；氧化反应釜内搅拌速率；氧化剂流量；反应物料的配比；气相氧含量；过氧化物含量等。			
安全控制的基本要求			
反应釜温度和压力的报警和联锁；反应物料的比例控制和联锁及紧急切断动力系统；紧急断料系统；紧急冷却系统；紧急送入惰性气体的系统；气相氧含量监测、报警和联锁；安全泄放系统；可燃和有毒气体检测报警装置等。			
宜采用的控制方式			
将氧化反应釜内温度和压力与反应物的配比和流量、氧化反应釜夹套冷却水进水阀、紧急冷却系统形成联锁关系，在氧化反应釜处设立紧急停车系统，当氧化反应釜内温度超标或搅拌系统发生故障时自动停止加料并紧急停车。配备安全阀、爆破片等安全设施。			

（十一）过氧化工艺安全控制要求

反应类型	吸热反应或放热反应	重点监控单元	过氧化反应釜
工艺简介			
向有机化合物分子中引入过氧基（—O—O—）的反应称为过氧化反应，得到的产物为过氧化物的工艺过程为过氧化工艺。			
工艺危险特点			
（1）过氧化物都含有过氧基（—O—O—），属含能物质，由于过氧键结合力弱，断裂时所需的能量不大，对热、振动、冲击或摩擦等都极为敏感，极易分解甚至爆炸； （2）过氧化物与有机物、纤维接触时易发生氧化、产生火灾； （3）反应气相组成容易达到爆炸极限，具有燃爆危险。			
典型工艺			
双氧水的生产； 乙酸在硫酸存在下与双氧水作用，制备过氧乙酸水溶液； 酸酐与双氧水作用直接制备过氧二酸； 苯甲酰氯与双氧水的碱性溶液作用制备过氧化苯甲酰； 异丙苯经空气氧化生产过氧化氢异丙苯等。			
重点监控工艺参数			
过氧化反应釜内温度；pH 值；过氧化反应釜内搅拌速率；（过）氧化剂流量；参加反应物质的配料比；过氧化物浓度；气相氧含量等。			

续表

| 反应类型 | 吸热反应或放热反应 | 重点监控单元 | 过氧化反应釜 |

安全控制的基本要求

反应釜温度和压力的报警和联锁;反应物料的比例控制和联锁及紧急切断动力系统;紧急断料系统;紧急冷却系统;紧急送入惰性气体的系统;气相氧含量监测、报警和联锁;紧急停车系统;安全泄放系统;可燃和有毒气体检测报警装置等。

宜采用的控制方式

将过氧化反应釜内温度与釜内搅拌电流、过氧化物流量、过氧化反应釜夹套冷却水进水阀形成联锁关系,设置紧急停车系统。

过氧化反应系统应设置泄爆管和安全泄放系统。

(十二)胺基化工艺安全控制要求

| 反应类型 | 放热反应 | 重点监控单元 | 胺基化反应釜 |

工艺简介

胺化是在分子中引入胺基(R_2N-)的反应,包括$R-CH_3$烃类化合物(R:氢、烷基、芳基)在催化剂存在下,与氨和空气的混合物进行高温氧化反应,生成腈类等化合物的反应。涉及上述反应的工艺过程为胺基化工艺。

工艺危险特点

(1)反应介质具有燃爆危险性;

(2)在常压下20℃时,氨气的爆炸极限为15%~27%,随着温度、压力的升高,爆炸极限的范围增大。因此,在一定的温度、压力和催化剂的作用下,氨的氧化反应放出大量热,一旦氨气与空气比失调,就可能发生爆炸事故;

(3)由于氨呈碱性,具有强腐蚀性,在混有少量水分或湿气的情况下无论是气态或液态氨都会与铜、银、锡、锌及其合金发生化学作用;

(4)氨易与氧化银或氧化汞反应生成爆炸性化合物(雷酸盐)。

典型工艺

邻硝基氯苯与氨水反应制备邻硝基苯胺;

对硝基氯苯与氨水反应制备对硝基苯胺;

间甲酚与氯化铵的混合物在催化剂和氨水作用下生成间甲苯胺;

甲醇在催化剂和氨气作用下制备甲胺;

1-硝基蒽醌与过量的氨水在氯苯中制备1-氨基蒽醌;

2,6-蒽醌二磺酸氨解制备2,6-二氨基蒽醌;

苯乙烯与胺反应制备N-取代苯乙胺;

环氧乙烷或亚乙基亚胺与胺或氨发生开环加成反应,制备氨基乙醇或二胺;

甲苯经氨氧化制备苯甲腈;

丙烯氨氧化制备丙烯腈等。

续表

| 反应类型 | 放热反应 | 重点监控单元 | 胺基化反应釜 |

重点监控工艺参数

胺基化反应釜内温度、压力；胺基化反应釜内搅拌速率；物料流量；反应物质的配料比；气相氧含量等。

安全控制的基本要求

反应釜温度和压力的报警和联锁；反应物料的比例控制和联锁系统；紧急冷却系统；气相氧含量监控联锁系统；紧急送入惰性气体的系统；紧急停车系统；安全泄放系统；可燃和有毒气体检测报警装置等。

宜采用的控制方式

将胺基化反应釜内温度、压力与釜内搅拌、胺基化物料流量、胺基化反应釜夹套冷却水进水阀形成联锁关系，设置紧急停车系统。

安全设施，包括安全阀、爆破片、单向阀及紧急切断装置等。

（十三）磺化工艺安全控制要求

| 反应类型 | 放热反应 | 重点监控单元 | 磺化反应釜 |

工艺简介

磺化是向有机化合物分子中引入磺酰基（—SO_3H）的反应。磺化方法分为三氧化硫磺化法、共沸去水磺化法、氯磺酸磺化法、烘焙磺化法和亚硫酸盐磺化法等。涉及磺化反应的工艺过程为磺化工艺。磺化反应除了增加产物的水溶性和酸性外，还可以使产品具有表面活性。芳烃经磺化后，其中的磺酸基可进一步被其他基团[如羟基（—OH）、氨基（—NH_2）、氰基（—CN）等]取代，生产多种衍生物。

工艺危险特点

（1）应原料具有燃爆危险性；磺化剂具有氧化性、强腐蚀性；如果投料顺序颠倒、投料速度过快、搅拌不良、冷却效果不佳等，都有可能造成反应温度异常升高，使磺化反应变为燃烧反应，引起火灾或爆炸事故；

（2）氧化硫易冷凝堵管，泄漏后易形成酸雾，危害较大。

典型工艺

（1）三氧化硫磺化法

气体三氧化硫和十二烷基苯等制备十二烷基苯磺酸钠；

硝基苯与液态三氧化硫制备间硝基苯磺酸；

甲苯磺化生产对甲基苯磺酸和对位甲酚；

对硝基甲苯磺化生产对硝基甲苯邻磺酸等。

续表

反应类型	放热反应	重点监控单元	磺化反应釜
典型工艺			

（2）共沸去水磺化法

苯磺化制备苯磺酸；

甲苯磺化制备甲基苯磺酸等。

（3）氯磺酸磺化法

芳香族化合物与氯磺酸反应制备芳磺酸和芳磺酰氯；

乙酰苯胺与氯磺酸生产对乙酰氨基苯磺酰氯等。

（4）烘焙磺化法

苯胺磺化制备对氨基苯磺酸等。

（5）亚硫酸盐磺化法

2,4-二硝基氯苯与亚硫酸氢钠制备2,4-二硝基苯磺酸钠；

1-硝基蒽醌与亚硫酸钠作用得到 α-蒽醌硝酸等。

重点监控工艺参数

磺化反应釜内温度；磺化反应釜内搅拌速率；磺化剂流量；冷却水流量。

安全控制的基本要求

反应釜温度的报警和联锁；搅拌的稳定控制和联锁系统；紧急冷却系统；紧急停车系统；安全泄放系统；三氧化硫泄漏监控报警系统等。

宜采用的控制方式

将磺化反应釜内温度与磺化剂流量、磺化反应釜夹套冷却水进水阀、釜内搅拌电流形成联锁关系，紧急断料系统，当磺化反应釜内各参数偏离工艺指标时，能自动报警、停止加料，甚至紧急停车。

磺化反应系统应设有泄爆管和紧急排放系统。

（十四）聚合工艺安全控制要求

反应类型	放热反应	重点监控单元	聚合反应釜、粉体聚合物料仓
工艺简介			

聚合是一种或几种小分子化合物变成大分子化合物（也称高分子化合物或聚合物，通常分子量为 $1\times10^4 \sim 1\times10^7$）的反应，涉及聚合反应的工艺过程为聚合工艺。聚合工艺的种类很多，按聚合方法可分为本体聚合、悬浮聚合、乳液聚合、溶液聚合等。

续表

| 反应类型 | 放热反应 | 重点监控单元 | 聚合反应釜、粉体聚合物料仓 |

工艺危险特点

(1) 聚合原料具有自聚和燃爆危险性；
(2) 如果反应过程中热量不能及时移出，随物料温度上升，发生裂解和暴聚，所产生的热量使裂解和暴聚过程进一步加剧，进而引发反应器爆炸；
(3) 部分聚合助剂危险性较大。

典型工艺

(1) 聚烯烃生产
聚乙烯生产；
聚丙烯生产；
聚苯乙烯生产等。
(2) 聚氯乙烯生产
(3) 合成纤维生产
涤纶生产；
锦纶生产；
维纶生产；
腈纶生产；
尼龙生产等。
(4) 橡胶生产
丁苯橡胶生产；
顺丁橡胶生产；
丁腈橡胶生产等。
(5) 乳液生产
醋酸乙烯乳液生产；
丙烯酸乳液生产等。
(6) 涂料黏合剂生产
醇酸油漆生产；
聚酯涂料生产；
环氧涂料黏合剂生产；
丙烯酸涂料黏合剂生产等。
(7) 氟化物聚合
四氟乙烯悬浮法、分散法生产聚四氟乙烯；
四氟乙烯(TFE)和偏氟乙烯(VDF)聚合生产氟橡胶和偏氟乙烯-全氟丙烯共聚弹性体(俗称26型氟橡胶或氟橡胶-26)等。

续表

反应类型	放热反应	重点监控单元	聚合反应釜、粉体聚合物料仓

重点监控工艺参数

聚合反应釜内温度、压力，聚合反应釜内搅拌速率；引发剂流量；冷却水流量；料仓静电、可燃气体监控等。

安全控制的基本要求

反应釜温度和压力的报警和联锁；紧急冷却系统；紧急切断系统；紧急加入反应终止剂系统；搅拌的稳定控制和联锁系统；料仓静电消除、可燃气体置换系统，可燃和有毒气体检测报警装置；高压聚合反应釜设有防爆墙和泄爆面等。

宜采用的控制方式

将聚合反应釜内温度、压力与釜内搅拌电流、聚合单体流量、引发剂加入量、聚合反应釜夹套冷却水进水阀形成联锁关系，在聚合反应釜处设立紧急停车系统。当反应超温、搅拌失效或冷却失效时，能及时加入聚合反应终止剂。安全泄放系统。

（十五）烷基化工艺安全控制要求

反应类型	放热反应	重点监控单元	烷基化反应釜

工艺简介

把烷基引入有机化合物分子中的碳、氮、氧等原子上的反应称为烷基化反应。涉及烷基化反应的工艺过程为烷基化工艺，可分为 C-烷基化反应、N-烷基化反应、O-烷基化反应等。

工艺危险特点

（1）反应介质具有燃爆危险性；

（2）烷基化催化剂具有自燃危险性，遇水剧烈反应，放出大量热量，容易引起火灾甚至爆炸；

（3）烷基化反应都是在加热条件下进行，原料、催化剂、烷基化剂等加料次序颠倒、加料速度过快或者搅拌中断停止等异常现象容易引起局部剧烈反应，造成跑料，引发火灾或爆炸事故。

典型工艺

（1）C-烷基化反应

乙烯、丙烯以及长链 α-烯烃，制备乙苯、异丙苯和高级烷基苯；

续表

反应类型	放热反应	重点监控单元	烷基化反应釜
典型工艺			

苯系物与氯代高级烷烃在催化剂作用下制备高级烷基苯；
用脂肪醛和芳烃衍生物制备对称的二芳基甲烷衍生物；
苯酚与丙酮在酸催化下制备 2,2-对(对羟基苯基)丙烷(俗称双酚 A)；
乙烯与苯发生烷基化反应生产乙苯等。

（2）N-烷基化反应
苯胺和甲醚烷基化生产苯甲胺；
苯胺与氯乙酸生产苯基氨基乙酸；
苯胺和甲醇制备 N,N-二甲基苯胺；
苯胺和氯乙烷制备 N,N-二烷基芳胺；
对甲苯胺与硫酸二甲酯制备 N,N-二甲基对甲苯胺；
环氧乙烷与苯胺制备 N-(β-羟乙基)苯胺；
氨或脂肪胺和环氧乙烷制备乙醇胺类化合物；
苯胺与丙烯腈反应制备 N-(β-氰乙基)苯胺等。

（3）O-烷基化反应
对苯二酚、氢氧化钠水溶液和氯甲烷制备对苯二甲醚；
硫酸二甲酯与苯酚制备苯甲醚；
高级脂肪醇或烷基酚与环氧乙烷加成生成聚醚类产物等。

重点监控工艺参数

烷基化反应釜内温度和压力；烷基化反应釜内搅拌速率；反应物料的流量及配比等。

安全控制的基本要求

反应物料的紧急切断系统；紧急冷却系统；安全泄放系统；可燃和有毒气体检测报警装置等。

宜采用的控制方式

将烷基化反应釜内温度和压力与釜内搅拌、烷基化物料流量、烷基化反应釜夹套冷却水进水阀形成联锁关系，当烷基化反应釜内温度超标或搅拌系统发生故障时自动停止加料并紧急停车。
安全设施包括安全阀、爆破片、紧急放空阀、单向阀及紧急切断装置等。

（十六）新型煤化工工艺安全控制要求

反应类型	放热反应	重点监控单元	煤气化炉

工艺简介

以煤为原料，经化学加工使煤直接或者间接转化为气体、液体和固体燃料、化工原料或化学品的工艺过程。主要包括煤制油(甲醇制汽油、费-托合成油)、煤制烯烃(甲醇制烯烃)、煤制二甲醚、煤制乙二醇(合成气制乙二醇)、煤制甲烷气(煤气甲烷化)、煤制甲醇、甲醇制醋酸等工艺。

工艺危险特点

(1) 反应介质涉及一氧化碳、氢气、甲烷、乙烯、丙烯等易燃气体，具有燃爆危险性；

(2) 反应过程多为高温、高压过程，易发生工艺介质泄漏，引发火灾、爆炸和一氧化碳中毒事故；

(3) 反应过程可能形成爆炸性混合气体；

(4) 多数煤化工新工艺反应速度快，放热量大，造成反应失控；

(5) 反应中间产物不稳定，易造成分解爆炸。

典型工艺

煤制油(甲醇制汽油、费-托合成油)；

煤制烯烃(甲醇制烯烃)；

煤制二甲醚；

煤制乙二醇(合成气制乙二醇)；

煤制甲烷气(煤气甲烷化)；

煤制甲醇；

甲醇制醋酸。

重点监控工艺参数

反应器温度和压力；反应物料的比例控制；料位；液位；进料介质温度、压力与流量；氧含量；外取热器蒸汽温度与压力；风压和风温；烟气压力与温度；压降；H_2/CO 比；NO/O_2 比；$NO/$醇比；H_2、H_2S、CO_2 含量等。

安全控制的基本要求

反应器温度、压力报警与联锁；进料介质流量控制与联锁；反应系统紧急切断进料联锁；料位控制回路；液位控制回路；H_2/CO 比例控制与联锁；NO/O_2 比例控制与联锁；外取热器蒸汽热水泵联锁；主风流量联锁；可燃和有毒气体检测报警装置；紧急冷却系统；安全泄放系统。

续表

| 反应类型 | 放热反应 | 重点监控单元 | 煤气化炉 |

宜采用的控制方式

将进料流量、外取热蒸汽流量、外取热蒸汽包液位、H_2/CO 比例与反应器进料系统设立联锁关系,一旦发生异常工况启动联锁,紧急切断所有进料,开启事故蒸汽阀或氮气阀,迅速置换反应器内物料,并将反应器进行冷却、降温。

安全设施,包括安全阀、防爆膜、紧急切断阀及紧急排放系统等。

(十七)电石生产工艺安全控制要求

| 反应类型 | 吸热反应 | 重点监控单元 | 电石炉 |

工艺简介

电石生产工艺是以石灰和炭素材料(焦炭、兰炭、石油焦、冶金焦、白煤等)为原料,在电石炉内依靠电弧热和电阻热在高温进行反应,生成电石的工艺过程。电石炉型式主要分为两种:内燃型和全密闭型。

工艺危险特点

(1) 电石炉工艺操作具有火灾、爆炸、烧伤、中毒、触电等危险性;

(2) 电石遇水会发生激烈反应,生成乙炔气体,具有燃爆危险性;

(3) 电石的冷却、破碎过程具有人身伤害、烫伤等危险性;

(4) 反应产物一氧化碳有毒,与空气混合到12.5%~74%时会引起燃烧和爆炸;

(5) 生产中漏糊造成电极软断时,会使炉气出口温度突然升高,炉内压力突然增大,造成严重的爆炸事故。

典型工艺

石灰和炭素材料(焦炭、蓝炭、石油焦、冶金焦、白煤等)反应制备电石。

重点监控工艺参数

炉气温度;炉气压力;料仓料位;电极压放量;一次电流;一次电压;电极电流;电极电压;有功功率;冷却水温度、压力;液压箱油位、温度;变压器温度;净化过滤器入口温度、炉气组分分析等。

安全控制的基本要求

设置紧急停炉按钮;电炉运行平台和电极压放视频监控、输送系统视频监控和启停现场声音报警;原料称重和输送系统控制;电石炉炉压调节、控制;电极升降控制;电极压放控制;液压泵站控制;炉气组分在线检测、报警和联锁;可燃和有毒气体检测和声光报警装置;设置紧急停车按钮等。

续表

反应类型	吸热反应	重点监控单元	电石炉

宜采用的控制方式

将炉气压力、净化总阀与放散阀形成联锁关系；将炉气组分氢、氧含量高与净化系统形成联锁关系；将料仓超料位、氢含量与停炉形成联锁关系。

安全设施，包括安全阀、重力泄压阀、紧急放空阀、防爆膜等。

（十八）偶氮化工艺安全控制要求

反应类型	放热反应	重点监控单元	偶氮化反应釜、后处理单元

工艺简介

合成通式为 R—N═N—R 的偶氮化合物的反应为偶氮化反应，式中 R 为脂烃基或芳烃基，两个 R 基可相同或不同。涉及偶氮化反应的工艺过程为偶氮化工艺。脂肪族偶氮化合物由相应的肼经过氧化或脱氢反应制取。芳香族偶氮化合物一般由重氮化合物的偶联反应制备。

工艺危险特点

（1）部分偶氮化合物极不稳定，活性强，受热或摩擦、撞击等作用能发生分解甚至爆炸；

（2）偶氮化生产过程所使用的肼类化合物，高毒，具有腐蚀性，易发生分解爆炸，遇氧化剂能自燃；

（3）反应原料具有燃爆危险性。

典型工艺

（1）脂肪族偶氮化合物合成：水合肼和丙酮氰醇反应，再经液氯氧化制备偶氮二异丁腈；次氯酸钠水溶液氧化氨基丁腈，或者甲基异丁基酮和水合肼缩合后与氰化氢反应，再经氯气氧化制取偶氮二异庚腈；偶氮二甲酸二乙酯 DEAD 和偶氮二甲酸二异丙酯 DIAD 的生产工艺。

（2）芳香族偶氮化合物合成：由重氮化合物的偶联反应制备的偶氮化合物。

重点监控工艺参数

偶氮化反应釜内温度、压力、液位、pH 值；偶氮化反应釜内搅拌速率；肼流量；反应物质的配料比；后处理单元温度等。

安全控制的基本要求

反应釜温度和压力的报警和联锁；反应物料的比例控制和联锁系统；紧急冷却系统；紧急停车系统；安全泄放系统；后处理单元配置温度监测、惰性气体保护的联锁装置等。

续表

反应类型	放热反应	重点监控单元	偶氮化反应釜、后处理单元
宜采用的控制方式			

将偶氮化反应釜内温度、压力与釜内搅拌、肼流量、偶氮化反应釜夹套冷却水进水阀形成联锁关系。在偶氮化反应釜处设立紧急停车系统,当偶氮化反应釜内温度超标或搅拌系统发生故障时,自动停止加料,并紧急停车。

后处理设备应配置温度检测、搅拌、冷却联锁自动控制调节装置,干燥设备应配置温度测量、加热热源开关、惰性气体保护的联锁装置。

安全设施,包括安全阀、爆破片、紧急放空阀等。

十九、什么是重点监管的危险化学品?对重点监管的危险化学品采取的安全措施有哪些?

重点监管的危险化学品系指列入国家安全监管总局于2011年6月21日公布的《首批重点监管的危险化学品名录》(安监总管三〔2011〕95号)和2013年2月5日公布的《第二批重点监管的危险化学品名录》(安监总管三〔2013〕12号)中的危险化学品。其中首批公布的重点监管的危险化学品有60种,第二批公布的重点监管的危险化学品有14种。

除了上述两批《目录》中的危险化学品属于重点监管的危险化学品外,在温度20℃和标准大气压101.3kPa时满足以下条件的危险化学品也定义为重点监管的危险化学品:

(1)易燃气体类别1(爆炸下限≤13%或爆炸极限范围≥12%的气体);

(2)易燃液体类别1(闭杯闪点<23℃并初沸点≤35℃的液体);

(3)自燃液体类别1(与空气接触不到5min便燃烧的液体);

(4)自燃固体类别1(与空气接触不到5min便燃烧的固体);

(5)遇水放出易燃气体的物质类别1(在环境温度下与水剧烈反应所产生的气体通常显示自燃的倾向,或释放易燃气体的速度等于或大于每公斤物质在任何1min内释放10L的任何物质或混合物);

(6) 三光气等光气类化学品。

针对重点监管的危险化学品，国家安全监管总局办公厅印发了《首批重点监管的危险化学品安全措施和应急处置原则》（安监总厅管三〔2011〕142号）和《第二批重点监管的危险化学品名录》（安监总管三〔2013〕12号），对每一种重点监管的危险化学品提出了安全措施和应急处置原则要求。主要包括化学品的风险提示、理化特性、危害信息、安全措施、应急处置原则等几方面，安全措施中又细分为操作安全、储存安全和运输安全等。

二十、重点监管的危险化学品的管理要求有哪些？

1.《国家安全监管总局关于公布首批重点监管的危险化学品名录的通知》（安监总管三〔2011〕95号）指出：

(1) 涉及重点监管的危险化学品的生产、储存装置，原则上须由具有甲级资质的化工行业设计单位进行设计。

(2) 地方各级安全监管部门应当将生产、储存、使用、经营重点监管的危险化学品的企业，优先纳入年度执法检查计划，实施重点监管。

(3) 生产、储存重点监管的危险化学品的企业，应根据本企业工艺特点，装备功能完善的自动化控制系统，严格工艺、设备管理。对使用重点监管的危险化学品数量构成重大危险源的企业的生产储存装置，应装备自动化控制系统，实现对温度、压力、液位等重要参数的实时监测。

(4) 生产重点监管的危险化学品的企业，应针对产品特性，按照有关规定编制完善的、可操作性强的危险化学品事故应急预案，配备必要的应急救援器材、设备，加强应急演练，提高应急处置能力。

(5) 地方各级安全监管部门在做好危险化学品重点监管工作的同时，要全面推进本地区危险化学品安全生产工作，督促企业落实安全生产主体责任，切实提高企业本质安全水平，有效防范和坚决遏制危险化学品重特大事故发生，促进全国危险化学品安全生产形势持续稳定好转。

2.《国家安全监管总局办公厅关于印发首批重点监管的危险化学品安全措施和应急处置原则的通知》(安监总厅管三〔2011〕142号)要求：

(1) 生产、储存、使用、经营、运输重点监管危险化学品的企业，要切实落实安全生产主体责任，对照《措施和原则》，全面排查危险化学品安全管理的漏洞和薄弱环节，及时消除安全隐患，提高安全管理水平。要针对本企业安全生产特点和产品特性，从完善安全监控措施、健全安全生产规章制度和各项操作规程、采用先进技术、加强培训教育、加强个体防护等方面，细化并落实《措施和原则》提出的各项安全措施，提高防范危险化学品事故的能力。要按照《措施和原则》提出的应急处置原则，完善本企业危险化学品事故应急预案，配备必要的应急器材，开展应急处置演练和伤员急救培训，提升危险化学品应急处置能力。

(2) 地方各级安全监管部门要参照《措施和原则》的有关内容，加大对生产、储存、经营及使用重点监管的危险化学品行为的执法检查力度，切实加强对涉及重点监管危险化学品企业的安全监管。要充分发挥安委会办公室和危险化学品安全监管部门联席会议的综合协调作用，督促、支持各有关部门认真履行危险化学品安全监管职责。要参照《措施和原则》有关要求，监督和指导涉及重点监管危险化学品的企业进一步加强对重点监管危险化学品的安全监控，全面加强和改进企业安全管理，有效防范和坚决遏制危险化学品事故的发生，进一步促进全国危险化学品安全生产形势的持续稳定好转。

3.《国家安全监管总局关于公布第二批重点监管危险化学品名录的通知》(安监总管三〔2013〕12号)规定，生产、储存、使用重点监管的危险化学品的企业，应当积极开展涉及重点监管危险化学品的生产、储存设施自动化监控系统改造提升工作，高度危险和大型装置要依法装备安全仪表系统(紧急停车或安全联锁),并确保于 2014 年底前完成。

4.《关于开展提升危险化学品领域本质安全水平专项行动的通知》(安监总管三〔2012〕87 号)要求开展涉及重点监管危险化学品的生产储存装置自动化控制系统改造完善工作。涉及重点监管危险化学品的生产储存装置必须在 2014 年底前装备自动化控制系统。将受热、遇明火、摩擦、震动、撞击时可发生爆炸的化学品全部纳入重点监管危险化学品范围。

第十四章 风险分级管控和隐患排查治理

一、什么是危险源？

危险源是指可能导致伤害或疾病、财产损失、工作环境破坏或这些情况组合的根源或状态。

危险源分为两类，分别是第一类危险源和第二类危险源。通常把生产过程中存在的、可能发生意外释放的能量（能源或能量载体）或危险物质称作第一类危险源（根源），如液氨；把导致能量或危险物质约束、限制措施破坏和失效的各种因素称作第二类危险源（状态），如液氨储罐因腐蚀泄漏。

在实际生产过程中，一起伤亡事故的发生往往是两类危险源共同作用的结果。第一类危险源是伤亡事故发生的能量主体，决定事故后果的严重程度（S）。第二类危险源是第一类危险源造成事故的必要条件，决定事故发生的可能性（L）。因此，危险源辨识的首要任务是辨识第一类危险源，在此基础上再辨识第二类危险源。

二、什么是危险源辨识？

危险源辨识（Hazard Identification，HAZID）就是识别危险源并确定其特性的过程。危险源辨识不但包括对危险源的识别，而且必须对其性质加以判断，即确定什么情况能发生、它为什么能发生（发生原因）和怎样发生（发生后果）的过程。有两个关键任务：辨识可能发生的、特定的、不期望的后果；识别出能导致这些后果的材料、系统、过程和设备的特性。

从广义上看，危险源辨识是风险分析过程的第一步。完整意义上的风险分析过程，包括危险源辨识(Hazard Identification)、风险评估(Risk Assessment)和风险管理(Risk Management)三个部分。

危险源辨识作为风险分析的第一个步骤，不仅限于狭义的识别危险源，而是给予了更为宽泛的内涵，包括识别危险源、分析其原因和可能导致的后果，在此基础上进而分析是否需要开展有针对性的定量风险评估，藉此提出相应的建议或改进措施等。

三、什么是风险？什么是风险管理？

风险(Risk)是指在一个特定的时间内和一定的环境条件下，人们所期望的目标与实际结果之间客观存在的差异程度。通常用发生特定危害事件的可能性及后果严重程度的乘积表示，即：$R = L \times S$，其中，R 为风险大小，L 为事件发生的可能性，S 为事件后果的严重程度。

风险管理是研究风险发生规律和风险控制技术的一门新兴管理学科。风险管理包括危险源辨识、风险评估和风险控制。通过危险源辨识、风险评估，并在此基础上优化组合各种风险管理技术，对风险实施有效的控制，最大限度地降低风险所导致的损失，期望达到以最少的成本获得最大安全保障的目标。

风险管理是企业管理的重要内容，风险管理的实质是以最经济合理的方式消除风险导致的各种灾害后果。它包括危险源辨识、风险评价、风险控制等一整套系统而科学的管理方法，即运用系统论的观点和方法去研究风险与环境之间的关系，运用安全系统工程的理论和分析方法去辨识危害、评价风险，然后根据成本效益分析，针对企业所存在的风险做出客观而科学的决策，以确定处理风险的最佳方案。风险管理是高层次、高境界的管理过程，强调闭环管理、持续改进，其整个过程是一个循环往复的过程。

四、常用的风险分析方法有哪些？

风险管理包括风险辨识、评估和管控过程，风险管理过程中的风险分析主要是开展危险源辨识(也称风险辨识)和风险评价。常见的风险分析方法也即危险源辨识的方法，主要有安全检查表法(SCL)、工作危害分析法(JHA)、预先危险分析法(PHA)、危险和操作性分析(HAZOP)、保护层分析(LOPA)、故障类型和影响分析(FMEA)、事件树分析(ETA)、事故树分析(FTA)、作业条件危险性分析法(LEC)等。

五、什么是事故隐患？

安全生产事故隐患通常简称事故隐患，是指生产经营单位违反安全生产法律、法规、规章、标准、规程和安全生产管理制度的规定，或者因其他因素在生产经营活动中存在可能导致事故发生的物的危险状态、人的不安全行为和管理上的缺陷。

事故隐患分为一般事故隐患和重大事故隐患。一般事故隐患，是指危害和整改难度较小，发现后能够立即整改排除的隐患；重大事故隐患，是指危害和整改难度较大，应当全部或者局部停产停业，并经过一定时间整改治理方能排除的隐患，或者因外部因素影响致使生产经营单位自身难以排除的隐患。

六、什么是隐患排查？生产经营单位如何开展隐患治理工作？

隐患排查是指生产经营单位组织安全生产管理人员、工程技术人员和其他相关人员，采用检查、分析等方式方法查找、发现本单位的事故隐患的活动和过程。

生产经营单位通过制定事故隐患分类规定、确定事故隐患排查方法和事故隐患风险评价标准，并对不同风险等级的事故隐患采取不同的治理措施，即为隐患排查治理。隐患排查治理措施一般包括法制措施、管理措施、技术措施、应急措施等四个层次。

生产经营单位应通过开展隐患排查治理，实现对查处的隐患进行彻底整改，遏制产生新的安全隐患，提高安全管理水平。通过实现隐患排查治理制度化、规范化、经常化，形成公司安全生产隐患排查治理的长效机制，促进公司安全工作持续、健康、稳定发展。

七、《危险化学品企业事故隐患排查治理实施导则》对安全生产监管部门是如何要求的？

为了推动和规范危险化学品企业隐患排查治理工作，国家安全监管总局下发《关于〈危险化学品企业事故隐患排查治理实施导则〉的通知》(安监总管三〔2012〕103号)。《通知》要求，各级安全生产监管部门要督促指导危险化学品企业规范开展隐患排查治理工作。要采取培训、专家讲座等多种形式，大力开展《导则》宣贯，增强危险化学品企业开展隐患排查治理的主动性，指导企业掌握隐患排查治理的基本方法和工作要求；及时搜集和研究辖区内企业隐患排查治理情况，建立隐患排查治理信息管理系统，建立安全生产工作预警预报机制，提升危险化学品安全监管水平。

《实施导则》是指导企业建立隐患排查治理工作责任制，完善隐患排查治理制度，规范各项工作程序，实时监控重大隐患，逐步建立隐患排查治理的常态化机制的规范性文件。《实施导则》的内容全面系统、规定的工作具体明晰，具有重要的指导意义。

八、《危险化学品企业事故隐患排查治理实施导则》规定的企业开展隐患排查的主要内容有哪些？

根据危险化学品企业的特点，企业开展安全检查和隐患排查包括但不限于以下内容：

1. 安全基础管理

（1）安全生产管理机构建立健全情况、安全生产责任制和安全管理制度建立健全及落实情况；

（2）安全投入保障情况，参加工伤保险、安全生产责任险的情况；

（3）安全培训与教育情况；

（4）风险评价与安全隐患排查治理情况；

（5）事故管理、变更管理及承包商的管理情况；

（6）危险作业和检维修的管理情况。

2. 区域位置和布置

（1）危险化学品重大危险源储存设施与《危险化学品安全管理条例》中规定的重要场所的安全距离；

（2）可能造成水域环境污染的危险化学品危险源的防范情况；

（3）企业周边或作业过程中存在的易由自然灾害引发事故灾难的危险点排查、防范和治理情况；

（4）企业内部重要设施的平面布置以及安全距离；

（5）建构筑物的安全通道；厂区道路、消防道路、安全疏散通道和应急通道等重要道路(通道)的维护情况；安全警示标志的设置情况等。

3. 工艺系统

（1）工艺的安全管理情况，工艺风险分析制度的建立和执行，操作规程的编制、审查、使用与控制，工艺安全培训的管理；

（2）工艺技术及工艺装置的安全控制；

（3）现场工艺安全状况，工艺指标的现场控制。

4. 设备系统

(1) 设备管理制度的建立与执行情况；

(2) 设备现场的安全运行状况；

(3) 特种设备(包括压力容器及压力管道)的现场管理等。

5. 电气系统

(1) 电气系统的安全管理，电气安全相关管理制度、规程的制定及执行情况；

(2) 供配电系统、电气设备及电气安全设施的设置；

(3) 电气设施、供配电线路及临时用电的现场安全状况等。

6. 仪表系统

(1) 仪表的综合管理，相关管理制度建立和执行情况；安全仪表系统的投用、摘除及变更管理等；

(2) 仪表系统配置情况；

(3) 现场各类仪表完好有效，检验维护及现场标识情况。

7. 危险化学品管理

(1) 危险化学品分类、登记与档案的管理；

(2) 按照国家有关规定对危险化学品进行登记；

(3) 化学品安全信息的编制、培训和应急管理。

8. 储运系统

(1) 储运系统的安全管理情况，储存管理制度以及操作、使用和维护规程制定及执行情况；

(2) 重大危险源罐区现场的安全监控装备；

(3) 储运系统罐区、储罐本体及其安全附件、铁路装卸区、汽车装卸区等设施的完好性。

9. 消防系统

(1) 建设项目消防设施验收情况，消防安全制度的制定和执行情况；

(2) 消防设施与器材的配备情况；

(3) 消防设施与器材的维护和现场管理，消防道路情况。

10. 公用工程系统

(1) 给排水、循环水系统、污水处理系统;

(2) 供热站及供热管道设备设施、安全设施;

(3) 空分装置、空压站设备设施。

九、《化工(危险化学品)企业安全检查重点指导目录》的主要内容是什么?

为了进一步提高化工(危险化学品)企业的隐患排查治理工作效率,提高工作的针对性,国家安全监管总局制定了《化工(危险化学品)企业安全检查重点指导目录》,并以安监总管三〔2015〕113号文形式发布,作为政府安全生产监管部门对企业进行安全督查的依据性文件。

《目录》从人员和资质管理、工艺管理、设备设施管理、安全管理四个方面设定了40条重点检查要求,内容如下:

(一) 人员和资质管理

(1) 企业安全生产行政许可手续不齐全或不在有效期内的。

(2) 企业未依法明确主要负责人、分管负责人安全生产职责或主要负责人、分管负责人未依法履行其安全生产职责的。

(3) 企业未设置安全生产管理机构或配备专职安全生产管理人员的。

(4) 企业的主要负责人、安全负责人及其他安全生产管理人员未按照规定经考核合格的。

(5) 企业未对从业人员进行安全生产教育培训或者安排未经安全生产教育和培训合格的从业人员上岗作业的。

(6) 从业人员对本岗位涉及的危险化学品危险特性不熟悉的。

(7) 特种作业人员未按照国家有关规定经专门的安全作业培训并取得相应资格上岗作业的。

(8) 选用不符合资质的承包商或未对承包商的安全生产工作统一协调、管理的。

(9) 将火种带入易燃易爆场所或存在脱岗、睡岗、酒后上岗行为的。

(二) 工艺管理

(10) 在役化工装置未经正规设计且未进行安全设计诊断的。

(11) 新开发的危险化学品生产工艺未经逐级放大试验到工业化生产或首次使用的化工工艺未经省级人民政府有关部门组织安全可靠性论证的。

(12) 未按规定制定操作规程和工艺控制指标的。

(13) 生产、储存装置及设施超温、超压、超液位运行的。

(14) 在厂房、围堤、窨井等场所内设置有毒有害气体排放口且未采取有效防范措施的。

(15) 涉及液化烃、液氨、液氯、硫化氢等易燃易爆及有毒介质的安全阀及其他泄放设施直排大气的（环氧乙烷的排放应采取安全措施）。

(16) 液化烃、液氨、液氯等易燃易爆、有毒有害液化气体的充装未使用万向节管道充装系统的。

(17) 浮顶储罐运行中浮盘落底的。

(三) 设备设施管理

(18) 安全设备的安装、使用、检测、维修、改造和报废不符合国家标准或行业标准；或使用国家明令淘汰的危及生产安全的工艺、设备的。

(19) 油气储罐未按规定达到以下要求的：

① 液化烃的储罐应设液位计、温度计、压力表、安全阀，以及高液位报警和高高液位自动联锁切断进料措施；全冷冻式液化烃储罐还应设真空泄放设施和高、低温度检测，并应与自动控制系统相联；

② 气柜应设上、下限位报警装置，并宜设进出管道自动联锁切断装置；

③ 液化石油气球形储罐液相进出口应设置紧急切断阀,其位置宜靠近球形储罐;

④ 丙烯、丙烷、混合 C_4、抽余 C_4 及液化石油气的球形储罐应设置注水措施。

(20) 涉及危险化工工艺、重点监管危险化学品的装置未设置自动化控制系统;或者涉及危险化工工艺的大型化工装置未设置紧急停车系统的。

(21) 有毒有害、可燃气体泄漏检测报警系统未按照标准设置、使用或定期检测校验;以及报警信号未发送至有操作人员常驻的控制室、现场操作室进行报警的。

(22) 安全联锁未正常投用或未经审批摘除以及经审批后临时摘除超过一个月未恢复的。

(23) 工艺或安全仪表报警时未及时处置的。

(24) 在用装置(设施)安全阀或泄压排放系统未正常投用的。

(25) 涉及放热反应的危险化工工艺生产装置未设置双重电源供电或控制系统未设置不间断电源(UPS)的。

(四) 安全管理

(26) 未建立变更管理制度或未严格执行的。

(27) 危险化学品生产装置、罐区、仓库等设施与周边的安全距离不符合要求的。

(28) 控制室或机柜间面向具有火灾、爆炸危险性装置一侧有门窗的(2017 年前必须整改完成)。

(29) 生产、经营、储存、使用危险化学品的车间、仓库与员工宿舍在同一座建筑内或与员工宿舍的距离不符合安全要求的。

(30) 危险化学品未按照标准分区、分类、分库存放,或存在超量、超品种以及相互禁忌物质混放混存的。

(31) 危险化学品厂际输送管道存在违章占压、安全距离不足和违规交叉穿越问题的。

(32) 光气、氯气(液氯)等剧毒化学品管道穿(跨)越公共区域的。

(33)动火作业未按规定进行可燃气体分析;受限空间作业未按规定进行可燃气体、氧含量和有毒气体分析;以及作业过程无人监护的。

(34)脱水、装卸、倒罐作业时,作业人员离开现场或油气罐区同一防火堤内切水和动火作业同时进行的。

(35)在有较大危险因素的生产经营场所和有关设施、设备上未设置明显的安全警示标志的。

(36)危险化学品生产企业未提供化学品安全技术说明书,未在包装(包括外包装件)上粘贴、拴挂化学品安全标签的。

(37)对重大危险源未登记建档,或者未进行评估、有效监控的。

(38)未对重大危险源的安全生产状况进行定期检查,采取措施消除事故隐患的。

(39)易燃易爆区域使用非防爆工具或电器的。

(40)未在存在有毒气体的区域配备便携式检测仪、空气呼吸器等器材和设备或者不能正确佩戴、使用个体防护用品和应急救援器材的。

同时《通知》还要求各省级安全监管部门要结合实际,在《目录》基础上完善本地区化工(危险化学品)生产、经营企业安全检查重点指导目录及具体的行政处罚自由裁量标准,报送安全监管总局备案。有关企业要参照《目录》,制定安全检查重点内容,并开展全面的自查自改;地方各级安全监管部门要组织做好宣贯工作,将本通知下发到有关企业,并认真开展安全监督执法检查,发现存在《目录》中有关问题的,一律依法予以处理。

十、《化工和危险化学品生产经营单位重大生产安全事故隐患判定标准》列出了多少重大事故隐患?

依据有关法律法规、部门规章和国家标准,国家安全监管总局下发《关于印发〈化工和危险化学品生产经营单位重大生产安全事故隐患判定标准(试行)〉和〈烟花爆竹生产经营单位重大生产安全事故隐患判定标准(试行)〉的通知》(安监总管三〔2017〕121号),把化工和危险化学品生产经营单位的以下20种情形判定为重大事故隐患:

(1)危险化学品生产、经营单位主要负责人和安全生产管理人员未依法经考核合格。

(2)特种作业人员未持证上岗。

(3)涉及"两重点一重大"的生产装置、储存设施外部安全防护距离不符合国家标准要求。

(4)涉及重点监管危险化工工艺的装置未实现自动化控制,系统未实现紧急停车功能,装备的自动化控制系统、紧急停车系统未投入使用。

(5)构成一级、二级重大危险源的危险化学品罐区未实现紧急切断功能;涉及毒性气体、液化气体、剧毒液体的一级、二级重大危险源的危险化学品罐区未配备独立的安全仪表系统。

(6)全压力式液化烃储罐未按国家标准设置注水措施。

(7)液化烃、液氨、液氯等易燃易爆、有毒有害液化气体的充装未使用万向管道充装系统。

(8)光气、氯气等剧毒气体及硫化氢气体管道穿越除厂区(包括化工园区、工业园区)外的公共区域。

(9)地区架空电力线路穿越生产区且不符合国家标准要求。

(10)在役化工装置未经正规设计且未进行安全设计诊断。

(11)使用淘汰落后安全技术工艺、设备目录列出的工艺、设备。

(12)涉及可燃和有毒有害气体泄漏的场所未按国家标准设置检测报警装置,爆炸危险场所未按国家标准安装使用防爆电气设备。

(13)控制室或机柜间面向具有火灾、爆炸危险性装置一侧不满足国家标准关于防火防爆的要求。

(14)化工生产装置未按国家标准要求设置双重电源供电,自动化控制系统未设置不间断电源。

(15)安全阀、爆破片等安全附件未正常投用。

(16)未建立与岗位相匹配的全员安全生产责任制或者未制定实施

生产安全事故隐患排查治理制度。

（17）未制定操作规程和工艺控制指标。

（18）未按照国家标准制定动火、进入受限空间等特殊作业管理制度，或者制度未有效执行。

（19）新开发的危险化学品生产工艺未经小试、中试、工业化试验直接进行工业化生产；国内首次使用的化工工艺未经过省级人民政府有关部门组织的安全可靠性论证；新建装置未制定试生产方案投料开车；精细化工企业未按规范性文件要求开展反应安全风险评估。

（20）未按国家标准分区分类储存危险化学品，超量、超品种储存危险化学品，相互禁配物质混放混存。

同时，《通知》要求各省级安全监管局、有关中央企业及时将本通知要求传达至辖区内各级安全监管部门和有关生产经营单位。各级安全监管部门要按照有关法律法规规定，将《判定标准》作为执法检查的重要依据，强化执法检查，建立健全重大生产安全事故隐患治理督办制度，督促生产经营单位及时消除重大生产安全事故隐患。

十一、如何依据《化工和危险化学品生产经营单位重大生产安全事故隐患判定标准》来准确判断生产经营单位的重大事故隐患？

为准确判定、及时整改化工和危险化学品生产经营单位重大生产安全事故隐患（以下简称重大隐患），有效防范遏制重特大事故，根据《安全生产法》和《中共中央国务院关于推进安全生产领域改革发展的意见》，国家安全监管总局制定印发了《化工和危险化学品生产经营单位重大生产安全事故隐患判定标准（试行）》（以下简称《判定标准》）。《判定标准》依据有关法律法规、部门规章和国家标准，吸取了近年来化工和危险化学品重大及典型事故教训，从人员要求、设备设施和安全管理三个方面列举了二十种应当判定为重大事故隐患的情形。

为进一步明确《判定标准》每一种情形的内涵及依据,便于有关企业和安全监管部门应用,规范推动《判定标准》有效执行,现逐条进行简要解释说明如下:

1. 危险化学品生产、经营单位主要负责人和安全生产管理人员未依法经考核合格。

近年来,在化工(危险化学品)事故调查过程中发现,事故企业不同程度地存在主要负责人和安全管理人员法律意识与安全风险意识淡薄、安全生产管理知识欠缺、安全生产管理能力不能满足安全生产需要等共性问题,危险化学品安全生产是一项科学性、专业性很强的工作,企业的主要负责人和安全生产管理人员只有牢固树立安全红线意识、风险意识,掌握危险化学品安全生产的基础知识、具备安全生产管理的基本技能,才能真正落实企业的安全生产主体责任。

《安全生产法》《危险化学品安全管理条例》《生产经营单位安全培训规定》(国家安全监管总局令第3号)均对危险化学品生产、经营单位从业人员培训和考核作出了明确要求。2017年1月25日,国家安全监管总局印发了《化工(危险化学品)企业主要负责人安全生产管理知识重点考核内容(第一版)》和《化工(危险化学品)企业安全生产管理人员安全生产管理知识重点考核内容(第一版)》(安监总厅宣教〔2017〕15号),对有关企业主要负责人和安全管理人员重点考核重点内容提出了明确要求,负有安全生产监督管理的部门应当按照相关法律法规要求对有关企业人员进行考核。

2. 特种作业人员未持证上岗。

特种作业岗位安全风险相对较大,对人员专业能力要求较高。近年来,由于特种作业岗位人员由未经培训、未取得相关资质造成的事故时有发生。

《安全生产法》《特种作业人员安全技术培训考核管理规定》(国家安全监管总局令第30号)均对特种作业人员的培训和相应资格提出了明确要求,从事特种作业的人员,均须经过培训考核取得特种作业操作证。未持证上岗的应纳入重大事故隐患。

3. 涉及"两重点一重大"的生产装置、储存设施外部安全防护距离不符合国家标准要求。

本条款的主要目的是要求有关单位依据法规标准设定外部安全防护距离作为缓冲距离，防止危险化学品生产装置、储存设施在发生火灾、爆炸、毒气泄漏事故时造成重大人员伤亡和财产损失。外部安全防护距离既不是防火间距，也不是卫生防护距离，应在危险化学品品种、数量、个人和社会可接受风险标准的基础上科学界定。

2014年5月，国家安全监管总局发布第13号公告《危险化学品生产、储存装置个人可接受风险标准和社会可接受风险标准（试行）》，明确了陆上危险化学品企业新建、改建、扩建和在役生产、储存装置的外部安全防护距离的标准。

4. 涉及重点监管危险化工工艺的装置未实现自动化控制，系统未实现紧急停车功能，装备的自动化控制系统、紧急停车系统未投入使用。

近年来，涉及重点监管危险化工工艺的企业采用自动化控制系统和紧急停车系统减少了装置区等高风险区域的操作人员数量，提高了生产装置的本质安全水平。然而，仍有部分涉及重点监管危险化工工艺的企业没有按照要求实现自动化控制和紧急停车功能，或设置了自动化控制和紧急停车系统但不正常投入使用。《危险化学品生产企业安全生产许可证实施办法》（国家安全监管总局令第41号）要求，"涉及危险化工工艺、重点监管危险化学品的装置装设自动化控制系统；涉及危险化工工艺的大型化工装置装设紧急停车系统"。

5. 构成一级、二级重大危险源的危险化学品罐区未实现紧急切断功能；涉及毒性气体、液化气体、剧毒液体的一级、二级重大危险源的危险化学品罐区未配备独立的安全仪表系统。

构成一级、二级重大危险源的危险化学品罐区，因事故后果严重，各储罐均应设置紧急停车系统，实现紧急切断功能。对与上游生产装置直接相连的储罐，如果设置紧急切断可能导致生产装置超压等异常情况时，可以通过设置紧急切换的方式避免储罐造成超液位、超压等后果，实现紧急切断功能。

6. 全压力式液化烃储罐未按国家标准设置注水措施。

当全压力式液化烃储罐发生泄漏时，向储罐注水使液化烃液面升高，将泄漏点置于水面下，可减少或防止液化烃泄漏，将事故消灭在萌芽状态。《石油化工企业设计防火规范》(GB 50160—2008)第6.3.16要求，"全压力式储罐应采取防止液化烃泄漏的注水措施"。《液化烃球形储罐安全设计规范》(SH 3136—2003)第7.4要求，"丙烯、丙烷、混合C_4、抽余C_4及液化石油气的球形储罐应设注水设施"。

全压力式液化烃储罐注水措施的设置应经过正规的设计、施工和验收程序。注水措施的设计应以安全、快速有效、可操作性强为原则，设置带手动功能的远程控制阀，符合国家相关标准的规定。要求设置注水设施的液化烃储罐主要是常温的全压力式液化烃储罐，对半冷冻压力式液化烃储罐(如乙烯)、部分遇水发生反应的液化烃(如氯甲烷)储罐可以不设置注水措施。此外，设置的注水措施应保障充足的注水水源，满足紧急情况下的注水要求，充分发挥注水措施的作用。

7. 液化烃、液氨、液氯等易燃易爆、有毒有害液化气体的充装未使用万向管道充装系统。

液化烃、液氨、液氯等易燃易爆、有毒有害液化气体充装安全风险高，一旦泄漏容易引发爆炸燃烧、人员中毒等事故。万向管道充装系统旋转灵活、密封可靠性高、静电危害小、使用寿命长，安全性能远高于金属软管，且操作使用方便，能有效降低液化烃、液氨、液氯等易燃易爆、有毒有害液化气体充装环节的安全风险。

《国家安全监管总局 工业和信息化部关于危险化学品企业贯彻落实〈国务院关于进一步加强企业安全生产工作的通知〉的实施意见》(安监总管三[2010]186号)要求，在危险化学品充装环节，推广使用金属万向管道充装系统代替充装软管，禁止使用软管充装液氯、液氨、液化石油气、液化天然气等液化危险化学品。《石油化工企业设计防火规范》(GB 50160—2008)对液化烃、可燃液体的装卸要求较高，规范第6.4.2条第六款以强制性条文要求"甲$_B$、乙、丙$_A$类液体的装卸车应采用液下装卸车鹤管"。

8. 光气、氯气等剧毒气体及硫化氢气体管道穿越除厂区(包括化工园区、工业园区)外的公共区域。

《危险化学品输送管道安全管理规定》(国家安全监管总局令第43号)要求,禁止光气、氯气等剧毒化学品管道穿(跨)越公共区域,严格控制氨、硫化氢等其他有毒气体的危险化学品管道穿(跨)越公共区域。

随着我国经济的快速发展,城市化进程不断加快,一些危险化学品输送管道从原来的地处偏远郊区逐渐被新建的居民和商业区所包围,一旦穿过公共区域的毒性气体管道发生泄漏,会对周围居民生命安全带来极大威胁。同时,氯气、光气、硫化氢密度均比空气大,腐蚀性强,均能腐蚀设备,易导致设备、管道腐蚀失效,一旦泄漏,很容易引发恶性事故。

9. 地区架空电力线路穿越生产区且不符合国家标准要求。

地区架空电力线电压等级一般为35kV以上,若穿越生产区,一旦发生倒杆、断线或导线打火等意外事故,有可能影响生产并引发火灾造成人员伤亡和财产损失。反之,生产厂区内一旦发生火灾或爆炸事故,对架空电力线也有威胁。本条款涉及的国家标准是指《石油化工企业设计防火规范》(GB 50160—2008)和《建筑设计防火规范》(GB 50016—2014)。其中,《石油化工企业设计防火规范》第4.1.6条要求"地区架空电力线路严禁穿越生产区",因此石油化工企业及其他按照《石油化工企业设计防火规范》设计的化工和危险化学品生产经营单位均严禁地区架空电力线穿越企业生产、储存区域。其他化工和危险化学品生产经营单位则应按照《建筑设计防火规范》(GB 50016—2014)第10.2.1条规定执行。

10. 在役化工装置未经正规设计且未进行安全设计诊断。

本条款的主要目的是鉴于一些地区部分早期建成的化工装置,由于未经正规设计或者未经具备相应资质的设计单位进行设计,导致规划、布局、工艺、设备、自动化控制等不能满足安全要求,安全风险未知或较大。

对未经正规设计的在役化工装置进行安全设计诊断是从源头控制化工和危险化学品生产经营单位安全风险,满足安全生产条件,提高在役化工装置本质安全水平。2012年6月,国家安全监管总局、国家发展改革委、工业和信息化部、住房城乡建设部联合下发的《关于开展提升危险化学品领域本质安全水平专项行动的通知》(安监总管三〔2012〕87号)要求,对未经正规设计的在役化工装置进行安全设计诊断,全面消除安全设计隐患。2012年,河北赵县"2·28"重大爆炸事故企业克尔化工有限公司未经正规设计,装置布局、工艺技术及流程、设备管道、安全设施、自动化控制等均存在明显缺陷。

11. 使用淘汰落后安全技术工艺、设备目录列出的工艺、设备。

《安全生产法》第三十五条规定,"国家对严重危及生产安全的工艺、设备实行淘汰制度,生产经营单位不得使用应当淘汰的危及生产安全的工艺设备"。本条款中的"淘汰落后安全技术工艺、设备目录"是指列入国家安全监管总局《关于印发淘汰落后安全技术装备目录(2015年第一批)的通知》(安监总厅科技〔2015〕43号)、《关于印发淘汰落后安全技术工艺、设备目录(2016年)的通知》(安监总科技〔2016〕137号)等相关文件被淘汰的工艺、设备。

12. 涉及可燃和有毒有害气体泄漏的场所未按国家标准设置检测报警装置,爆炸危险场所未按国家标准安装使用防爆电气设备。

本条款中规定的国家标准是指《石油化工可燃气体和有毒气体检测报警设计规范》(GB 50493—2009)、《爆炸性环境 第1部分:设备通用要求》(GB 3836.1—2010)和《爆炸性气体环境用电气设备 第16部分:电气装置的检查和维护(煤矿除外)》(GB 3836.16—2006)。其中,《石油化工可燃气体和有毒气体检测报警设计规范》要求,化工和危险化学品企业涉及可燃气体和有毒气体泄漏的场所应按照上述法规标准要求设置检测报警装置;《爆炸性环境 第1部分:设备通用要求》(GB 3836.1—2010)和《爆炸性气体环境用电气设备 第16部分:电气装置的检查和维护(煤矿除外)》(GB 3836.16—2006)对防爆区域的分类进行了明确的界定，对防爆区域电气设备的选型、安装和使用提出了明确要求。

13. 控制室或机柜间面向具有火灾、爆炸危险性装置一侧不满足国家标准关于防火防爆的要求。

本条款的主要目的是要求企业落实控制室、机柜间等重要设施防火防爆的安全防护要求，在火灾、爆炸事故中，能有效地保护控制室内作业人员的生命安全、控制室及机柜间内重要自控系统、设备设施的安全。涉及的国家标准包括《石油化工企业设计防火规范》（GB 50160—2008）和《建筑设计防火规范》（GB 50016—2014）。具有火灾、爆炸危险性的化工和危险化学品企业控制室或机柜间应满足以下要求：

（1）其面向具有火灾、爆炸危险性装置一侧的安全防护距离应符合《石油化工企业设计防火规范》（GB 50160—2008）表 4.2.12 等标准规范条款提出的防火间距要求，且控制室、机柜间的建筑、结构满足《石油化工控制室设计规范》（SH/T 3006—2012）第 4.4.1 条等提出的抗爆强度要求；

（2）面向具有火灾、爆炸危险性装置一侧的外墙应为无门窗洞口、耐火极限不低于 3 小时的不燃烧材料实体墙。

14. 化工生产装置未按国家标准要求设置双重电源供电，自动化控制系统未设置不间断电源。

本条款的主要目的是从硬件角度出发，通过对化工生产装置设置双重电源供电，以及对自动化控制系统设置不间断电源，提高化工装置重要负荷和控制系统的安全性。涉及的标准主要有《供配电系统设计规范》（GB 50052—2009）和《石油化工装置电力设计规范》（SH/T 3038—2017）。如 2017 年 2 月 21 日，内蒙古阿拉善盟立信化工公司对硝基苯胺车间发生反应釜爆炸事故，系事故企业在应急电源不完备的情况下擅自复产，由于大雪天气工业园区全面停电，企业应急电源无法使用，致使对硝基苯胺车间反应釜无法冷却降温，发生爆炸。

15. 安全阀、爆破片等安全附件未正常投用。

本条款是通过规范具有泄压排放功能的安全阀、爆破片等安全附件的管理,保障企业安全设施的完好性。

《石油化工企业设计防火规范》(GB 50160—2008)第5.5部分"泄压排放和火炬系统"对化工和危险化学品企业具有泄压排放功能的安全阀、爆破片等安全附件的设计、安装与设置等提出了明确要求。安全阀、爆破片等安全附件同属于压力容器的安全卸压装置,是保证压力容器安全使用的重要附件,其合理的设置、性能的好坏、完好性的保障直接关系到化工和危险化学品企业生产、储存设备和人身的安全。

16. 未建立与岗位相匹配的全员安全生产责任制或者未制定实施生产安全事故隐患排查治理制度。

安全生产责任制是企业中最基本的一项安全制度,也是企业安全生产管理制度的核心,发生事故后倒查企业管理原因,多与责任制不健全和隐患排查治理不到位有关。本条款的主要目的是督促化工和危险化学品企业制定落实与岗位职责相匹配的全员安全生产责任制,根据本单位生产经营特点、风险分布、危险有害因素的种类和危害程度等情况,制定隐患排查治理制度,推进企业建立安全生产长效机制。

17. 未制定操作规程和工艺控制指标。

《安全生产法》第十八条规定,"生产经营单位的主要负责人应负责组织制定本单位安全生产规章制度和操作规程"。化工和危险化学品企业未制定操作规程和工艺控制指标,或制定的操作规程和工艺控制指标不符合要求的任意一项,都应纳入重大事故隐患进行管理。

18. 未按照国家标准制定动火、进入受限空间等特殊作业管理制度,或者制度未有效执行。

近年来,化工和危险化学品生产经营单位在动火、进入受限空间作业等特殊作业环节事故占到全部事故的近50%。本条款的主要目的是促进化学品生产经营单位在设备检修及相关作业过程中可能涉及的动火作业、进入受限空间作业以及其他特殊作业的安全进行。涉及的国家标准是指《化学品生产单位特殊作业安全规范》(GB 30871—2014)。

19. 新开发的危险化学品生产工艺未经小试、中试、工业化试验直接进行工业化生产;国内首次使用的化工工艺未经过省级人民政府有关部门组织的安全可靠性论证;新建装置未制定试生产方案投料开车;精细化工企业未按规范性文件要求开展反应安全风险评估。

新工艺安全风险未知,若没有安全可靠性论证、逐级放大试验、严密的试生产方案,风险很难辨识,管控措施很难到位,容易发生"想不到"的事故。本条款中"精细化工企业未按规范性文件要求开展反应安全风险评估",规范性文件是指国家安全监管总局于2017年1月发布《关于加强精细化工反应安全风险评估工作的指导意见》(安监总管三〔2017〕1号)要求,企业中涉及重点监管危险化工工艺和金属有机物合成反应(包括格氏反应)的间歇和半间歇反应,有以下情形之一的,要开展反应安全风险评估:

(1)国内首次使用的新工艺、新配方投入工业化生产的以及国外首次引进的新工艺且未进行过反应安全风险评估的;

(2)现有的工艺路线、工艺参数或装置能力发生变更,且没有反应安全风险评估报告的;

(3)因反应工艺问题,发生过事故的。

精细化工生产中反应失控是发生事故的重要原因,开展精细化工反应安全风险评估、确定风险等级并采取有效管控措施,对于保障企业安全生产具有重要意义。

20. 未按国家标准分区分类储存危险化学品,超量、超品种储存危险化学品,相互禁配物质混放混存。

禁配物质混放混存,安全风险大。本条款的主要目的是着力解决危险化学品储存场所存在的危险化学品混存堆放、超量超品种储存等突出问题,遏制重特大事故发生。涉及的国家标准主要有《建筑设计防火规范》(GB 50016—2014)、《常用化学危险品贮存通则》(GB 15603—1995)、《易燃易爆性商品储存养护技术条件》(GB 17914—2013)、《腐蚀性商品储存养护技术条件》(GB 17915—2013)和《毒害性商品储存养护技术条件》(GB 17916—2013)等。

十二、什么是双重预防机制?建立双重预防机制的目的是什么?

国务院安委会办公室关于《实施遏制重特大事故工作指南构建双重预防机制的意见》(安委办〔2016〕11号)指出:企业的风险分级管控与隐患排查治理体系被称之为双重预防机制。

建立风险分级管控与隐患排查治理体系,是"基于风险"的过程安全管理理念的具体实践,是实现事故"纵深防御"和"关口前移"的有效手段。是企业落实安全生产主体责任的核心内容,是企业主要负责人的主要安全生产职责要求之一。

十三、关于双重预防机制的要求有哪些?

1.《国务院安委会办公室关于印发标本兼治遏制重特大事故工作指南的通知》(安委办〔2016〕3号)

坚持标本兼治、综合治理,把安全风险管控挺在隐患前面,把隐患排查治理挺在事故前面,扎实构建事故应急救援最后一道防线。构建形成点、线、面有机结合、无缝对接的安全风险分级管控和隐患排查治理双重预防性工作体系。

2.《国务院安委会办公室关于实施遏制重特大事故工作指南构建双重预防机制的意见》(安委办〔2016〕11号)

(1)尽快建立健全安全风险分级管控和隐患排查治理的工作制度和规范,实现企业安全风险自辨自控、隐患自查自治,形成政府领导有力、部门监管有效、企业责任落实、社会参与有序的工作格局,提升安全生产整体预控能力,夯实遏制重特大事故的坚强基础。

(2)建立实行安全风险分级管控机制。按照"分区域、分级别、网格化"原则,实施安全风险差异化动态管理,明确落实每一处重大安全风险和重大危险源的安全管理与监管责任,强化风险管控技术、制度、管理措施，把可能导致的后果限制在可防、可控范围之内。健全安全风险公告警示和重大安全风险预警机制，定期对红色、橙色安全风险进行分析、评估、预警。落实企业安全风险分级管控岗位责任，建立企业安全风险公告、岗位安全风险确认和安全操作"明白卡"制度。

（3）各类企业按照有关制度和规范，针对本企业类型和特点，制定科学的安全风险辨识程序和方法，全面开展安全风险辨识。企业要组织专家和全体员工，采取安全绩效奖惩等有效措施，全方位、全过程辨识生产工艺、设备设施、作业环境、人员行为和管理体系等方面存在的安全风险，做到系统、全面、无遗漏，并持续更新完善。

（4）风险辨识：企业要对辨识出的安全风险进行分类梳理，参照《企业职工伤亡事故分类》（GB 6441—1986），综合考虑起因物、引起事故的诱导性原因、致害物、伤害方式等，确定安全风险类别。对不同类别的安全风险，采用相应的风险评估方法确定安全风险等级。安全风险评估过程要突出遏制重特大事故，高度关注暴露人群，聚焦重大危险源、劳动密集型场所、高危作业工序和受影响的人群规模。安全风险等级从高到低划分为巨大风险、重大风险、较大风险、一般风险和低风险，分别用红、橙、黄、蓝四种颜色标示。其中，重大安全风险应填写清单、汇总造册，按照职责范围报告属地负有安全生产监督管理职责的部门。要依据安全风险类别和等级建立企业安全风险数据库，绘制企业"红橙黄蓝"四色安全风险空间分布图。

（5）有效管控：企业要根据风险评估的结果，针对安全风险特点，从组织、制度、技术、应急等方面对安全风险进行有效管控。要通过隔离危险源、采取技术手段、实施个体防护、设置监控设施等措施，达到回避、降低和监测风险的目的。要对安全风险分级、分层、分类、分专业进行管理，逐一落实企业、车间、班组和岗位的管控责任，尤其要强化对重大危险源和存在重大安全风险的生产经营系统、生产区域、岗位的重点管控。企业要高度关注运营状况和危险源变化后的风险状况，动态评估、调整风险等级和管控措施，确保安全风险始终处于受控范围内。

(6) 建立完善隐患排查治理体系：风险管控措施失效或弱化极易形成隐患，酿成事故。企业要建立完善隐患排查治理制度，制定符合企业实际的隐患排查治理清单，明确和细化隐患排查的事项、内容和频次，并将责任逐一分解落实，推动全员参与自主排查隐患，尤其要强化对存在重大风险的场所、环节、部位的隐患排查。

3.《中共中央国务院关于推进安全生产领域改革发展的意见》(中发〔2016〕32号)

坚持源头防范。严格安全生产市场准入，经济社会发展要以安全为前提，把安全生产贯穿城乡规划布局、设计、建设、管理和企业生产经营活动全过程。构建风险分级管控和隐患排查治理双重预防工作机制，严防风险演变、隐患升级导致生产安全事故发生。

4.《国家安全监管总局关于印发遏制危险化学品和烟花爆竹重特大事故工作意见的通知》(安监总管三〔2016〕62号)

深入分析总结事故规律，准确把握风险、隐患与事故的内在联系，深刻认识事故是由隐患发展积累导致的，隐患的根源在于风险，风险得不到有效管控就会演变成隐患从而导致事故发生。因此，要把防范事故关口前移，全面排查安全风险，强化风险管控。

不断完善排查风险和隐患的方式方法与体制机制，通过网格化排查，做到全覆盖、无死角、无遗漏。

5.《国家安全监管总局办公厅关于开展危险化学品重大危险源在线监控及事故预警系统建设试点工作的通知》(安监总厅管三〔2016〕110号)

在全面排查、摸清底数的基础上，按照《标本兼治遏制重特大事故工作指南》要求，绘制省、市、县三级以及企业的危险化学品和烟花爆竹重大危险源分布电子图、安全风险等级分布电子图，建立安全风险和事故隐患数据库。

国家安全监管总局开发完成功能统一、标准一致的在线监控及事故预警系统有关软件系统。建立层次分明、责任清晰的在线监控及事故预警系统技术体系，并切实发挥应有作用。

十四、对企业实施风险分级管控的要求是什么？

企业要根据风险评价的结果，针对安全风险特点，从组织、制度、技术、应急等方面对安全风险进行有效管控。要通过隔离危险源、采取技术手段、实施个体防护、设置监控设施等措施，达到规避、降低和监测风险的目的。要对安全风险分级、分层、分类、分专业进行管理，逐一落实企业、车间、班组和岗位的管控责任，尤其要强化对重大危险源和存在重大安全风险的生产经营系统、生产区域、岗位的重点管控。企业要高度关注运营状况和危险源变化后的风险状况，动态评估、调整风险等级和管控措施，确保安全风险始终处于受控范围内。

1. 划分风险分级管控原则

A级/5级：稍有危险，需要注意（或可忽略的）。员工应引起注意，各工段、班组负责A级危害因素的控制管理，可根据是否在生产场所或实际需要来确定是否制定控制措施及保存记录。需要控制措施的纳入蓝色风险监控。

B级/4级：蓝色风险＼轻度（一般）危险，可以接受（或可容许的）。车间、科室应引起关注，负责B级危害因素的控制管理，所属工段、班组具体落实；不需要另外的控制措施，应考虑投资效果更佳的解决方案或不增加额外成本的改进措施，需要监视来确保控制措施得以维持现状，保留记录。

C级/3级：黄色风险＼中度（显著）危险，需要控制整改。公司、部室（车间上级单位）应引起关注，负责C级危害因素的控制管理，所属车间、科室具体落实；应制定管理制度、规定进行控制，努力降低风险，应仔细测定并限定预防成本，在规定期限内实施降低风险措施。在严重伤害后果相关的场合，必须进一步进行评价，确定伤害的可能性和是否需要改进的控制措施。

D级/2级：橙色风险＼高度危险（重大风险），必须制定措施进行控制管理。公司对重大及以上风险危害因素应重点控制管理，具体由安全主管部门和各职能部门根据职责分工具体落实。当风险涉及正在进行中的工作时，应采取应急措施，并根据需求为降低风险制定目标、指标、管理方案或配给资源、限期治理，直至风险降低后才能开始工作。

E级/1级：红色风险\不可容许的(巨大风险)，极其危险，必须立即整改，不能继续作业。只有当风险已降低时，才能开始或继续工作。如果无限的资源投入也不能降低风险，就必须禁止工作，立即采取隐患治理措施。

2. 制定风险管控等级及控制措施

风险等级		应采取的行动/控制措施	实施期限
E/1级	极其危险(红色)	在采取措施降低危害前，不能继续作业，对改进措施进行评估	立刻
D/2级	高度危险(橙色)	采取紧急措施降低风险，建立运行控制程序，定期检查、测量及评估	立即或近期整改
C/3级	显著危险(黄色)	可考虑建立目标、建立操作规程，加强培训及沟通	2年内治理
B/4级	轻度危险(蓝色)	可考虑建立操作规程、作业指导书但需定期检查	有条件、有经费时治理
A/5级	稍有危险(绿色)	无需采用控制措施	需保存记录

3. 风险控制措施

对不同级别的风险都要结合实际采取多种措施进行控制，并逐步降低风险，直至可以接受。风险控制措施包括：工程技术措施、管理措施、教育措施、个体防护措施。

十五、建立隐患排查治理体系的要求是什么？

风险管控措施失效或弱化极易形成隐患，酿成事故。企业要建立完善《隐患排查治理制度》，制定符合企业实际的隐患排查治理清单，明确和细化隐患排查的事项、内容和频次，并将责任逐一分解落实，推动全员参与自主排查隐患，尤其要强化对存在重大风险的场所、环节、部位的隐患排查。要通过与政府部门互联互通的隐患排查治理信息系统，全过程记录报告隐患排查治理情况。对于排查发现的重大事故隐患，应当在向负有安全生产监督管理职责的部门报告的同时，制定并实施严格的隐患治理方案，做到责任、措施、资金、时限和预案"五落实"，实现隐患排查治理的闭环管理。

第十五章 化工过程安全管理

一、什么是化工过程安全管理？

化工过程伴随易燃易爆、有毒有害等物料和产品，涉及工艺、设备、仪表、电气等多个专业和复杂的公用工程系统。过程安全是指：防止危险化学品泄漏或能量的意外释放，以避免灾难性的事故，如着火、爆炸和大范围的人员中毒伤害。过程安全关注的是承载危险化学品生产、储存、使用、处置和转移等活动的装置和设施的安全。

过程安全管理就是运用风险管理和系统管理思想、方法建立管理体系，在对过程系统进行全面风险分析的基础上，主动地、前瞻性地管理和控制过程风险，预防事故发生。在危险化学品企业安全管理体系中，过程安全管理(PSM)是其中非常重要的一个部分，是安全管理的关注重点和核心。

二、化工过程安全管理的主要内容和任务是什么？

根据《加强化工过程安全管理的指导意见》(安监总管三〔2013〕88号)规定，化工过程安全管理的主要内容和任务包括：收集和利用化工过程安全生产信息；风险辨识和控制；不断完善并严格执行操作规程；通过规范管理，确保装置安全运行；开展安全教育和操作技能培训；严格新装置试车和试生产的安全管理；保持设备设施完好性；作业安全管理；承包商安全管理；变更管理；应急管理；事故和事件管理；

化工过程安全管理的持续改进等。

三、开展化工过程安全管理遵循的基本标准规范主要有哪些？

加强化工过程安全管理，是国际先进的重大工业事故预防和控制方法，是企业及时消除安全隐患、预防事故、构建安全生产长效机制的重要基础性工作。我国关于化工过程安全管理的标准和规范要求主要有：

（1）《化工企业工艺安全管理实施导则》（AQ/T 3034—2010）；

（2）《加强化工过程安全管理的指导意见》（安监总管三〔2013〕88号）；

（3）《加强化工企业泄漏管理的指导意见》（安监总管三〔2014〕94号）；

（4）《加强化工安全仪表系统管理的指导意见》（安监总管三〔2014〕116号）；

（5）《加强精细化工反应安全风险评估工作的指导意见》（安监总管三〔2017〕1号）。

这些标准和文件是指导化工企业开展过程安全管理的指导性文件。

四、化工过程安全管理对安全生产信息的管理要求是什么？

1. 全面收集安全生产信息

企业要明确责任部门，按照化工企业过程安全管理实施导则（AQ/T 3034—2010）的要求，全面收集生产过程涉及的化学品危险性、工艺和设备等方面的全部安全生产信息，并将其文件化。

2. 充分利用安全生产信息

企业要综合分析收集到的各类信息,明确提出生产过程安全要求和注意事项。通过建立安全管理制度、制定操作规程、制定应急救援预案、制作工艺卡片、编制培训手册和技术手册、编制化学品间的安全相容矩阵表等措施,将各项安全要求和注意事项纳入自身的安全管理中。

3. 建立安全生产信息管理制度

企业要建立安全生产信息管理制度,及时更新信息文件。企业要保证生产管理、过程危害分析、事故调查、符合性审核、安全监督检查、应急救援等方面的相关人员能够及时获取最新安全生产信息。

五、化工过程安全管理对风险管理的要求是什么?

1. 建立风险管理制度

企业要制定化工过程风险管理制度,明确风险辨识范围、方法、频次和责任人,规定风险分析结果应用和改进措施落实的要求,对生产全过程进行风险辨识分析。

对涉及重点监管危险化学品、重点监管危险化工工艺和危险化学品重大危险源(以下统称"两重点一重大")的生产储存装置进行风险辨识分析,要采用危险与可操作性分析(HAZOP)技术,一般每3年进行一次。对其他生产储存装置的风险辨识分析,针对装置不同的复杂程度,选用安全检查表、工作危害分析、预危险性分析、故障类型和影响分析(FMEA)、HAZOP技术等方法或多种方法组合,可每5年进行一次。企业管理机构、人员构成、生产装置等发生重大变化或发生生产安全事故时,要及时进行风险辨识分析。企业要组织所有人员参与风险辨识分析,力求风险辨识分析全覆盖。

2. 确定风险辨识分析内容

化工过程风险分析应包括:工艺技术的本质安全性及风险程度;工

艺系统可能存在的风险;对严重事件的安全审查情况;控制风险的技术、管理措施及其失效可能引起的后果;现场设施失控和人为失误可能对安全造成的影响。在役装置的风险辨识分析还要包括发生的变更是否存在风险,吸取本企业和其他同类企业事故及事件教训的措施等。

3. 制定可接受的风险标准

企业要按照《危险化学品重大危险源监督管理暂行规定》(国家安全监管总局令第40号)的要求,根据国家有关规定或参照国际相关标准,确定本企业可接受的风险标准。对辨识分析发现的不可接受风险,企业要及时制定并落实消除、减小或控制风险的措施,将风险控制在可接受的范围。

六、化工过程安全管理对装置运行的安全管理要求是什么?

1. 操作规程管理

企业要制定操作规程管理制度,规范操作规程内容,明确操作规程编写、审查、批准、分发、使用、控制、修改及废止的程序和职责。操作规程的内容应至少包括:开车、正常操作、临时操作、应急操作、正常停车和紧急停车的操作步骤与安全要求;工艺参数的正常控制范围,偏离正常工况的后果,防止和纠正偏离正常工况的方法及步骤;操作过程的人身安全保障、职业健康注意事项等。

操作规程应及时反映安全生产信息、安全要求和注意事项的变化。企业每年要对操作规程的适应性和有效性进行确认,至少每3年要对操作规程进行审核修订;当工艺技术、设备发生重大变更时,要及时审核修订操作规程。

企业要确保作业现场始终存有最新版本的操作规程文本,以方便现场操作人员随时查用;定期开展操作规程培训和考核,建立培训记录和考核成绩档案;鼓励从业人员分享安全操作经验,参与操作规程的编制、修订和审核。

2. 异常工况监测预警

企业要装备自动化控制系统，对重要工艺参数进行实时监控预警；要采用在线安全监控、自动检测或人工分析数据等手段，及时判断发生异常工况的根源，评估可能产生的后果，制定安全处置方案，避免因处理不当造成事故。

3. 开停车安全管理

企业要制定开停车安全条件检查确认制度。在正常开停车、紧急停车后的开车前，都要进行安全条件检查确认。开停车前，企业要进行风险辨识分析，制定开停车方案，编制安全措施和开停车步骤确认表，经生产和安全管理部门审查同意后，要严格执行并将相关资料存档备查。

企业要落实开停车安全管理责任，严格执行开停车方案，建立重要作业责任人签字确认制度。开车过程中装置依次进行吹扫、清洗、气密试验时，要制定有效的安全措施；引进蒸汽、氮气、易燃易爆介质前，要指定有经验的专业人员进行流程确认；引进物料时，要随时监测物料流量、温度、压力、液位等参数变化情况，确认流程是否正确。要严格控制进退料顺序和速率，现场安排专人不间断巡检，监控有无泄漏等异常现象。

停车过程中的设备、管线低点的排放要按照顺序缓慢进行，并做好个人防护；设备、管线吹扫处理完毕后，要用盲板切断与其他系统的联系。抽堵盲板作业应在编号、挂牌、登记后按规定的顺序进行，并安排专人逐一进行现场确认。

七、化工过程安全管理对从业人员岗位安全教育和操作技能培训的要求是什么？

1. 建立并执行安全教育培训制度

企业要建立厂、车间、班组三级安全教育培训体系，制定安全教育培训制度，明确教育培训的具体要求，建立教育培训档案；要制定并落实教育培训计划，定期评估教育培训内容、方式和效果。从业人员应经考核合格后方可上岗，特种作业人员必须持证上岗。

2. 从业人员安全教育培训

企业要按照国家和企业要求，定期开展从业人员安全培训，使从业人员掌握安全生产基本常识及本岗位操作要点、操作规程、危险因素和控制措施，掌握异常工况识别判定、应急处置、避险避灾、自救互救等技能与方法，熟练使用个体防护用品。当工艺技术、设备设施等发生改变时，要及时对操作人员进行再培训。要重视开展从业人员安全教育，使从业人员不断强化安全意识，充分认识化工安全生产的特殊性和极端重要性，自觉遵守企业安全管理规定和操作规程。企业要采取有效的监督检查评估措施，保证安全教育培训工作质量和效果。

3. 新装置投用前的安全操作培训

新建企业应规定从业人员文化素质要求，变招工为招生，加强从业人员专业技能培养。工厂开工建设后，企业就应招录操作人员，使操作人员在上岗前先接受规范的基础知识和专业理论培训。装置试生产前，企业要完成全体管理人员和操作人员岗位技能培训，确保全体管理人员和操作人员考核合格后参加全过程的生产准备。

八、化工过程安全管理对试生产的安全管理要求是什么？

1. 明确试生产安全管理职责

企业要明确试生产安全管理范围，合理界定项目建设单位、总承包商、设计单位、监理单位、施工单位等相关方的安全管理范围与职责。

项目建设单位或总承包商负责编制总体试生产方案、明确试生产条件，设计、施工、监理单位要对试生产方案及试生产条件提出审查意见。对采用专利技术的装置，试生产方案经设计、施工、监理单位审查同意后，还要经专利供应商现场人员书面确认。

项目建设单位或总承包商负责编制联动试车方案、投料试车方案、异常工况处置方案等。试生产前，项目建设单位或总承包商要完成工艺流程图、操作规程、工艺卡片、工艺和安全技术规程、事故处理预案、化验分析规程、主要设备运行规程、电气运行规程、仪表及计算机运行规程、联锁整定值等生产技术资料、岗位记录表和技术台账的编制工作。

2. 试生产前各环节的安全管理

建设项目试生产前，建设单位或总承包商要及时组织设计、施工、监理、生产等单位的工程技术人员开展"三查四定"（三查：查设计漏项、查工程质量隐患、查未完工程量；四定：整改工作定任务、定人员、定时间、定措施），确保施工质量符合有关标准和设计要求，确认工艺危害分析报告中的改进措施和安全保障措施已经落实。

（1）系统吹扫冲洗安全管理。在系统吹扫冲洗前，要在排放口设置警戒区，拆除易被吹扫冲洗损坏的所有部件，确认吹扫冲洗流程、介质及压力。蒸汽吹扫时，要落实防止人员烫伤的防护措施。

（2）气密试验安全管理。要确保气密试验方案全覆盖、无遗漏，明确各系统气密的最高压力等级。高压系统气密试验前，要分成若干等级压力，逐级进行气密试验。真空系统进行真空试验前，要先完成气密试验。要用盲板将气密试验系统与其他系统隔离，严禁超压。气密试验时，要安排专人监控，发现问题，及时处理；做好气密检查记录，签字备查。

（3）单机试车安全管理。企业要建立单机试车安全管理程序。单机试车前，要编制试车方案、操作规程，并经各专业确认。单机试车过程中，应安排专人操作、监护、记录，发现异常立即处理。单机试车结束后，建设单位要组织设计、施工、监理及制造商等方面人员签字确认并填写试车记录。

（4）联动试车安全管理。联动试车应具备下列条件：所有操作人员考核合格并已取得上岗资格；公用工程系统已稳定运行；试车方案和相关操作规程、经审查批准的仪表报警和联锁值已整定完毕；各类生产记录、报表已印发到岗位；负责统一指挥的协调人员已经确定。引入燃料或窒息性气体后，企业必须建立并执行每日安全调度例会制度，统筹协调全部试车的安全管理工作。

（5）投料安全管理。投料前，要全面检查工艺、设备、电气、仪表、公用工程和应急准备等情况，具备条件后方可进行投料。投料及试生产过程中，管理人员要现场指挥，操作人员要持续进行现场巡查，设备、电气、仪表等专业人员要加强现场巡检，发现问题及时报告和处理。投料试生产过程中，要严格控制现场人数，严禁无关人员进入现场。

九、化工过程安全管理对设备完好性的安全管理要求是什么？

1. 建立并不断完善设备管理制度

（1）建立设备台账管理制度。企业要对所有设备进行编号，建立设备台账、技术档案和备品配件管理制度，编制设备操作和维护规程。设备操作、维修人员要进行专门的培训和资格考核，培训考核情况要记录存档。

（2）建立装置泄漏监（检）测管理制度。企业要统计和分析可能出现泄漏的部位、物料种类和最大量。定期监（检）测生产装置动静密封点，发现问题及时处理。定期标定各类泄漏检测报警仪器，确保准确有效。要加强防腐蚀管理，确定检查部位，定期检测，建立检测数据库。对重点部位要加大检测检查频次，及时发现和处理管道、设备壁厚减薄情况；定期评估防腐效果和核算设备剩余使用寿命，及时发现并更新更换存在安全隐患的设备。

（3）建立电气安全管理制度。企业要编制电气设备设施操作、维护、检修等管理制度。定期开展企业电源系统安全可靠性分析和风险评估。要制定防爆电气设备、线路检查和维护管理制度。

（4）建立仪表自动化控制系统安全管理制度。新（改、扩）建装置和大修装置的仪表自动化控制系统投用前、长期停用的仪表自动化控制系统再次启用前，必须进行检查确认。要建立健全仪表自动化控制系统日常维护保养制度，建立安全联锁保护系统停运、变更专业会签和技术负责人审批制度。

2. 设备安全运行管理

（1）开展设备预防性维修。关键设备要装备在线监测系统。要定期监（检）测检查关键设备、连续监（检）测检查仪表，及时消除静设备密封件、动设备易损件的安全隐患。定期检查压力管道阀门、螺栓等附件的安全状态，及早发现和消除设备缺陷。

（2）加强动设备管理。企业要编制动设备操作规程，确保动设备始终具备规定的工况条件。自动监测大机组和重点动设备的转速、振动、位移、温度、压力、腐蚀性介质含量等运行参数，及时评估设备运行状况。加强动设备润滑管理，确保动设备运行可靠。

（3）开展安全仪表系统安全完整性等级评估。企业要在风险分析的基础上，确定安全仪表功能（SIF）及其相应的功能安全要求或安全完整性等级（SIL）。企业要按照《过程工业领域安全仪表系统的功能安全》（GB/T 21109—2017）和《石油化工安全仪表系统设计规范》（GB/T 50770—2013）的要求，设计、安装、管理和维护安全仪表系统。

十、化工过程安全管理对承包商安全管理的要求是什么？

1. 严格承包商管理制度

企业要建立承包商安全管理制度，将承包商在本企业发生的事故纳入企业事故管理。企业选择承包商时，要严格审查承包商有关资质，定期评估承包商安全生产业绩，及时淘汰业绩差的承包商。企业要对承包商作业人员进行严格的入厂安全培训教育，经考核合格的方可凭证入厂，禁止未经安全培训教育的承包商作业人员入厂。企业要妥善保存承包商作业人员安全培训教育记录。

2. 落实安全管理责任

承包商进入作业现场前，企业要与承包商作业人员进行现场安全交底，审查承包商编制的施工方案和作业安全措施，与承包商签订安全管理协议，明确双方安全管理范围与责任。现场安全交底的内容包括：作业过程中可能出现的泄漏、火灾、爆炸、中毒窒息、触电、坠落、物体打击和机械伤害等方面的危害信息。承包商要确保作业人员接受了相关的安全培训，掌握与作业相关的所有危害信息和应急预案。企业要对承包商作业进行全程安全监督。

十一、化工过程安全管理对变更管理的安全要求是什么？

1. 建立变更管理制度

企业在工艺、设备、仪表、电气、公用工程、备件、材料、化学品、生产组织方式和人员等方面发生的所有变化，都要纳入变更管理。变更管理制度至少包含以下内容：变更的事项、起始时间，变更的技术基础、可能带来的安全风险，消除和控制安全风险的措施，是否修改操作规程，变更审批权限，变更实施后的安全验收等。实施变更前，企业要组织专业人员进行检查，确保变更具备安全条件；明确受变更影响的本企业人员和承包商作业人员，并对其进行相应的培训。变更完成后，企业要及时更新相应的安全生产信息，建立变更管理档案。

2. 严格变更管理

（1）工艺技术变更。主要包括生产能力，原辅材料（包括助剂、添加剂、催化剂等）和介质（包括成分比例的变化），工艺路线、流程及操作条件，工艺操作规程或操作方法，工艺控制参数，仪表控制系统（包括安全报警和联锁整定值的改变），水、电、汽、风等公用工程方面的改变等。

（2）设备设施变更。主要包括设备设施的更新改造、非同类型替换（包括型号、材质、安全设施的变更）、布局改变，备件、材料的改变，监控、测量仪表的变更，计算机及软件的变更，电气设备的变更，增加临时的电气设备等。

（3）管理变更。主要包括人员、供应商和承包商、管理机构、管理职责、管理制度和标准发生变化等。

3. 变更管理实施

（1）申请。按要求填写变更申请表，由专人进行管理。

（2）审批。变更申请表应逐级上报企业主管部门，并按管理权限报主管负责人审批。

（3）实施。变更批准后，由企业主管部门负责实施。没有经过审查和批准，任何临时性变更都不得超过原批准范围和期限。

（4）验收。变更结束后，企业主管部门应对变更实施情况进行验收并形成报告，及时通知相关部门和有关人员。相关部门收到变更验收报告后，要及时更新安全生产信息，载入变更管理档案。

十二、化工过程安全管理对应急管理的要求是什么？

1. 编制应急预案并定期演练完善

企业要建立完整的应急预案体系，包括综合应急预案、专项应急预案、现场处置方案等。要定期开展各类应急预案的培训和演练，评估预案演练效果并及时完善预案。企业制定的预案要与周边社区、周边企业和地方政府的预案相互衔接，并按规定报当地政府备案。企业要与当地应急体系形成联动机制。

2. 提高应急响应能力

企业要建立应急响应系统，明确组成人员（必要时可吸收企外人员参加），并明确每位成员的职责。要建立应急救援专家库，对应急处置提供技术支持。发生紧急情况后，应急处置人员要在规定时间内到达各自岗位，按照应急预案的要求进行处置。要授权应急处置人员在紧急情况下组织装置紧急停车和相关人员撤离。企业要建立应急物资储备制度，加强应急物资储备和动态管理，定期核查并及时补充和更新。

十三、化工过程安全管理对危险作业的安全管理要求是什么？

1. 建立危险作业许可制度

企业要建立并不断完善危险作业许可制度，规范动火、进入受限空间、动土、临时用电、高处作业、断路、吊装、抽堵盲板等特殊作业安全条件和审批程序。实施特殊作业前，必须办理审批手续。

2. 落实危险作业安全管理责任

实施危险作业前，必须进行风险分析、确认安全条件，确保作业人员了解作业风险和掌握风险控制措施、作业环境符合安全要求、预防和控制风险措施得到落实。危险作业审批人员要在现场检查确认后签发作业许可证。现场监护人员要熟悉作业范围内的工艺、设备和物料状态，具备应急救援和处置能力。作业过程中，管理人员要加强现场监督检查，严禁监护人员擅离现场。

十四、化工过程安全管理对事故和事件管理的要求是什么？

1. 未遂事故等安全事件的管理

企业要制定安全事件管理制度，加强未遂事故等安全事件(包括生产事故征兆、非计划停车、异常工况、泄漏、轻伤等)的管理。要建立未遂事故和事件报告激励机制。要深入调查分析安全事件，找出事件的根本原因，及时消除人的不安全行为和物的不安全状态。

2. 吸取事故(事件)教训

企业完成事故(事件)调查后，要及时落实防范措施，组织开展内部分析交流，吸取事故(事件)教训。要重视外部事故信息收集工作，认真吸取同类企业、装置的事故教训，提高安全意识和防范事故能力。

十五、化工过程安全管理对持续改进工作的要求是什么？

（1）化工企业要结合本企业实际，认真学习贯彻落实相关法律法规和加强化工安全管理的指导意见，完善安全生产责任制和安全生产规章制度，开展全员、全过程、全方位、全天候化工过程安全管理。

（2）企业要成立化工过程安全管理工作领导机构，由主要负责人负责，组织开展本企业化工过程安全管理工作。

（3）企业要把化工过程安全管理纳入绩效考核。要组成由生产负责人或技术负责人负责，工艺、设备、电气、仪表、公用工程、安全、人力资源和绩效考核等方面的人员参加的考核小组，定期评估本企业化工过程安全管理的功效，分析查找薄弱环节，及时采取措施，限期整改，并核查整改情况，持续改进。要编制功效评估和整改结果评估报告，并建立评估工作记录。

第十六章 安全生产标准化

一、什么是企业安全生产标准化？

《企业安全生产标准化基本规范》3.1 定义：安全生产标准化是指企业通过落实安全生产主体责任，全员全过程参与，建立并保持安全生产管理体系，全面管控生产经营活动环节的安全生产与职业卫生工作，实现安全健康管理系统化，岗位操作行为规范化，设备设施本质安全化，作业环境器具定置化，并持续改进。

二、我国对企业要求开展安全生产标准化建设的法律、法规主要有哪些？

1.《中华人民共和国安全生产法》(主席令第 13 号)

第 4 条 生产经营单位必须遵守本法和其他有关安全生产的法律、法规，加强安全生产管理，建立、健全安全生产责任制和安全生产规章制度，改善生产条件，推进安全生产标准化建设，提高安全生产水平，确保安全生产。

2.《国务院关于进一步加强企业安全生产工作的通知》(国发〔2010〕23 号)

第 7 条 全面开展安全达标。深入开展以岗位达标、专业达标和企业达标为内容的安全生产标准化建设，凡在规定时间内未实现达标的企业要依法暂扣其生产许可证、安全生产许可证，责令停产整顿；对整改逾期未达标的，地方政府要依法予以关闭。

第12条 强化企业安全生产属地管理。组织对企业安全生产状况进行安全标准化分级考核评价，评价结果向社会公开，并向银行业、证券业、保险业、担保业等主管部门通报，作为企业信用评级的重要参考依据。

3.《国务院关于坚持科学发展安全发展促进安全生产形势持续稳定好转的意见》(国发〔2011〕40号)

第14条 推进安全生产标准化建设。在工矿商贸和交通运输行业领域普遍开展岗位达标、专业达标和企业达标建设，对在规定期限内未实现达标的企业，要依据有关规定暂扣其生产许可证、安全生产许可证，责令停产整顿；对整改逾期仍未达标的，要依法予以关闭。加强安全标准化分级考核评价，将评价结果向银行、证券、保险、担保等主管部门通报，作为企业信用评级的重要参考依据。

4.《中共中央 国务院关于推进安全生产领域改革发展的意见》(中发〔2016〕32号)

第21条 强化企业预防措施。大力推进企业安全生产标准化建设，实现安全管理、操作行为、设备设施和作业环境的标准化。

5.《国务院办公厅关于印发危险化学品安全综合治理方案的通知》(国办发〔2016〕88号)

第6条 依法推动企业落实主体责任：深入推进安全生产标准化建设。根据不同行业特点，积极采取扶持措施，引导鼓励危险化学品企业持续开展安全生产标准化建设；选树一批典型标杆，充分发挥示范引领作用，推动危险化学品企业落实安全生产主体责任。

6.《国务院安委会关于深入开展企业安全生产标准化建设的指导意见》(安委〔2011〕4号)

全面推进企业安全生产标准化建设，进一步规范企业安全生产行为，改善安全生产条件，强化安全基础管理，有效防范和坚决遏制重特大事故发生。

三、企业进行安全生产标准化建设达标的相关标准有哪些？

（1）《危险化学品从业单位安全标准化通用规范》（AQ 3013—2008）；

（2）《涂料生产企业安全生产标准化实施指南》（AQ 3040—2010）；

（3）《溶解乙炔生产企业安全生产标准化实施指南》（AQ 3039—2010）；

（4）《电石生产企业安全生产标准化实施指南》（AQ 3038—2010）；

（5）《硫酸生产企业安全生产标准化实施指南》（AQ 3037—2010）；

（6）《合成氨生产企业安全标准化实施指南》（AQ/T 3017—2008）；

（7）《氯碱生产企业安全标准化实施指南》（AQ/T 3016—2008）；

（8）《危险化学品从业单位安全生产标准化评审标准》（安监总管三〔2011〕93号）；

（9）《国家安全监管总局办公厅关于危险化学品从业单位安全生产标准化评审工作有关事项的通知》（安监总厅管三〔2016〕111号）；

（10）《企业安全生产标准化基本规范》（GB/T 33000—2016）。

四、《企业安全生产标准化基本规范》的主要内容是什么？

《企业安全生产标准化基本规范》（GB/T 33000—2016）规定了企业安全生产标准化管理体系建立、保持与评定的原则和一般要求，以及目标职责、制度化管理、教育培训、现场管理、安全风险管控及隐患排查治理、应急管理、事故管理和持续改进8个体系的核心技术要求。

五、《危险化学品从业单位安全标准化通用规范》的管理要素有哪些？

《危险化学品从业单位安全标准化通用规范》（AQ 3013—2008）明

确了危险化学品从业单位开展安全标准化的总体原则、过程和要求，管理要素如下：负责人与职责、风险管理、法律法规与管理制度、培训教育、生产设施与工艺安全、作业安全、产品安全与危害告知、职业危害、事故与应急、检查与自评。

六、《危险化学品从业单位安全标准化通用规范》对企业实施安全标准化活动的要求是什么？

《危险化学品从业单位安全标准化通用规范》（AQ 3013—2008）对企业实施安全标准化活动的要求是：

1. 企业进行安全生产标准化建设的原则

（1）企业开展安全生产标准化工作，应遵循"安全第一、预防为主、综合治理"的方针，落实企业主体责任，以安全风险管理、隐患排查治理、职业病危害防治为基础，以安全生产责任制为核心，建立安全生产标准化管理体系，实现全员参与，全面提升安全生产管理水平，持续改进安全生产工作，不断提升安全生产绩效，预防和减少事故的发生，保障人身安全健康，保证生产经营活动的有序进行。

（2）企业应结合自身特点，依据安全标准化规范的要求，开展安全标准化。

（3）安全标准化的建设，应当以危险、有害因素辨识和风险评价为基础，树立任何事故都是可以预防的理念，与企业其他方面的管理有机地结合起来，注重科学性、规范性和系统性。

（4）安全标准化的实施，应体现全员、全过程、全方位、全天候的安全监督管理原则，通过有效方式实现信息的交流和沟通，不断提高安全意识和安全管理水平。

2. 企业开展安全生产标准化建设的 6 个阶段

安全标准化的建立过程，包括初始评审、策划、培训、实施、自评、改进与提高等 6 个阶段。

(1) 初始评审阶段：依据法律法规及标准化规范要求，对企业安全管理现状进行初始评估，了解企业安全管理现状、业务流程、组织机构等基本管理信息，发现差距。

　　(2) 策划阶段：根据相关法律法规及安全标准化规范的要求，针对初始评审的结果，确定建立安全标准化方案，包括资源配置、进度、分工等；进行风险分析；识别和获取适用的安全生产法律法规、标准及其他要求；完善安全生产规章制度、安全操作规程、台账、档案、记录等；确定企业安全生产方针和目标。

　　(3) 培训阶段：对全体从业人员进行安全标准化相关内容培训。

　　(4) 实施阶段：根据策划结果，落实安全标准化的各项要求。

　　(5) 自评阶段：对安全标准化的实施情况进行检查和评价，发现问题，找出差距，提出完善措施。

　　(6) 改进与提高阶段：根据自评的结果，改进安全标准化管理，不断提高安全标准化实施水平和安全绩效。

七、《危险化学品从业单位安全生产标准化评审标准》共有多少个要素？如何计算评审分数？

　　《危险化学品从业单位安全生产标准化评审标准》共有 11 个 A 级要素(12 要素为本地区的要求)、53 个 B 级要素组成，每个 A 级要素和 B 级要素的内容如下：

A级要素	B级要素
1 法律、法规和标准	1.1 法律、法规和标准的识别和获取
	1.2 法律、法规和标准符合性评价
2 机构和职责	2.1 方针目标
	2.2 负责人
	2.3 职责
	2.4 组织机构
	2.5 安全生产投入

续表

A 级要素	B 级要素
3 风险管理	3.1 范围与评价方法
	3.2 风险评价
	3.3 风险控制
	3.4 隐患排查与治理
	3.5 重大危险源
	3.6 变更
	3.7 风险信息更新
	3.8 供应商
4 管理制度	4.1 安全生产规章制度
	4.2 操作规程
	4.3 修订
5 培训教育	5.1 培训教育管理
	5.2 从业人员岗位标准
	5.3 管理人员培训
	5.4 从业人员培训教育
	5.5 其他人员培训教育
	5.6 日常安全教育
6 生产设施及工艺安全	6.1 生产设施建设
	6.2 安全设施
	6.3 特种设备
	6.4 工艺安全
	6.5 关键装置及重点部位
	6.6 检维修
	6.7 拆除和报废
7 作业安全	7.1 作业许可
	7.2 警示标志
	7.3 作业环节
	7.4 承包商

续表

A 级要素	B 级要素
8 职业健康	8.1 职业危害项目申报
	8.2 作业场所职业危害管理
	8.3 劳动防护用品
9 危险化学品管理	9.1 危险化学品档案
	9.2 化学品分类
	9.3 化学品安全技术说明书和安全标签
	9.4 化学事故应急咨询服务电话
	9.5 危险化学品登记
	9.6 危害告知
	9.7 储存和运输
10 事故与应急	10.1 应急指挥与救援系统
	10.2 应急救援设施
	10.3 应急救援预案与演练
	10.4 抢险与救护
	10.5 事故报告
	10.6 事故调查
11 检查与自评	11.1 安全检查
	11.2 安全检查形式与内容
	11.3 整改
	11.4 自评
12 本地区的要求	

评审计分方法如下：

(1) 每个 A 级要素满分为 100 分，各个 A 级要素的评审得分乘以相应的权重系数，然后相加得到评审得分。评审满分为 100 分，计算方法如下：

$$M = \sum_{i=1}^{n} K_i M_i$$

式中　M——总分值；

　　　K_i——权重系数；

　　　M_i——各A级要素得分值；

　　　n——A级要素的数量$(1 \leq n \leq 12)$。

（2）当企业不涉及相关B级要素时为缺项，按零分计。A级要素得分值折算方法如下：

$$M_i = \frac{M_{i实} \times 100}{M_{i满}}$$

式中　$M_{i实}$——A级要素实得分值；

　　　$M_{i满}$——扣除缺项后的要素满分值。

（3）每个B级要素分值扣完为止。

（4）《评审标准》第12个要素（本地区要求）满分为100分。

（5）按照《评审标准》评审，一级、二级、三级企业评审得分均在80分（含）以上，且每个A级要素评审得分均在60分（含）以上。

八、危险化学品从业单位申请安全生产标准化达标评审的条件是什么？

（一）申请安全生产标准化三级达标评审的条件：

（1）已依法取得有关法律、行政法规规定的相应安全生产行政许可；

（2）已开展安全生产标准化工作1年（含）以上，并按规定进行自评，自评得分在80分（含）以上，且每个A级要素自评得分均在60分（含）以上；

（3）至申请之日前1年内未发生人员死亡的生产安全事故或者造成1000万以上直接经济损失的爆炸、火灾、泄漏、中毒事故。

（二）申请安全生产标准化二级达标评审的条件：

（1）已通过安全生产标准化三级企业评审并持续运行2年（含）以

上，或者安全生产标准化三级企业评审得分在90分(含)以上，并经市级安全监管部门同意，均可申请安全生产标准化二级企业评审；

(2)从事危险化学品生产、储存、使用(使用危险化学品从事生产并且使用量达到一定数量的化工企业)、经营活动5年(含)以上且至申请之日前3年内未发生人员死亡的生产安全事故，或者10人以上重伤事故，或者1000万元以上直接经济损失的爆炸、火灾、泄漏、中毒事故。

(三)申请安全生产标准化一级达标评审的条件：

(1)《危险化学品从业单位安全生产标准化评审标准》(安监总管三〔2011〕93号)规定申请安全生产标准化一级达标评审的条件：

① 已通过安全生产标准化二级企业评审并持续运行2年(含)以上，或者装备设施和安全管理达到国内先进水平，经集团公司推荐、省级安全监管部门同意，均可申请一级企业评审；

② 至申请之日前5年内未发生人员死亡的生产安全事故(含承包商事故)，或者10人以上重伤事故(含承包商事故)，或者1000万元以上直接经济损失的爆炸、火灾、泄漏、中毒事故(含承包商事故)。

(2)《国家安全监管总局关于印发企业安全生产标准化评审工作管理办法(试行)的通知》(安监总办〔2014〕49号)明确申请安全生产标准化一级企业还应符合以下条件：

① 在本行业内处于领先位置，原则上控制在本行业企业总数的1%以内；

② 建立并有效运行安全生产隐患排查治理体系，实施自查自改自报，达到一类水平；

③ 建立并有效运行安全生产预测预控体系；

④ 建立并有效运行国际通行的生产安全事故和职业健康事故调查统计分析方法；

⑤ 相关行业规定的其他要求；

⑥ 省级安全监管部门推荐意见。

(四)评审结果未达到企业申请等级的，申请企业可在进一步整改完善后重新申请评审，或根据评审实际达到的等级重新提出申请。

（五）被撤销安全生产标准化等级的企业，自撤销之日起满1年后，方可重新申请评审。

九、国家对安全生产标准化评审的分级要求有哪些？

（1）《危险化学品从业单位安全生产标准化评审标准》（安监总管三〔2011〕93号）规定企业安全生产标准化达标等级分为一级企业、二级企业、三级企业，其中一级为最高。

（2）申请危险化学品从业单位安全生产标准化一级、二级、三级的企业评审得分均应在80分（含）以上，且每个A级要素评审得分均应在60分（含）以上。

（3）取得安全生产标准化证书的企业，在证书有效期内发生下列行为之一的，由原公告单位公告撤销其安全生产标准化企业等级：

① 在评审过程中弄虚作假、申请材料不真实的；

② 迟报、漏报、谎报、瞒报生产安全事故的；

③ 企业发生生产安全死亡事故的。

十、国家对安全生产标准化达标企业期满复评的要求有哪些？

（1）取得安全生产标准化证书的企业，3年有效期届满后，可申请复评。

（2）满足以下条件，期满后可直接换发安全生产标准化证书：

① 按照规定每年提交自评报告并在企业内部公示；

② 建立并运行安全生产隐患排查治理体系。一级企业应达到一类水平，二级企业应达到二类及以上水平，三级企业应达到三类及以上水平，实施自查自改自报；

③ 未发生生产安全死亡事故；

④ 安全监管部门在周期性安全生产标准化检查工作中，未发现企业安全管理存在突出问题或者重大隐患；

⑤ 未改建、扩建或者迁移生产经营、储存场所，未扩大生产经营许可范围。

（3）一、二级企业申请期满复评时，如果安全生产标准化评定标准已经修订，应重新申请评审。

（4）安全生产标准化达标企业提升达到高等级标准化企业要求的，可以自愿向相应等级评审组织单位提出申请评审。

（5）为推动通过评审的危险化学品安全生产标准化企业持续改进、不断强化安全生产工作，评审组织单位每年应按照不低于20%的比例组织抽查。抽查内容应覆盖企业适用的安全生产标准化所有要素，且覆盖企业半数以上的管理部门和生产现场。

附录　典型事故案例

一、石油化工行业生产运行期间发生的典型事故

兰州石化"1·7"罐区爆炸事故

2010年1月7日,兰州石化316#罐区发生火灾爆炸事故,造成6人死亡、1人重伤、5人轻伤。事故的直接原因是316#罐区碳四球罐出料管口弯头焊缝存在缺陷,致使弯头局部脆性开裂,导致易燃易爆的碳四物料泄漏并扩散,遇焚烧炉明火引燃爆炸。事故暴露出企业未按规程规定对事故管线进行定期检验,未按规定落实事故管线更换计划,未按照规定对储罐进出物料管道设置自动联锁切断装置,致使事故状态下无法紧急切断泄漏源,导致泄漏扩大并引发事故。

抚顺石化"1·19"重油催化装置爆炸事故

2011年1月19日,抚顺石化重油催化装置稳定单元发生闪爆事故,造成3人死亡、4人轻伤。事故的直接原因是重油催化装置稳定单元重沸器壳程下部入口管线上的低点排凝阀因固定阀杆螺母压盖的焊点开裂,阀门闸板失去固定,阀门失效,脱乙烷汽油泄漏、挥发,与空气形成爆炸性混合物,因喷射产生静电发生爆炸。事故暴露出企业在供应商管理上存在问题,在物资采购时产品质量把关不严,在进货检验、打压试验等检验环节把关不严。

福建省漳州市腾龙芳烃(漳州)有限公司"4·6"爆炸着火事故

2015年4月6日,位于漳州古雷的腾龙芳烃(漳州)有限公司二甲苯装置发生重大爆炸着火事故,造成6人受伤,另有13名周边群众留院观察,直接经济损失9457万元。事故的直接原因是公司在二甲苯装置开工引料过程中出现压力和流量波动,引发液击,致使存在焊接质量问题的管道焊口断裂,物料外泄。泄漏的物料被鼓风机吸入,进入加热炉,发生爆炸着火。事故暴露出以下问题:

① 企业重效益、轻安全。由于管件材质存在缺陷和违规操作,曾于7月30

日发生加氢裂化装置爆燃事故。但企业拒不执行省安监局下发的停产指令，违规超批准范围建设与试生产。

② 工程建设质量管理不到位。未落实施工过程安全管理责任，对施工过程中的分包、无证监理、无证检测等现象均未发现；工艺管道存在焊接缺陷，形成重大事故隐患。

③ 工艺安全管理不到位。一是二甲苯单元工艺操作规程不完善，未根据实际情况及时修订，操作人员工艺操作不当产生液击；二是工艺联锁、报警管理制度不落实，解除工艺联锁未办理报批手续；三是试生产期间，事故装置长时间处于高负荷甚至超负荷状态运行。

④ 岳阳巨源检测有限公司未认真履行检测机构的职责，管理混乱，招收12名无证检测人员从事芳烃装置检测工作，事故管道检测人员无证上岗，检测结果与此次事故调查中复测数据不符，涉嫌造假。

临沂金誉石化有限公司"6·5"爆炸着火事故

2017年6月5日0时58分，山东省临沂金誉物流有限公司车辆驾驶员驾驶液化气运输罐车进入金誉石化有限公司厂区并停在10号卸车位准备卸车。驾驶员下车后先后将10号卸车位装卸臂气相、液相快接管口与车辆卸车口连接，并打开气相阀门对罐体进行加压，0时59分10秒，驾驶员把罐体液相阀门打开一半时，液相连接管口突然脱开，大量液化气喷出并急剧汽化扩散。驾驶员及当班的金誉石化现场作业人员未能有效处置，致使液化气长时间泄漏，1时1分20秒发生爆炸，导致10人死亡、9人受伤。事故直接原因是肇事罐车驾驶员长途奔波、连续作业(从6月3日17时到6月4日23时37分，近32小时只休息4小时)，在午夜进行液化气卸车作业时，没有严格执行卸车规程，出现严重操作失误，致使卸车臂快接接口与罐车液相卸料管未能可靠连接，在开启罐车液相球阀瞬间发生脱离，造成罐体内液化气大量泄漏。现场人员未能有效处置，泄漏后的液化气急剧汽化，并迅速扩散，与空气形成爆炸性混合气体，遇到附近生产值班室内在用非防爆电气产生的电火花发生爆炸。

大连国际储运有限公司"7·16"输油管道爆炸火灾事故

2010年7月16日，大连国际储运有限公司原油罐区输油管道发生爆炸，造成原油大量泄漏并引起火灾，原油流入附近海域，造成环境污染。事故还造成1名作业人员失踪，灭火过程中1名消防战士牺牲。事故直接原因是：在油轮暂停卸油作业的情况下，没有停止加剂，而是继续加入大量脱硫化氢剂（含85%双氧水），造成双氧水在加剂口附近输油管段内局部富集；输油管内高浓度的双氧水与原油接触发生放热反应，致使管内温度升高；在温度升高的情况下，亚铁离子促进双氧水的分解，使管内温度和压力加速升高，形成"分解–管内温度压力升高–分解加快–管内温度、压力快速升高"的连续循环，引起输油管道中双氧水发生爆炸，初次爆炸后的一系列爆炸，导致原油泄漏，引发火灾。此外，停止加剂后，作业人员对加注"脱硫化氢剂"的泵和管路进行清洗，导致消防水进入2号管线，消防水管道由于长时间不用，存在铁锈，铁锈随水带入输油管道中也会加速双氧水的分解。

事故暴露出以下问题：

① 变更管理严重缺失。原油硫化氢脱除剂原由瑞士SGS公司供应，后改为天津辉盛达公司的，而硫化氢脱除剂的活性组分也由有机胺类变更为双氧水，但是企业没有针对这一变更进行风险分析，未分析出亚铁离子会促进双氧水的分解，使管内温度和压力加速升高，形成"分解–管内温度压力升高–分解加快–管内温度、压力快速升高"的风险。

② 企业对承包商监管不力。企业对加入的原油脱硫化氢剂的安全可靠性没有进行科学论证，直接将原油脱硫化氢处理工作承包给天津辉盛达公司，天津辉盛达公司又将加剂作业分包给上海祥诚公司。而在加剂过程中，事故单位作业人员在明知已暂停卸油作业的情况下，没有及时制止承包商的违规加注行为。

③ 天津辉盛达公司的加剂方法没有正规设计，加剂方案没有经过科学论证。违反《安全生产法》第二十二条关于新产品应"掌握其安全技术特性"的规定。中油燃料油股份有限公司和中联油均未对原油硫化氢脱除剂及其使用进行合法性审核和安全论证。

④ 天津辉盛达公司在加剂作业中存在违规加注行为。其作业人员在经济利益的驱使下，违反设计配比，在原油停输后，将22.6吨"脱硫化氢剂"加入输油管道中。

⑤ 应急设施基础薄弱。事故造成电力系统损坏，消防设施失效，罐区停电，使得其他储罐的电控阀门无法操作，无法及时关闭周围储罐的阀门，导致火灾规模扩大。

山东日照市山东石大科技石化有限公司"7·16"爆炸事故

2015年7月16日，山东石大科技石化有限公司液化烃球罐在倒罐作业时发生泄漏着火,引起爆炸,造成 2 名消防队员受轻伤,直接经济损失 2812 万元。事故的直接原因是该公司在进行倒罐作业过程中,违规采取注水倒罐置换的方法,且在切水过程中现场无人值守,致使液化石油气在水排完后从排水口泄出,泄漏过程中产生的静电或因消防水带剧烈舞动,金属接口及捆绑铁丝与设备或管道撞击产生火花引起爆燃。事故暴露出以下问题:

① 违规采取注水倒罐置换的方法,严重违反石油石化企业"人工切水操作不得离人"的明确规定,切水作业过程中无人在现场实时监护,排净水后液化气泄漏时未能第一时间发现和处置。

② 违规将罐区在用球罐安全阀的前后手阀、球罐根部阀关闭,将低压液化气排火炬总管加盲板隔断。

③ 未按照规定要求对重大危险源进行管控,球罐区自动化控制设施不完善,仅具备远传显示功能,不能实现自动化控制;紧急切断阀因工厂停仪表风改为手动,失去安全功效。

④ 操作人员未取得压力容器和压力管道操作资格证,属无证上岗。管理人员专业素质低,操作人员刚刚从装卸站区转岗到球罐区工作,未经转岗培训,岗位技能不足。

⑤ 日照市岚山区安监局,未按照要求加强对停产危险化学品企业的安全监管,未组织对企业安全仪表系统的专项监督检查;对企业重大危险源日常监管和执法监察不力,未发现事故罐区操作人员未经培训无证上岗、未发现事故罐区存有大量危险化学品的情形、重要安全防范设施无法正常使用等安全隐患。

吉林松原石化有限公司"11·6"爆炸火灾事故

2011 年 11 月 6 日,吉林松原石化有限公司发生爆炸火灾事故,造成 4 人死亡,7 人受伤。事故的直接原因是:气体分馏装置脱乙烷塔顶回流罐由于硫化氢应力腐蚀造成筒体封头产生微裂纹,微裂纹不断扩展,致使罐体封头在焊缝附近热影响区发生微小破裂后进而整体断裂,发生物理爆炸,罐内介质(乙烷与丙烷的液态混合物)大量泄漏,与空气中的氧气混合达到爆炸极限后,遇明火发生闪爆,并引发火灾。事故暴露出以下问题:

① 未经正规设计。该公司 2004 年建成投产的 4 万吨/年气体分馏装置,属抄袭沈阳新民蜡化厂同类装置设计文件;该装置 2007 年 12 万吨/年扩容设计过程中,属抄袭原前郭炼油厂 12 万吨/年气体分馏装置设计文件,部分主要设备属委托清华大学北京泽华化学工程有限公司进行核算,由于是非正规、整体设计,两

次设计均未考虑到硫化氢腐蚀因素，没有设计配套的脱硫设施，致使2009年末之前所生产的液态烃长期无有效的、相应的、可控的脱硫手段，导致催化液态烃H_2S含量时有超标现象。

② 私自委托制造。该装置2004年建设过程中，所有压力容器均属利用抄袭图样，私自委托制造，产品出厂后无合格证、质量证明书和铭牌等技术文件及资料，严重违反了《钢制压力容器》(GB 150—1998)之规定。制造质量问题，在焊接压力容器中，常可能隐藏有缺陷，这些缺陷在适当的条件下，如硫化氢应力腐蚀情况下，会使容器加剧破坏。

③ 无安装资质。该装置建设过程中，属企业自行施工安装，该企业无安装资质，V-502罐鞍座下钢结构支架与平台焊接不牢固，致使支架挣脱与平台的焊接随同罐体飞出，刮塌操作室屋顶，砸塌循环水泵房屋顶。

④ 设备管理不到位，按《固定式压力容器安全监察规程》规定，压力容器在使用条件恶劣或介质中硫化氢及硫元素含量较高(>100ppm)时，检验周期应适当缩短(3年以下)，而企业未采取相应调整措施。从企业液态烃色谱分析台账可以看出，H_2S含量超过100ppm的现象时有发生。

山东滨化滨阳燃化有限公司"1·1"石脑油泄漏中毒事故

2014年1月1日，山东滨化滨阳燃化有限公司储运车间中间原料罐区在切罐作业过程中发生石脑油泄漏，引发硫化氢中毒事故，造成4人死亡，3人受伤，直接经济损失536万元。事发时抽净管线系统处于敞开状态。操作人员在进行切罐作业时，错误开启了该罐倒油线上的阀门，使高含硫的石脑油通过倒油线串入抽净线，石脑油从抽净线拆开的法兰处泄漏。泄漏的石脑油中的硫化氢挥发，致使现场操作人员及车间后续处置人员硫化氢中毒。

事故暴露出企业在工艺变更管理方面不到位。储运车间在实施冬季防冻防凝工作时，拆开了中间原料罐区抽净线上的6处法兰，但对与此管线法兰及储罐相连接的管线阀门未采取上锁、挂牌或其他防误操作的措施；加制氢车间稳定塔出现异常和停止使用后，进入2#、5#罐的石脑油硫含量出现异常偏高，公司负责人、生产管理部门、相关车间均未按规定提升管理防护等级，未采取任何防范措施，没有制定预案，没有书面通知相关岗位管理及操作人员。企业对重大工艺变更，没有进行安全风险分析，缺乏相应的管理制度。

宁夏宝丰能源集团公司"12·17"硫化氢中毒事故

2011年12月17日，宁夏宝丰能源集团有限公司苯加氢项目发生硫化氢中毒事故，造成3人死亡，9人受伤。事发时，一名苯加氢员工在巡检时发现非芳烃地下废液槽抽出泵的轴封有渗漏，在通知现场主操后，对渗漏部位进行检查时，不小心掉入槽外的地坑中昏迷。随后多人盲目施救相继中毒晕倒。

二、石油化工行业检维修期间发生的典型事故

吉林松原石化有限公司"2·17"爆炸事故

2017年2月17日8点30分左右，吉林松原石化有限公司作业人员到达现场准备安装储罐液位计。开具作业票后，在未对罐内气体分析的情况下（仅用便携式检测仪查看了罐外动火点部位的空气中可燃气体含量），8点50分，作业人员用气割枪在V102罐顶切割投入式液位计安装孔时，发生闪爆，罐顶被炸飞，造成现场3名在罐顶作业的人员飞向高空后坠地死亡。事故暴露出企业对酸性水罐存在可燃气体的风险认识不足，动火作业前未对酸性水罐进行隔离、吹扫置换，未对罐内可燃气体进行检测。存在动火作业未履行职责、越权审批动火作业许可证、动火作业安全措施不落实、监护人违章离开动火现场等严重违章问题。

江苏德桥仓储有限公司"4·22"较大火灾事故

2016年4月22日9时13分左右，江苏德桥仓储有限公司组织承包商在2号交换站管道进行动火作业前，在未清理作业现场地沟内油品、未进行可燃气体分析、未对动火点下方的地沟采取覆盖、铺沙等措施进行隔离的情况下，违章动火作业，切割时产生火花引燃地沟内的可燃物，事故导致1人死亡（消防员）。该起事故暴露出事故企业安全生产主体责任不落实、重大危险源管控严重不到位、特殊作业管理和承包商管理缺失、应急处置不当等突出问题。

① 违反《危险化学品重大危险源监督管理暂行规定》（国家安全监管总局令第40号）第十三条规定，油品储罐未配备紧急切断系统，可燃和有毒气体泄漏检测报警装置被违规停用、报警后不及时处置。

② 动火作业管理缺失，在未清理现场地沟存有的大量易燃油品，未进行可燃气体分析、未安排专人进行监护的情况下就擅自动火作业。

③ 违反《安全生产法》第四十六条规定，事故企业将检维修发包给不具备安全生产条件的单位，未对承包商实行统一协调管理，安全培训教育走过场。

大连石化三苯罐区"6·2"较大爆炸火灾事故

2013年6月2日，大连石化三苯罐区在动火作业过程中发生爆炸着火，造成4人死亡，直接经济损失697万元。事故发生的直接原因是大连石化的承包商作业人员在三苯罐区小罐区杂料罐罐顶违规违章进行气割动火作业，切割火焰引燃泄漏的甲苯等易燃易爆气体，回火至罐内引起储罐爆炸，并引起附近其他三个储罐相继爆炸着火。事故暴露出企业在承包商管理方面存在较多的问题：

① 中石油七建公司大连项目部在承揽939#储罐仪表维护平台更换项目后，非法分包给没有劳务分包企业资质的林沅公司，以包代管、包而不管，没有对现场作业实施安全管控。

② 林沅公司未能依法履行安全生产主体责任，未取得劳务分包企业资质就非法承接项目；企业规章制度不健全不落实，员工安全意识淡薄，违章动火，未对现场作业实施有效的安全管控。

石家庄炼化公司"6·15"火灾事故

2016年6月15日10时24分许，在石家庄炼化公司催化裂化装置烟气除尘脱硫脱硝吸收塔工地，现场作业人员在脱硫塔烟囱段高处进行焊接作业期间，掉落的电焊熔珠、焊条头等高温坠落物穿过隔离失效的防逃逸层落在上除雾器上将其引燃，燃烧滴（坠）落物又引燃了下层除雾器，继续燃烧引发脱硫塔吸收段整个腔体火灾，期间所产生的高温有毒烟气导致4名作业人员被熏烧致死。事故暴露出施工方案中作业危害分析不具针对性、作业过程中监护不到位、监理单位现场管理有缺失、对于初次使用的工艺路线不熟悉、事故事件管理不够等问题。

辽阳石化"6·29"原油罐爆燃事故

2010年6月29日，辽阳石化炼油厂原油输转站原油罐在清罐作业过程中，发生爆燃事故，致使罐内作业人员3人死亡，7人受伤，直接经济损失150万元。事发时，作业人员正在对原油输转站1个30000m³的原油罐进行现场清罐作业。作业过程中，产生的油气与空气混合，形成了爆炸性气体环境，遇到非防爆照明灯具发生闪灭打火，或作业时铁质清罐工具撞击罐底产生的火花，导致发生爆燃事故。事故暴露出承包商管理与监管存在以下问题：

① 承包商辽阳市宏伟区天缘服务中心违规转包清罐作业施工项目给辽阳电

线化工厂。

②辽阳电线化工厂违规作业,安全管理不到位。在清罐前,未制定"清罐作业施工方案"。作业现场负责人在没有原油输转车间监护人员在场的情况下,带领未经安全教育的作业人员进入作业现场作业,同时,违反辽阳电线化工厂安全管理规定,将非防爆照明灯具接入罐内;在没有确认罐内安全条件是否适合作业的情况下,就指挥作业人员进罐作业;辽阳石化"有限空间作业票"和"进入有限空间作业安全监督卡"上的安全措施未落实,就签字确认,使工人在存在较大事故隐患的环境里作业。

③辽阳石化炼油厂承包商管理不到位,作业现场监管存在严重不足。辽阳电线化工厂不是中标单位,也没有与辽阳石化签订安全合同,炼油厂就允许其进入原油输转车间作业;对作业人员是否经过安全教育和安全培训不进行检查;没有要求施工单位制定清罐作业方案;违规未依据气样分析结果填写作业票或把报告单粘贴在作业票上;没有在与罐体连接的管道阀门处加盲板;没有按规定时间进行采样分析;对作业现场的安全监督检查不认真,对作业人员在罐内使用非防爆照明设备没有进行监督和制止。

庆阳石化"7·26"常压装置泄漏着火事故

2015年7月26日,庆阳石化常压装置渣油/原油换热器发生泄漏着火,造成3人死亡,4人受伤。事故的直接原因是常压装置渣油/原油换热器外头盖排液口管塞在检修过程中装配错误,导致在高温高压下管塞脱落,约342~346℃的高温渣油(其自燃点为240℃)瞬间喷出,遇空气自燃,引发火灾。事故暴露出以下问题:

①事故换热器水压试验压力远低于技术规范规定值,未起到验证紧固强度及结构密封性能的作用。庆阳石化公司检维修公司检修过程中,对换热器E-117C管程和壳程进行了水压试验,试验压力仅为2.6MPa,比按《固定式压力容器安全技术监察规程》计算所得换热器壳程试验压力3.23MPa低24.2%,使水压试验未能有效验证管塞在工作状态(342~346℃)下紧固强度及结构的密封性能,完全丧失了水压试验的功能和作用。

②未严格执行设计规范,装置楼板设计不合理。换热器E-117C壳程中介质为常底油,工作温度为342~346℃,高于其自燃点(230~240℃)。根据《石油化工工艺装置布置设计通则》及《石油化工企业设计防火规范》的有关规定,换热器E-117C上方应为楼板或平台隔开,如无楼板或平台隔开,不应布置其他设备。

但实际设计文件未采用楼板或平台隔开,且上方布置有其他设备;采用钢格栅板,未起到隔离防火作用,致使底层换热器泄漏失火后,火势迅速向上蔓延,加重了人员伤亡和经济损失。

③ 安全管理不严格,作业许可制度执行不到位,外来施工人员进出装置不受管控。庆阳石化对作业许可证办理工作缺乏有效管理和监督,一联合运行部作业许可证管理混乱,现场监护制度形同虚设,外来施工人员未办理作业许可证可随意进出装置。事故发生前,徐州市防腐工程总公司作业人员未办理作业许可证即进入装置施工作业,一联合运行部既未制止,也未进行现场监护,致使险情发生时无人通知装置内作业人员撤离。

抚顺顺特化工有限公司"9·14"爆炸火灾事故

2013年9月14日,抚顺顺特化工有限公司发生一起爆炸火灾事故,事故造成5人死亡,两台储罐报废,50m³甲酸(三)甲酯产品燃尽,直接经济损失120万元。事故的直接原因是顺特公司作业人员在罐顶违章进行电焊作业产生的火花引爆了作业罐顶采样孔外溢的甲酸(三)甲酯蒸气,并回火至罐内,造成大罐内的爆炸性气体爆炸。事故暴露出企业缺乏安全生产主体责任意识,在新建装置安全设施设计未经审查的情况下,违法建设,违法生产。未制定罐顶采样操作规程,导致采样后采样口原本密封的盲法兰失去阻止三甲酯蒸气外溢的作用,埋下重大事故隐患。

乌鲁木齐石化公司"11·30"炼油厂爆炸事故

2017年11月28日,乌鲁木齐石化公司因油浆系统固含量偏高计划停车,对反再系统及油浆系统问题进行检修消缺。11月30日白班9时45分交接班会上,夜班班长通报油浆系统泄压完毕,盲板安装完毕,车间领导进行了安全提示。11月30日11时6分,白班班长和属地监护人在作业许可票上进行了签字,随后票证下发至设备安装公司现场负责人处开始施工,现场作业8人对E2208/2管箱螺栓进行拆除。施工至12时20分左右,该换热器管束与封头突然飞出,冲进约25m外的仓库内,换热器壳体在反向作用力下,向后移动约8m。造成3名施工人员当场死亡,2人送医院抢救无效死亡,周边16人因冲击受伤,死亡的5人均是施工承包商昌吉州新中工业设备安装有限公司人员。初步分析直接原因为:E2208/2检修前壳程蒸汽压力未泄放(从DCS历史趋势调查,检修时壳体压力2.2MPa),换热器管箱螺栓拆除剩余至5根时,螺栓失效断裂,管箱及管束在蒸汽压力作用下，从壳体飞出，造成施工及周边人员伤亡。

兰州石化"12·11"水罐闪爆事故

2006年12月11日，兰州石化助剂厂在对装置内常压凝水储罐（TK-1808）顶部进行焊接配管作业时，发生闪爆事故，造成3人死亡。事故的直接原因是冷凝水罐TK-1808内串入了来自脱丁烷塔进料换热器的可燃气体正丁烷，在该罐上部气相空间形成爆炸性混合气体，遇到落入罐内的焊花，发生闪爆。

沈阳石蜡化工有限公司"4·25"硫化氢中毒事故

2013年4月25日，沈阳石蜡化工有限公司气分装置检修施工，"十三化建"沈阳蜡化工程项目部3名作业人员在泵泄压盲板处进行抽堵盲板作业时，在现场专职安全管理人员不在现场的情况下，未佩戴防毒面具擅自进行违规作业，造成3名作业人员因硫化氢中毒死亡。事故暴露出企业在承包商管理方面存在严重缺失。

三、煤化工行业生产运行期间发生的典型事故

新疆大黄山鸿基焦化有限公司"1·6"煤气中毒事故

2011年1月6日，新疆大黄山鸿基焦化有限责任公司在试生产过程中，合成车间脱碳泵房内发生煤气中毒事故，造成3人死亡，1人轻伤。事故的直接原因是：由于当地出现极寒天气，室外无防冻伴热的冷凝管线出现冰冻堵塞，合成车间安排加电阻丝通电伴热解冻冷凝液管道，由于进饱和塔的闸阀已关闭，为解冻放水需要，导淋处于开启状态。因进饱和塔的冷凝液阀门发生内漏，致使饱和塔内焦炉煤气反串至脱碳泵房，造成巡检操作工死亡。事故暴露出设计存在缺陷，工艺布置、设备选材、选型不完善，冷凝液管线连接饱和塔进口处选用单道闸阀，在脱碳泵房内设置导淋口，室内未设置有毒有害气体报警器，室外冷凝液管线未设防冻伴热措施。

河南濮阳市中原大化集团有限责任公司"2·23"氮气窒息事故

2008年2月23日，河南省濮阳市中原大化集团有限责任公司新建年产30万

吨甲醇项目，在生产准备过程中发生氮气中毒窒息事故，造成3人死亡，1人受伤。事故的直接原因是：在调试氮气储罐的控制系统时，连接管线上的电磁阀误动作，使储罐内氮气串入煤灰过滤器下部膨胀节吹扫氮气管线，加上该吹扫氮气管线的两个阀门中的一个未关闭，另一个阀内存施工遗留物关闭不严，致使氮气串入煤灰过滤器中。作业人员在没有对作业设备进行有效隔离、没有对作业容器内氧含量进行分析、没有办理进入受限空间作业许可证的情况下，进入煤灰过滤器进行除锈作业，造成氮气窒息。

四、煤化工行业检维修期间发生的典型事故

山东临沂烨华焦化有限公司"1·31"爆炸事故

2015年1月31日7时55分许，山东省临沂烨华焦化有限公司化学分厂粗苯车间终冷器检修期间发生爆炸，造成4人死亡，4人受伤，直接经济损失426万元。事故直接原因为企业严重违反作业规程，没有采取有效的隔绝、置换措施，致使 $2^\#$ 终冷器内进入煤气形成爆炸性混合气体，遇点火源引发化学爆炸。$2^\#$ 终冷器检修前，由于眼镜阀已损坏不能关闭，按检修计划应该在煤气主干道蝶阀处加堵盲板。在此项工作未完成的情况下，操作人员只关闭了进出口煤气管道阀组中的蝶阀，由于蝶阀本身有缝隙，不能形成有效可靠切断，导致外部管道内压力为 $(3\sim4)$ kPa 的煤气进入 $2^\#$ 终冷器。拆开 $2^\#$ 终冷器进口煤气管道 $DN1200$ 阀组、终冷器内的蒸汽冷凝等均可能造成空气的进入，进而形成煤气与空气的爆炸性混合气体。由于现场采用倒链和其他钢制工具进行拆卸进口阀组作业，金属间的摩擦、碰撞等原因造成机械火花和摩擦热等点火源。事故暴露出企业故隐患排查治理工作不到位，对终冷器进出口煤气管道眼镜阀长期损坏的安全隐患不重视，没有进行工艺危害分析，没有识别因设备设施不完好可能导致事故发生的危险，隐患长期整改不彻底。

内蒙古乌海市泰和煤焦化集团有限公司"4·8"爆炸事故

2014年4月8日，内蒙古乌海市泰和煤焦化集团有限公司化产车间发生爆炸事故，造成3人死亡，2人受伤，直接经济损失约230万元。事故的直接原因是：该公司管道变更改造过程中，在未与生产系统隔绝、未进行吹扫置换、动火点未

隔离、未进行气体分析的情况下即用电焊动火作业，电焊火花进入未封死的循环槽人孔，引爆被脱硫液夹带进入循环槽内的煤气。事故暴露企业变更管理制度执行不到位。此次工艺及管道变更改造前未对变更过程产生的风险进行分析和控制；未履行变更审批程序；之前变更时未严格执行变更相关程序，造成脱硫循环槽上封头与槽体采用点焊、多次工艺设备改造变更都未上图；脱硫工艺、设备、管道等四次改造变更，均未经专业技术人员设计或专业技术人员论证；脱硫工段随意改变工艺设备和管道，将脱硫工艺由碱法改为氨法，再改为碱法，又改为氨法，变更后不能满足工艺要求，重新改造变更管道，酿成事故。

山西省永鑫煤焦化有限责任公司"4·26"爆炸事故

2014年4月26日，山西永鑫煤焦化有限责任公司在回炉煤气管道检修过程中发生煤气爆炸事故，造成4人死亡，31人受伤，直接经济损失约480万元。事故的直接原因是该公司在回炉煤气管道安装的盲板尺寸和安装位置不符合安全要求，造成煤气通过盲板和法兰之间的缝隙进入煤气主管，并从拆除的1#炉流量计接口处泄漏。泄漏的煤气通过门窗进入值班室、交换机室、焦炉中间通廊，遇火源发生爆炸。事故暴露出现场检修作业安全措施落实不到位、换向机日常维护保养不到位等问题。

河南豫港（济源）焦化集团有限公司"4·28"爆炸事故

2017年4月28日上午，河南省济源市虎岭产业集聚区豫港（济源）焦化集团有限公司化产车间由于1号机械化澄清槽上部从下段冷凝液泵往槽区氨水管道泄漏严重，经车间研究决定当日进行维修，并研究制定安全措施，安全员按程序办理动火作业票。12:50左右，车间副主任与安全员到澄清槽上巡视并用便携式可燃气体测定仪在澄清槽东侧观察口揭盖检测，没有发现异常，13:55车间电工、维修工接焊机，14:00左右安全员找值班长在动火证上签字；根据冷鼓操作室电脑记录，14:05冷凝液槽液位开始上升；15:02左右澄清槽上发生爆炸，导致澄清槽顶监护人、安全员、维修工等4人死亡。初步分析事故发生的直接原因事故发生部位为氨水澄清槽，其中有氨水、焦油，异常状态下还可能含有煤气。在12:50，操作人员用便携式可燃气体测定仪在澄清槽东侧观察口揭盖检测，14:00才签字动火作业。从时间上已经超过了规定要求。澄清槽上部有很多"里外通气"的地方，隔离措施不到位，最终焊渣引发爆炸。

四川广元天森煤化公司"5·2"爆炸事故

2014年5月2日,四川广元市旺苍县天森煤化有限公司发生爆炸,造成3人死亡,直接经济损失约260万元。事故的直接原因是:天森公司组织3名施工人员对隔油沉淀池(长20m、宽10m、高3.5m,上加盖彩钢板)加装排水泵,在未办理动火作业票证的情况下使用电弧焊机对隔油沉淀池盖板实施焊接作业时,火星从隔油沉淀池人工观察孔掉入池内,引燃酚油、轻油、蒽油、煤焦油、燃料油蒸气导致发生爆炸。事故发生前,企业擅自将部分事故水池改建成3口隔油沉淀池,并将隔油沉淀池上部用水泥预制板进行封闭,导致含油污水中挥发气体不能及时排出,在隔油沉淀池内形成爆炸性危险源。事故暴露出企业在变更过程中缺少对变更后可能存在风险的评估,对污水残油中挥发出的可燃蒸气形成爆炸性混合物风险性认识不足。

乌海市华资煤焦有限公司"6·27"爆炸事故

2017年6月27日上午,该公司决定在脱硫工段脱硫泵房的西墙上,加装一条熔硫釜到废液提盐的DN50退液管道,办理完动火作业票证(动火时间为9:00~16:30),现场全部清理完毕符合作业条件后开始动火作业。16:30动火作业结束。在此期间,机修班长于16:00左右通知脱硫工段长,因脱硫清液退回脱硫地下槽,气味较大导致维修困难,决定把进脱硫地下槽的清液管道改到3#脱硫溶液循环罐。17:00左右,在未进行变更审批且未办理动火作业票的情况下,机修工开始在3#脱硫溶液循环槽上作业,17:20左右,3#脱硫溶液循环槽发生爆炸,导致3人死亡(包括2名机修工和1名脱硫班长)。事故暴露出企业动火作业安全风险辨识不到位,违反动火作业规定,擅自变更作业地点。事故调查人员到现场发现,该企业以前办理的动火作业票也存在很多问题,包括不分析可燃气体含量、风险辨识流于形式等。

山西晋城阳城县瑞兴化工有限责任公司"5·16"中毒事故

2015年5月16日,山西省晋城市阳城县瑞兴化工有限责任公司发生中毒事故,造成8人死亡,6人受伤。事故的直接原因是:工人在处置冷却池内二硫化碳冷却管线泄漏时,在未办理受限空间作业票、未佩戴防护用品的情况下,操作人员进入冷却池内实施维修,导致中毒晕倒(焦炭与硫黄反应生成二硫化碳气体,副产硫化氢，两者在冷却池冷凝过程中同时存在），在后续施救过程中其他人员盲目施救，造成事故扩大。企业所采用的是焦炭和硫黄为原料生产二硫化碳的间歇焦炭法二硫化碳工艺，由于该工艺生产过程中存在高污染、高环境危害等问题，同时易发生泄漏、中毒、爆炸等生产安全事故，安全隐患突出，20世纪80年代国外已淘汰该工艺及设备。事故暴露出企业对特殊作业认识不足，在未制定检修方案，未进行危险作业前的风险分析、未确认作业安全条件和安全措施的情况下，未对作业的受限空间有毒有害气体进行检测、未采取通风措施，未安排人员进行监护的情况下，作业人员未佩戴过滤式防毒面具或氧气呼吸器、空气呼吸器等防护装备，违规进入好氧池受限空间内进行作业。

江苏省索普化工建设工程有限公司"10·19"中毒窒息事故

2015年10月19日，江苏省索普化工建设工程有限公司在江苏索普集团有限公司甲醇厂气化车间气化系统真空闪蒸罐进行清灰检修作业时，3名罐内清灰作业人员中毒窒息死亡。事故原因是：作业人员在用工具翻动罐体下部较厚灰渣过程中，引起其中的硫化亚铁发生链式自热反应，产生的热量又引发灰渣中的煤粉氧化产生一氧化碳，同时释放出灰渣中残存的硫化物，造成施工人员中毒窒息死亡。

事故暴露出企业对风险分析不深入。磨煤过程中铁棒与煤块磨擦损耗产生的微米铁粉，与原煤中微量硫，在造气过程还原性高温环境中，与铁直接反应生成硫化亚铁；同时送入气化A系统的黑水中所含的少量硫化氢，与铁质容器反应生成的硫化亚铁附着在器壁上。甲醇厂在风险分析过程中，对罐内煤灰中硫化亚铁可能遇热自燃，并由此引燃煤灰产生一氧化碳等有毒气体的作业风险认知不足。

蒙西煤化股份有限公司"11·11"窒息中毒事故

2012年11月11日2时，蒙西煤化股份有限公司废液除硫环保科研试验项目在清理脱色清液罐时，造成3人窒息中毒死亡。事故直接原因是：在清理脱色清液罐中的活性炭时，在未进行气体检测、未办理作业票、未进行有效防护、无人监护的情况下，违章进入受限空间（脱色清液罐体）作业，导致硫化氢气体中毒，2人在缺乏安全常识、未佩戴安全防护设施、盲目施救过程中中毒，导致此次3人死亡事故发生。事故暴露出废液除硫环保科研试验项目时，风险评估不到位，没有意识到脱硫废液中含有硫化氢，静置或降温时硫化氢会从活性炭中解析出来，由于硫化氢密度大于空气，随液体排出的硫化氢会沉降到罐底。

五、化肥行业生产运行期间发生的典型事故

吉林通化"1·18"爆炸事故

2014年1月18日,吉林通化甲醇合成系统供水泵房发生爆炸,造成3人死亡、5人受伤,直接经济损失255万元。事故的直接原因是:当班岗位操作工在排液结束后,未能关严精醇外送阀门,且回流管阀门开度过大,导致净醇塔内稀醇低液位运行。接班操作工也未发现净醇塔底部稀醇液位低于控制线,导致高压工艺气体回流到稀醇罐,造成回流管线断裂,致使大量可燃混合气体(以H_2为主)迅速充满供水泵房,达到爆炸极限,受静电引燃后发生爆炸。事故暴露出企业对长期存在的安全隐患整改不及时。1995年企业改造时将净醇塔液位计安装在塔底部出液管线上,造成去精醇阀门打开时,无法正确显示净醇塔液位,造成补液、排液时液位都不准确,且自动控制阀自设备运行使用后一直未投入使用,无法实现液位与阀门的联锁控制和液位报警。

湖北省枝江市富升化工有限公司"2·19"燃爆事故

2015年2月19日,湖北省枝江市富升化工有限公司硝基复合肥建设项目在试生产过程中发生硝酸铵燃爆事故,造成5人死亡,2人受伤,直接经济损失469.28万元。事故的直接原因是北塔1#混合槽物料温度长时间高于工艺规程控制上限,导致硝酸铵受热分解,最高温度达629.95℃,致使1#和2#混合槽相继冒槽,料浆流至100.5m层和96m层平台,发生燃爆。事故暴露出以下问题:

① 设施设计存在缺陷。工艺流程设计中物料投放顺序不正确,将影响硝酸铵热稳定性的钾盐投入1#混合槽;在详细设计中未认真落实安全设施设计审查时专家提出的意见,未设计自动联锁控制系统;熔融器及1#、2#混合槽的温度和液位等报警参数设置不全;加热蒸汽自动调节系统与实际不匹配。

② 未严格执行试生产规定。未对建设单位、总承包商、设计单位、监理单位、施工单位等相关方的安全管理范围与职责进行明确界定;试生产前未组织设计、施工、监理单位以及专家对试生产方案进行审查;未组织开展"三查四定"工作;单机试车结束后,未经设计单位签字确认就联动试车;试生产方案和岗位操作规程缺乏针对性和操作性;试生产方案没有报市安监部门备案。

③当地政府及监管部门对安全生产"红线"意识不强,监管不到位。湖北枝江经济开发区在项目建设中不重视安全生产,对区域内企业安全生产监督检查不力。枝江市安全监管局对富升公司未履行安全生产主体责任的检查及纠正不力,对硝基复合肥项目建设及试生产管理不到位。宜昌市安全监管局对督促检查地方加强危险化学品安全生产监管工作不到位。

内蒙古鄂尔多斯伊东九鼎化工公司"6·28"爆炸事故

2015年6月28日,内蒙古鄂尔多斯伊东九鼎化工公司发生爆炸着火事故,造成3人死亡、6人受轻伤。此次爆炸是由于三气换热器存在质量问题,在前四次修焊过的脱硫气进口封头角接焊缝处存在贯通的陈旧型裂纹,引发低应力脆断导致脱硫气瞬间爆出。因脱硫气中氢气含量较高,爆出瞬间引起氢气爆炸着火,造成正在附近检修及保温作业的人员伤亡。事故暴露出对事故设备长期存在的隐患未按照法律法规进行处理。在2013年7月发现三气换热器第一次出现裂纹泄漏后,相关人员未引起足够重视,未对该设备质量安全进行整体检查,未查明原因进行修复,丧失了消除事故隐患的第一次时机。2014年12月,2015年2月和3月连续三次开裂泄漏后,开封空分公司没有依照《特种设备安全法》有关要求进行彻底检查消除隐患。特别是同一性缺陷反复出现,开封空分公司应当主动召回,但该公司未按相关规定进行处理,又丧失了消除事故隐患的后几次时机。

贵州宜化"7·22"管道泄漏爆炸事故

2010年7月22日,贵州宜化化工变换工段发生爆炸事故,造成8人死亡、3人受伤。原因是1#变换系统副线管道发生泄漏,气体冲刷产生静电,引爆现场可燃气体(主要是一氧化碳、二氧化碳、氢气等),导致空间爆炸。

山东潍坊华浩农化有限公司"6·5"较大淹溺窒息事故

2016年6月5日14时许,山东潍坊华浩农化有限公司水溶肥生产车间发生一起淹溺窒息事故,造成3人死亡。事故直接原因是操作工未进行氧浓度及有毒气体浓度检测、未佩戴个体防护用品的情况下,冒然探入原料罐,因缺氧晕倒,滑落入氨基酸原液中,又因盲目进入罐内施救,滑落入氨基酸原液中吸入过量液体窒息死亡,导致事故后果扩大。

黑龙江北大荒农业公司浩化分公司"6·18"中毒事故

2015年6月18日,黑龙江北大荒农业公司浩化分公司造气车间发生一起3人窒息死亡事故。事故的直接原因是造气车间作业人员在未办理进入受限空间审批手续、未佩戴防护用品的情况下,1人进入磨煤工段煤浆添加剂地下溶解池内发生窒息,另有2人未采取防护措施盲目施救,导致事故扩大。

宁夏捷美丰友化工有限公司"9·7"中毒事故

2014年9月7日,宁夏捷美丰友化工有限公司发生氨气液混合物从主火炬筒顶部喷出事故,造成200m范围内41人急性氨中毒。事故的直接原因是:设置在两台氨蒸发器壳侧设备出口管线上的安全阀均为气液两相阀,在其中一台氨蒸发器的安全阀起跳后,液氨直接进入氨事故火炬管线,加之氨事故火炬未设置气液分离罐,致使液氨从事故火炬口喷出,气化后扩散,导致事故的发生。事故暴露出设计存在严重缺陷。氨事故火炬系统是重要的安全设施,编制的宁夏捷美丰友化工有限责任公司建设项目安全设施设计专篇中未分析氨事故火炬系统存在的风险并提出相应的预防措施,也未明确氨事故火炬系统的设备选型和设备一览表,存在严重的设计缺陷。在项目的总体设计和火炬系统设计审查中存在着交待不清、责任不清和设计缺陷。

宁夏中卫兴尔泰化工公司"11·20"中毒事故

2012年11月20日,宁夏中卫市兴尔泰化工公司发生一氧化碳中毒窒息事故,造成4人死亡,2人受伤。事发时合成车间正在向精炼工段再生器加铜,吊车把铜瓦吊入再生器,负责摘吊钩的操作工爬在再生器人孔摘吊钩没有摘掉,就跳入再生器中摘吊钩,随即发生一氧化碳中毒并晕倒。车间人员没有佩戴任何防护用具进入再生器盲目施救,导致多人中毒伤亡。

六、化肥行业检维修期间发生的典型事故

四川省南充市宏泰生化公司"4·23"爆炸事故

2011年4月23日,四川宏泰生化有限公司发生爆炸事故,造成4人死亡,2

人受伤,直接经济损失550余万元。事故的直接原因是该公司造气车间中低变甲烷化炉出口管道焊口在高温含氢介质条件下长期运行,缺陷暴露扩展,氢气泄漏。在系统未停车和安全措施不到位的情况下,进行带压堵漏作业,作业产生火花引爆泄漏的氢气。本次事故中,4月22日20时20分,造气车间甲烷化炉进口管线(PG-213-200)发生氢气泄漏,采用抱箍进行带压堵漏,暂时消除了泄漏现象。4月23日10时40分,甲烷化炉进口管线再次发生泄漏,在未对系统进行停车和采取安全维修措施的情况下,仍然采用抱箍进行带压堵漏作业,而发生了爆炸。由此必须引起对带压堵漏技术应用中所存在风险的反思。

新疆宜化化工有限公司"7·26"爆炸事故

2017年7月26日下午,新疆宜化化工有限公司安排施工作业人员对南造气三号系统气化炉($11^\#$、$12^\#$、$13^\#$、$14^\#$、$15^\#$)及相关管道进行防腐保温工作,同时,当班操作人员对$12^\#$气化炉进行进料(从气化炉顶端加煤机进料)。在事故现场周边相关作业人员共135人。18时5分左右,$12^\#$气化炉在进料过程中发生燃爆,造成5人死亡、27人受伤。初步分析事故直接原因是:长时间储存于煤仓中的煤发生氧化阴燃,阴燃的煤块在放煤过程中与达到爆炸浓度的煤尘和高达50%的氧气环境接触,导致煤粉发生煤尘爆炸。

贵州兴化化工有限责任公司"8·2"甲醇储罐爆炸事故

2008年8月2日,贵州兴化化工有限责任公司甲醇储罐发生爆炸燃烧事故,造成3名施工人员死亡,2人受伤(其中1人严重烧伤),6个储罐被毁。在甲醇罐惰性气体保护设施施工过程中,因施工单位违规将精甲醇储罐顶部备用短节打开,与二氧化碳管道进行连接配管,管道另一端则延伸至罐外下部,造成罐体通过管道与大气连通,致使空气进入罐内。罐内甲醇-空气混合气体通过配管外泄,遇精甲醇罐旁违章动火作业的电焊火花,引起管口区域爆炸燃烧,并通过连通管道引发罐内甲醇-空气混合气体爆炸,罐底部被冲开,大量甲醇外泄、燃烧,致使附近5个储罐相继爆炸。

山东新泰联合化工有限公司"11·19"爆燃事故

2011年11月19日,山东新泰联合化工有限公司发生爆燃事故,造成15人死亡,4人受伤,直接经济损失1890万元。事故发生在尿素车间,在道生油冷凝器维修过程中，因未采取可靠的防止试压水进入热气冷却器道生油内的安全措施，造成四楼平台道生油冷凝器壳程内的水灌入三楼平台热气冷却器壳程内，水与高温道生油混合并迅速汽化，水蒸气夹带道生油从道生油冷凝器的进气口和出液口法兰处喷出，与空气形成爆炸性混合物，遇点火源发生爆燃。

甘肃省新川肥料公司"12·20"中毒窒息事故

2010年12月20日，甘肃省新川肥料有限公司发生气体中毒窒息事故，造成5人死亡，2人受伤。事故的直接原因是电气故障导致曼海姆反应炉尾气在粉碎机地坑内大量聚集，致使正在检修的人员和后续救援人员相继中毒窒息。

内蒙古天润化肥公司"3·3"较大灼烫事故

2015年3月3日，内蒙古天润化肥有限公司在检维修过程中，拆开气化炉的气液分离器底部法兰盲板，高压蒸汽喷出，造成现场3名作业人员（2名检维修人员、1名监护人员）烫伤死亡。事故的直接原因是该公司相关部门在生产系统还没有停车时，就签发出检修作业票；检修人员在未确认的情况下拆开法兰盲板，致使高压蒸汽喷出，导致事故发生。

七、农药行业生产运行期间发生的典型事故

宁夏瑞泰科技股份有限公司"7·1"甲胺储罐爆炸事故

2014年7月1日，宁夏瑞泰科技股份有限公司啶虫脒生产车间N-(6-氯-3-吡啶甲基)甲胺储罐发生爆炸，造成4人死亡，1人受伤，直接经济损失约500万元。事故的直接原因是储罐内的N-(6-氯-3-吡啶甲基)甲胺长时间处于保温状态，发生了缩聚反应，产生的大量热量和气体不能及时排出，导致容器超压发生爆炸。事故暴露出以下问题：

① 对新产品的工艺安全信息不掌握。N-(6-氯-3-吡啶甲基)甲胺是合成杀虫剂啶虫脒的重要中间体，目前，国内外均未见报道涉及N-(6-氯-3-吡啶甲基)甲胺的热稳定性和安全性，该化合物也不在国家《危险化学品名录》中，也未发现关于国内外同行业发生此类事故的报道和相关信息，相关单位在科研、安评、设计、生产过程中未能完全预见其潜在的风险。

② 对工艺变更后的风险未评估。瑞泰公司 1000t/a 啶虫脒生产线,是目前国内外最大的一条啶虫脒农药生产线,生产规模由原扬农集团 100t/a 放大到现瑞泰公司 1000t/a,中间体 N-(6-氯-3-吡啶甲基)甲胺储存由塑料桶(200L)常温固态(凝固点为 37℃左右)保存改为不锈钢储罐(5300L)保温(依据经验盘管通 70℃热水)液态保存;操作方式由人工定量灌装、自然冷却搬运、储存、溶化、抽料到合成釜,改为流水线自动输送到合成釜。改进后,虽然减少了人工操作,改善了作业现场环境质量,保护了员工健康,但是,设计时未能预见 N-(6-氯-3-吡啶甲基)甲胺长时间液态保温储存时缩聚所产生的风险,也没有采取相应的防范措施。

③ 江苏扬农化工集团有限公司在设计时,没有按危险物品必须有防火间距(安全距离)的要求考虑 N-(6-氯-3-吡啶甲基)甲胺生产装置与包装间和工具间等的安全距离。

黑龙江胜农科技开发有限公司"11·27"中毒事故

2015 年 11 月 27 日,黑龙江胜农科技开发有限公司租用鹤岗市旭祥禾友化工有限公司的禾草灵车间设备进行乙嘧酚工业化试验时发生中毒事故,造成胜农科技开发有限公司 3 名员工死亡。事故的直接原因是:新产品乙嘧酚试验过程中,含有甲硫醇的尾气负压吸收和三级碱吸收系统的引风机吸风口与尾气的连接管道因气温低造成冻堵,使尾气碱液吸收塔失去吸收功能,尾气中的甲硫醇不能及时吸收而外泄,引发在场的 3 名操作工人中毒死亡。事故暴露出以下问题:

① 鹤岗市旭祥禾友化工有限公司在租赁厂房时,对发生的工艺技术、设备设施和管理等变更,未进行风险分析,未制定风险控制方案。

② 黑龙江胜农科技开发有限公司进行新产品乙嘧酚中试时,对尾气回收管道如何确保畅通,对策措施不充分、有漏洞,致使装置的尾气吸收塔设在室外,在严寒的冬季对其尾气吸收管道未作防寒保温处理而引起管道冻堵。

③ 中试项目管理人员和实验操作人员安全培训不到位,未对可能产生的危险物质进行充分研判,应急措施不规范,现场处置存在不足,并违反操作规程和工作纪律。现场管理人员外出,车间主任负责组织实验,未跟班指挥,中试试验未设立专职安全员,未设置实验操作监护人员。

八、医药行业生产运行期间发生的典型事故

安徽省中升药业有限公司"4·18"中毒事故

2012年4月18日,安徽省中升药业有限公司发生中毒事故,造成3人死亡,4人受伤,直接经济损失450余万元。事故的直接原因是:该公司在未经安全许可,无正规设计、无施工方案的情况下,对α-溴代对羟基苯乙酮生产装置进行改造,增加了固体光气配料釜等装置,在用蒸汽对配料釜直接加热生产时,发生光气泄漏,导致中毒事故。事故暴露出企业对变更管理处于失控状况,未评估出用蒸汽对配料釜直接加热时,可致固体光气在高温下分解成光气的风险。

宁夏多维泰瑞制药有限公司"8·4"中毒事故

2011年8月4日,宁夏多维泰瑞制药有限公司泵房污水管道阀门破裂,管道内硫化氢气体溢出,造成3人死亡,2人受伤。事故的直接原因是:泵房污水管道阀门突然破裂,当班班长听到异响后下去查看时昏倒,两名当班工人进入现场施救时昏倒,随后参与施救的人员分别出现不适反应。由于盲目施救,最终导致3人死亡。

山东省广饶县润恒化工有限公司"10·18"中毒事故

2013年10月18日,山东省广饶县润恒化工有限公司医药中间体生产车间发生物料泄漏中毒事故,造成3人死亡,直接经济损失约270.6万元。事故的直接原因是氟化岗位操作工违章操作,未佩戴必要的劳动防护用品,在氟化釜处于带压的状态下,使用管钳对已关闭到位的截止阀进行压紧阀盖作业,致使截止阀压盖螺纹失稳滑丝,导致含有氟化氢的物料喷出,造成事故。

事故暴露出企业非法生产的问题。该企业未依法履行安全生产、环保、消防等许可手续,非法生产危险化学品、非法购买剧毒危化品氯气、非法使用未经登记注册的压力容器;拒不执行相关部门停产指令,擅自生产。

昆明全新生物制药公司"12·30"爆炸事故

2010年12月30日,云南省昆明市昆明全新制药有限公司片剂车间发生爆燃

事故，造成 5 人死亡，8 人受伤。事发时，检修人员为给空调更换过滤器，断电停止了空调工作，净化后的空气无法进入洁净区，因烘箱内的循环热气流使粒料中的水分和乙醇蒸发，烘箱内积聚了达到爆炸极限的乙醇气体。操作人员在烘箱烘烤过程中开关烘箱送风机或者轴流风机运转过程中产生电器火花，引爆积累在烘箱中的乙醇爆炸性混合气体。

临海市华邦医药化工有限公司"1·3"爆炸事故

2017 年 1 月 3 日上午 8：00，浙江省台州临海市华邦医药化工有限公司 2 名当班操作工人在 C_4 车间二楼开始进行环合反应后的甲苯蒸馏操作；8：50 左右，环合反应釜爆炸并引起现场着火，产生浓烈黑烟，造成 3 人死亡。事故直接原因是：在环合反应不完全情况下，就开始进行甲苯的蒸馏回收，未反应完全的原料和产品发生分解产生大量气体，釜内压力上升产生爆炸，反应釜内的易燃物料喷出着火。事故暴露出企业在变更管理方面存在较大的问题，在对物料危险特性和反应安全风险不清楚的情况下，企业将加热方式擅自更改为蒸汽加热，明显增加了超温的可能性。且没有安全操作规程，自动化控制系统未投用。

九、精细化学品行业生产运行期间发生的典型事故

山东德州合力科润化工有限公司乙腈装置"1·1"爆炸事故

2009 年 1 月 1 日，山东省德州合力科润化工有限公司乙腈装置发生爆炸，造成 5 人死亡，9 人受伤。发生爆炸的两台固定床反应器，是未清洗干净的二手设备，由于其壳程存有积碳和油垢，使熔盐在高温下加速分解，发生爆炸。

浙江嘉兴向阳化工厂"1·4"反应釜爆炸事故

2012 年 1 月 4 日，浙江省嘉兴市向阳化工厂二氯乙烷车间反应釜发生爆炸，同时引发火灾，造成 3 人死亡，4 人受伤，直接经济损失约 120 万元。事故的直接原因是：生产过程中涉及双氧水与二异丙胺反应，该反应是强放热反应，需在二异丙胺过量且冷却条件下进行，由于生产技术不成熟，在生产工艺组织上，氧化反应自控测量参数设置不全面，操作人员凭经验判断氧化反应终点，未对反应物的消耗情况分析检测，组织工人盲目蛮干，造成氧化剂双氧水转入不具备反应

控制条件的浓缩工序而发生化学爆炸。

事故暴露了企业存在以下问题：

① 事故车间安全生产条件不具备。企业老厂区布局不合理，车间自动化程度低，未单独设置自动化操作控制室，致使事故发生时，车间现场操作人员过多，造成伤亡扩大。

② 企业安全生产管理不到位。企业未制定有针对性的技术控制规则和安全操作规程，对氧化反应终点没有设置科学的判定方法，凭经验操作；企业没有制定极端环境条件下的安全保障措施。1月4日天气寒冷，据气象资料显示最低地面温度为-4.3℃，导致反应温度偏低，致使含双氧水在内的反应物氧化反应不完全。

③ 企业在做该项目的安全预评价、安全现状评价时，提供的工艺信息不完整，也没有进一步掌握生产该产品的安全技术特征。

河北克尔化工有限公司"2·28"重大爆炸事故

2012年2月28日，河北赵县克尔化工有限公司发生爆炸事故，造成29人死亡，46人受伤，直接经济损失4459万元。事故的直接原因1#反应釜底部保温放料球阀的伴热导热油软管连接处发生泄漏着火后，当班人员处置不当，外部火源使反应釜底部温度升高，局部热量积聚，达到硝酸胍的爆燃点，造成釜内反应产物硝酸胍和未反应的硝酸铵急剧分解爆炸。1#反应釜爆炸产生的高强度冲击波以及高温、高速飞行的金属碎片瞬间引爆堆放在1#反应釜附近的硝酸胍，引发次生爆炸。事故暴露出以下问题：

① 企业生产原料、工艺、设施随意变更。未经安全审查，未经风险评估，擅自将原料尿素变更为双氰胺；擅自更改工艺指标，提高导热油温度。未制定改造方案，未经相应的安全设计和论证，增设一台导热油加热器，改造了放料系统。

② 设备维护不到位，在反应釜温度计损坏无法正常使用时，不是研究制定相应的防范措施，而是擅自将其拆除，造成反应釜物料温度无法即时监控。

③ 车间管理人员、操作人员专业知识低，多为初中以下文化程度，缺乏化工生产必备的专业知识和技能，未经有效安全教育培训即上岗作业。

④ 企业隐患排查治理工作不深入、不认真，对技术、生产、设备等方面存在的隐患和问题视而不见，甚至当上级和相关部门检查时弄虚作假，将已经拆除的反应釜温度计临时装上应付检查，蒙混过关。

安庆市鑫富化工有限公司"3·27"爆炸事故

2011年3月27日,安庆市鑫富化工有限责任公司制造车间3号低温氯化釜发生爆炸,同时引发车间局部火灾,造成当班人员3人死亡、1人轻伤。事故的直接原因是当班操作工误操作,在准备补加二甲基甲酰胺时,误将甲醇高位槽阀门打开,将用于洗釜的高位槽剩余甲醇加入到釜内,与釜内物料发生剧烈反应,导致爆炸。事故暴露出以下问题:

① 该生产工艺及流程设计本身存在缺陷,选择甲醇作为清洗剂存在较大危险,甲醇管道与DMF管道相邻并行,最后合并通过同一个阀门进釜,容易因误操作将甲醇引入反应釜,氯化成盐试剂与甲醇发生剧烈化学反应,工艺流程设计存在较大风险。

② 物料替代名称混淆,易发生误操作。该公司从技术保密出发,将甲醇物料以T14代称,二甲基甲酰胺(DMF)物料以T11代称,容易混淆,发生误操作。

③ 企业变更管理缺失,在进行管线更改设计后,未进行风险识别和分析,DMF管线、甲醇管线毗邻并联设计存在安全隐患,操作时工人易误操作。

兴隆县天利海香精香料有限公司"4·9"火灾事故

2016年4月9日21时15分,河北省承德市兴隆县天利海香精香料有限公司化二车间水解岗位操作工对4#水解釜加热过快,釜内物料暴沸,产生大量的甲醇、氯甲烷、氯化氢、水蒸气等气体,造成釜内压力急剧升高,导致釜内物料喷出,将水解釜上封头及附带的电机、减速机等冲起,撞击车间三层钢筋砼构件产生火花,甲醇、氯甲烷等被引燃,造成现场人员伤亡并引发次生火灾。事故造成4人死亡、3人烧伤。

江西樟江化工有限公司"4·25"较大爆燃事故

2016年4月25日1时18分,位于江西省樟树市盐化工基地化工园区的江西樟江化工有限公司在试生产过程中发生爆燃事故。在试生产准备阶段往生产系统中添加工作液(主要成分为2-乙基蒽醌、重芳烃、双氧水和磷酸三辛酯等)时,氧化塔中的氧化工作液呈碱性(要求氧化液呈弱酸性)。企业在紧急停车后,生产副总经理对其危险性认识不足,处理时判断不全面,企图回收利用不合格工作液,违规将氧化工作液泄放至酸性储槽中,并违规打开酸性储槽备用口添加磷酸，企图重新将氧化工作液调成酸性。但酸性储槽中的双氧水在碱性条件下迅速分解并放热，产生高温和助燃气体氧气，引起密闭的储槽容器压力骤升而爆炸，引燃氧化工作液，造成爆燃事故，致使3人死亡，1人轻伤。

事故暴露出企业安全生产主体责任不落实。樟江公司在建设项目时，未取得消防部门消防设计审核意见和建设部门施工许可，擅自开工建设；未取得消防验收合格意见书，擅自进行项目试生产（使用）。企业安全管理机构不完善，未设置安全生产管理机构；主要负责人及安全管理人员未参加安监部门举办的安全生产知识和管理能力培训考核，企业安全技术人员及操作员工安全培训教育不到位，对安全生产危险危害的防范意识不强；江西蓝恒达化工有限公司与事故企业签订土地租赁协议，租赁企业未对承租企业的安全生产工作进行统一协调、管理，未定期进行安全检查。这是导致此次事故发生的重要原因。

沧州大化TDI有限责任公司"5·11"爆炸事故

2007年5月11日，沧州大化TDI有限责任公司TDI车间硝化装置发生爆炸事故，造成5人死亡，80人受伤，其中14人重伤，厂区内供电系统严重损坏，附近村庄几千名群众疏散转移。事故的直接原因是：TDI车间一硝化系统在处理系统异常时，酸置换操作使系统硝酸过量，甲苯投料后，导致一硝化系统发生过硝化反应，生成本应在二硝化系统生成的二硝基甲苯和不应产生的三硝基甲苯（TNT）。因一硝化静态分离器内无降温功能，过硝化反应放出大量的热无法移出，静态分离器温度升高后，失去正常的分离作用，有机相和无机相发生混料。混料流入一硝基甲苯储槽和废酸储罐，并在此继续反应，致使一硝化静态分离器和一硝基甲苯储槽温度快速上升，硝化物在高温下发生爆炸，并引发甲苯储罐起火爆炸。

江西海晨鸿华化工有限公司"5·16"较大爆炸事故

2012年5月16日上午7时45分左右，江西海晨鸿华化工有限公司由于生产过程中水进入2#磺化釜内，与氯磺酸发生剧烈放热反应，诱发硝基苯以及磺化反应产物发生剧烈分解反应，发生爆炸，造成3人死亡、2人受伤，直接经济损失600余万元。事故暴露出以下问题：

① 工艺管理存在的问题。在生产装置长时间处于异常状态、工艺参数出现明显异常（硝基苯含量高、反应长时间达不到终点）的情况下，企业技术与管理人员均未到现场进行处理，操作人员盲目维持生产，导致事故发生。

② 设备管理存在的问题。3#釜加注三氯化磷的玻璃管道损坏、5个釜共用的磁力泵损坏，均未及时更换，导致3#釜不能正常反应，在带料的情况下长时间搁置，直接导致异常工况的形成。

山东淄博市宝源化工股份有限公司"5·28"爆炸事故

2011年5月28日，山东省淄博市宝源化工股份有限公司发生爆炸事故，造成3人死亡，8人受伤，直接经济损失约450万元。事故的直接原因是：该公司硝基甲烷车间精馏工段粗品精馏过程中，在蒸馏罐中投入原料时，未加入低沸点物，且蒸馏时间过长，精馏罐处于低液位状态，在罐内壁形成较多固体残留物。在精馏罐持续加热条件下，精馏罐壁面固体残留物发生热分解而爆炸，爆炸引发罐内气体和残留液体整体爆轰。事故暴露出以下问题：

① 变更管理不到位。在工艺操作变更以后，未进行危险因素辨识，对操作的工艺危险性没有深入分析，未修订相关的操作规程。

② 危险因素辨识不到位。企业对工艺物料、工艺反应可能生成的危险物质的危险性进行分析，对不当操作引发的后果不清楚，没有采取消除危险性措施，导致蒸馏时间过长，发生爆炸。

江苏省宝应县曙光助剂厂"5·29"爆炸事故

2014年5月29日，江苏省扬州市宝应县曙光助剂厂发生爆炸事故，造成3人死亡，3人受伤。事发时，该厂当班工人正将甲基邻苯二胺（粗品）投入夹套式真空蒸馏釜进行生产。由于甲基邻苯二胺（粗品）含有的杂质在蒸馏过程中随着甲基邻苯二胺的产出，浓度逐渐升高，在一定的温度和空气进入釜内的条件下，发生化学反应，引起爆炸。事故暴露出非法生产与非法转包中存在着严重问题：

① 曙光助剂厂非法生产。二甲基乙醇胺是危险化学品，加工HY-10母液生产二甲基乙醇胺，属于危险化学品生产过程，应当领取危险化学品安全生产许可证。曙光厂擅自用本企业生产装置加工HY-10母液，生产二甲基乙醇胺，未申请领取安全生产许可证，不具备生产危险化学品的资质和条件。

② 江苏飞翔化工股份有限公司非法生产。德诚化工的危险化学品安全生产许可证在2013年11月7日已过期，且许可范围不包含二甲基乙醇胺，不具备生产二甲基乙醇胺的资质条件。在被当地安监部门责令停产期间，将HY-10母液擅自转移到不具备资质的曙光助剂厂加工，属于非法转包危险化学品生产项目。

③ 靖江市德诚化工有限公司违法行为。飞翔化工委托德诚化工为其加工HY

-10母液,将生产经营项目发包给不具备资质条件的德诚化工,是该起危险化学品非法生产行为的源头。

林江化工股份有限公司"6·9"爆炸事故

2017年6月8日,浙江杭州湾上虞经济技术开发区林江化工股份有限公司车间主任安排4名操作工在二号车间215反应釜使用二氯甲烷萃取前期反应生成的中间产品[1,4,5]氧二氮杂庚烷,研发人员负责跟踪。8日晚22点40分左右,操作工开始用真空泵把萃取好的物料抽到13号水汽蒸馏釜中,开蒸汽升温以蒸馏去除物料中的溶剂二氯甲烷得到中间产品,同时通知DCS室配合车间对13号釜的温度、压力进行查看。23点30分左右,釜温42℃、压力0.002MPa,开始出现馏分;2点16分左右,DCS显示温度、压力急剧上升,随即13号釜发生爆燃。事故暴露出企业对精细化工新产品投用前未进行反应安全风险评估。中间产品[1,4,5]氧二氮杂庚烷,在40℃以下已开始缓慢分解,随温度升高分解速度加快,至130℃时剧烈分解,发生爆炸。企业在不掌握新产品及中间产品理化性质和反应安全风险的情况下,利用已停产的工业化设备进行新产品中试,依据500ml规模小试,将中试规模放大至1万倍以上,在反应釜中进行水汽蒸馏操作时,夹套蒸汽加热造成局部高温,中间产品大量分解导致体系温度、压力急剧升高,最终发生爆燃事故。

九江之江化工公司"7·2"爆炸事故

2017年7月2日凌晨,江西省九江市彭泽县矶山工业园区之江化工公司7号反应釜投料后,通蒸汽缓慢升温。至7时20分左右,升温至163℃、压力4.7MPa,关闭蒸汽,进入反应保温阶段。16点30分,7号反应釜安全阀第一次起跳。随后,车间主任到现场带领班长、机修人员进行紧急处置,打开保温层,用水冲淋反应釜上部进行降温,随后安全阀回坐。17时左右,7号反应釜安全阀第二次起跳,几秒钟后发生爆炸,造成3人死亡、3人受伤。

初步分析事故直接原因是:胺化反应属于18种重点监管的危险化工工艺之一,物料具有燃爆危险性,该工艺的操作模式为先升温到160℃后保温反应,由于反应釜体积较大,此时可认为体系进入绝热模式,反应放热全部用来升高体系温度。由于反应釜出现了冷却失效,大量热无法通过冷却介质移除,体系温度不断升高,对硝基苯胺为热不稳定物质,在高温下易发生分解,其TD1(达到最大反应速率的温度)约为220~240℃,可能是反应热造成了产物的二次分解,导致体系温度、压力的极速升高造成爆炸。

云南曲靖众一合成化工"7·7"氯苯回收塔爆燃事故

2014年7月7日,云南省曲靖众一合成化工有限公司合成一厂一车间氯苯回收系统发生爆燃事故,造成3人死亡,4人受伤,直接经济损失560万元。事故的直接原因:一是氯苯回收塔塔底AO-导热油换热器内漏,管程高温导热油泄漏进入壳程中与氯苯残液混合,进入氯苯回收塔致塔内温度升高,残液汽化压力急剧上升导致氯苯回收塔爆炸和燃烧;二是未按设计要求安装温控调节阀,只安装了现场操作的"截止阀",当回收塔塔底温度、压力出现异常情况并超过工艺参数正常值范围时,"截止阀"不能自动调节和及时调控。

河南洛阳洛染股份有限公司"7·15"爆炸事故

2009年7月15日,河南省洛染股份有限公司一车间发生爆炸事故,造成8人死亡,8人受伤。事故的直接原因是中和萃取作业场所氯苯计量槽挥发出的氯苯蒸气,遇旁边因老化短路的动力线部位火源,引发氯苯蒸气爆燃,氯苯计量槽被引燃,随后发生爆炸,致使水洗釜内成品2,4-二硝基氯苯发生第一次爆炸,继而引发硝化釜内2,4-二硝基氯苯发生第二次爆炸。

山东东营滨源化学有限公司"8·31"爆炸事故

2015年8月31日,山东东营滨源化学有限公司年产2万吨改性型胶黏新材料联产项目二胺车间混二硝基苯装置在投料试车过程中发生爆炸事故,事故造成13人死亡。爆炸事故发生前,该企业先后两次组织投料试车,均因为硝化机温度波动大、运行不稳定而被迫停止。事故发生当天,企业负责人在上述异常情况原因未查明的情况下,再次强行组织试车,在出现同样问题停止试车后,车间负责人违章指挥操作人员向地面排放硝化再分离器内含有混二硝基苯的物料,导致起火并引发爆炸。由于后续装置还未完工,事故发生前有多个外来施工队伍在生产区内施工、住宿,造成事故伤亡扩大。事故暴露出企业违法建设问题。该公司在未取得土地、规划、住建、安监、消防、环保等相关部门审批手续之前,擅自开工建设;在环保、安监、住建等部门依法停止其建设行为后,逃避监管,不执行停止建设指令,擅自私自开工建设。

绍兴市华元化工有限公司"9·14"萘储罐爆炸事故

2013年9月14日8时50分,位于上虞区道墟镇工业区的绍兴市华元化工有限公司发生一起萘储罐爆炸事故,造成3人死亡。事故直接原因是华元公司员工采用氧气、乙炔气割枪明火烘烤结晶萘料管,致使熔融的液萘外溢,遇明火着火。输送管中的液萘继续流出,在1号罐罐顶的人孔盖附近燃烧,无保温材料的人孔盖直接受火烧烤,引燃人孔盖内部的结晶萘,导致1号罐内液萘进一步汽化,并达到爆炸极限,引发爆炸后燃烧。事故暴露出公司管理人员、操作人员专业知识缺乏,不适应岗位要求。公司管理人员中多数是公司负责人的亲戚,管理人员与员工多数是初中以下文化程度,缺乏对化工专业知识和生产技能的了解和掌握,未经有效的安全教育培训即上岗作业;从事磺化工艺的严某,无证操作电焊设备,擅自动用气割工具明火疏通管道中易燃易爆的结晶萘,使结晶萘熔融后流至1号罐顶盖起火,又施救不当,直接导致储罐爆炸。

辽宁省辽阳金航石油化工有限公司"9·14"爆炸事故

2008年9月14日,辽宁省辽阳市灯塔市金航石油化工有限公司发生爆炸事故,造成2人死亡,1人下落不明,2人受轻伤。该起事故是由于在滴加异辛醇进行硝化反应的过程中,当班操作工违章脱岗,反应失控时没能及时发现和处置,导致反应釜内温度、压力急剧上升,釜内物料从反应釜顶部的排放口喷出,喷到成品库房内的可燃物上,导致着火,引发成品库内堆积的桶装硝酸异辛酯爆炸,并引起厂内其他物料爆炸、燃烧。

万华化学集团股份有限公司"9·20"MDI缓冲罐爆裂事故

2016年9月20日17时22分,万华化学集团股份有限公司烟台工业园二苯基甲烷二异氰酸酯生产装置在停车退料过程中,一容积为$12m^3$的异氰酸酯(MDI)缓冲罐发生爆裂,造成4人死亡,4人受伤。事故直接原因是:由于DAM泵出口管线上的手阀未关严,导致来自上游的约8tDAM进入粗MDI缓冲罐(DAM输送泵不停止打循环,防止固化)。DAM与MDI反应可生成缩二脲和多缩脲,同时放出大量热量。生成的多缩脲导致粗MDI缓冲罐出料泵P3407-1/2入口过滤器堵塞,使事故储罐液位不断上升至满罐,并进入位于粗MDI缓冲罐上方的收液管道及两根压力平衡管道内,将压力平衡管道堵塞。DAM与MDI反应放出的热量，导致粗 MDI 缓冲罐内温度不断升高，最终达到 MDI 自聚反应起始温度，MDI 迅速自聚，同时产生大量二氧化碳，使粗 MDI 缓冲罐内温度、压力快速升高，最终超压爆裂，导致事故发生。

江苏联化科技有限公司"11·27"爆燃事故

2007 年 11 月 27 日，江苏联化科技有限公司发生爆燃事故，造成 8 人死亡，5 人受伤，直接经济损失约 400 万元。事故的直接原因是染料中间体当班操作工操作不当，本应对重氮化反应进行保温，但没有将加热蒸汽阀门关到位，致使反应釜被继续加热，导致重氮化釜内重氮盐剧烈分解，发生化学爆炸。

浙江菱化实业股份有限公司"11·28"爆燃事故

2007 年 11 月 28 日，浙江省湖州市浙江菱化实业股份有限公司的二级脱酸甩盘釜发生燃爆事故，造成 3 人死亡。事故的直接原因是公司亚磷酸二甲脂车间当班操作工没有及时发现 DCS 控制系统显示甲醇进料系统故障和发出的警告信号，没有采取有效措施，致使甲醇自动进料系统发生故障后中断甲醇进料 2 小时 40 分钟，造成另一反应物三氯化磷进料过多，过量三氯化磷经反应釜进入粗酯受器与粗酯中残留的甲醇发生反应，产生大量气体（氯化氢、氯甲烷）和反应热，导致粗酯受器盖子被炸飞，冲出的大量气体遇到爆炸产生的火星以及大量的三氯化磷遇水，继而引发后续的爆炸和燃烧。爆炸和燃烧产生大量的刺激性气体，造成现场操作工在逃生过程中窒息。

连云港聚鑫生物科技有限公司"12·9"爆炸事故

2017 年 12 月 9 日凌晨 2 时 20 分左右，连云港聚鑫生物科技有限公司年产 3000t 间二氯苯装置发生爆炸，间二氯苯装置与其东侧相邻的 3-苯甲酸装置整体坍塌，部分厂房坍塌、建筑物受损严重，造成 10 人死亡。爆炸事故初步分析直接原因：将设计用氮气（0.15MPa）将间二硝基苯压到高位槽的方式，改用压缩空气（0.58MPa）压料，造成高位槽内沉淀的酚钠盐扰动，与空气形成爆炸空间，引燃物料。间接原因是辅助装置自控缺乏，精馏装置仅有单一温度显示，没有报警、调节控制等工程技术措施；企业安全管理混乱，变更管理随意性强；风险识别不到位，变更无风险识别及新增风险的对策措施。

河南巩义市五发助剂厂"12·24"爆炸事故

2011年12月24日,河南省郑州巩义市五发助剂厂发生石蜡原料储罐爆炸事故,造成3人死亡,1人受伤。事故的直接原因是塑料输料管老化脱落,导致管内的液体石蜡大量泄漏,遇到锅炉的明火后燃烧爆炸。

潍坊长兴化工有限公司"1·9"氟化氢中毒事故

2016年1月9日21时许,山东潍坊长兴化工有限公司四氟对苯二甲醇车间作业人员擅自变更生产工艺违规操作,由于$4^\#$反应釜加料盖密封不严,导致氟化氢泄漏并扩散,造成现场和相邻车间作业人员中毒,致使3人死亡、1人受伤。

事故直接原因是作业人员擅自变更生产工艺违规操作。四氟对苯二甲醇设计工艺为氟化、酸化水解、酯化、还原4个工序,分别在4个反应釜内进行;事故发生时,作业人员违规操作,将氟化、酸化水解工序都在$4^\#$反应釜内进行。设备设施存在不安全状态。一是$4^\#$反应釜的加料盖正常情况下使用双向对称4个夹扣进行封闭,但是事故现场加料盖只使用了2个夹扣,紧固螺栓全部松动。二是违规拆除自动化控制系统。

甘肃白银乐富化工有限公司"2·16"中毒事故

2012年2月16日,甘肃省白银市白银乐富化工有限公司发生硫化氢中毒事故,造成3人死亡。该公司使用五硫化二磷、三混甲酚在反应釜内反应生产25号黑药,反应中放出硫化氢气体,通过真空系统吸到碱液池吸收。但事发时该公司反应釜抽真空设备损坏停用,操作人员佩戴过滤式防毒面具在正压状态下冒险作业,从反应釜搅拌轴封处泄漏的硫化氢气体致一人死亡,其他人员未佩戴任何劳动防护用品盲目施救,致使事故扩大。事故暴露出以下问题:

① 从业人员对过滤式防毒面具的功效不完全掌握,长时间在有毒环境中作业,导致面具失效,失去保护作用。

② 该厂黑药生产装置建设时未履行建设项目"三同时"手续,安全设施未经审查验收合格。

③ 企业每隔一二个月生产一次,每次生产时间为5天左右,且夜间生产,具有很大的隐蔽性,导致政府监管部门对其非法生产未及时发现,逃避了监管。

河北省邯郸市大名县福泰生物科技有限公司"4·1"中毒事故

2016年4月1日,河北省邯郸市大名县城西工业园区的福泰生物科技有限公司发生一起硫化氢中毒事故,含有硫化钠的碱性废水打入存有酸性废水的废水池中,反应释放出硫化氢气体经废气总管回窜至车间抽滤槽,从抽滤槽逸出,致使在附近作业的1名人员中毒;施救人员在未采取任何防护措施的情况下盲目施救,导致事故扩大,造成3人死亡、3人受伤。事故暴露出以下问题:

① 福泰公司备案建设项目为2,3-二氯吡啶生产,没有经有资质单位设计,后又擅自更改项目建设内容,未向国土、建设、安监等部门提出申请,违法占地、违法建设,在未取得生产许可情况下非法生产农药杀扑磷(属于危险化学品)。

② 工艺设计不合理,存有严重缺陷,废水池废气吸收与装置废气共用吸收塔。含硫化钠废碱水与水洗废酸水经同一废水罐、排水泵、管道,排入同一废水池,一旦废水池呈酸性环境或两种废水相混,必然产生硫化氢。

③ 未按规定设置硫化氢有毒气体报警系统,未配备应急救援器材等安全设施,未制定应急救援预案。施救人员在未采取任何防护措施的情况下盲目施救,造成事故伤亡扩大。

④ 福泰公司未制定安全生产责任制度、安全生产管理制度和岗位操作规程,未设置专职安全员,未对员工进行安全教育、培训。

山东省潍坊市滨海香荃化工有限公司"4·9"中毒窒息事故

2015年4月9日,潍坊滨海香荃化工有限公司发生中毒窒息事故,造成3人死亡,2人受伤,直接经济损失约330万元。公司为减少异味扩散和提高生化反应效率,经多方咨询后,安排人员在好氧池和厌氧池上部加盖了塑料棚,废水在生化处理过程中产生的硫化氢等有毒有害气体集聚。作业人员未佩戴防毒面具等防护装备,进入好氧池大棚内,吸入硫化氢中毒晕倒,跌落至好氧池污水中窒息,施救人员也未佩戴任何防护装备,进入好氧池大棚内盲目施救,造成事故扩大。事故暴露出以下问题:

① 污水处理设施变更管理不到位。在好氧池上部加盖塑料棚,形成了受限空间,未严格执行变更管理程序,未进行变更风险分析辨识和制订控制措施;变更后未及时更新污水处理操作规程,只是在责任制绩效考核细则中规定了进入污水处理站好氧池、厌氧池的审批、安全防护等程序和要求。

② 受限空间作业管理不落实。违章作业,未办理《受限空间安全作业证》。

作业前安全措施不落实，未对作业的受限空间有毒有害气体进行检测、未采取通风措施，违反《化学品生产单位特殊作业安全规程》(GB 30871—2014)的有关要求。在未安排人员进行监护的情况下，作业人员未佩戴过滤式防毒面具或氧气呼吸器、空气呼吸器等防护装备，违规进入好氧池受限空间内进行作业。

辽宁灯塔北方化工有限公司"4·24"中毒窒息事故

2014年4月24日，辽宁省灯塔北方化工有限公司发生中毒窒息事故，造成3人死亡，直接经济损失329万元。事故的直接原因是该公司加氢车间在未制定危险作业方案、未办理进入受限空间作业审批手续、未对厌氧罐出口池进行空气吹扫、作业人员也未佩戴防护用具的情况下，向厌氧罐出口池放入排泥泵的软管。1名作业人员沿着铁梯向池底移动，想将软管提拉上来时，因吸入高浓度硫化氢气体昏倒并掉落到出口池池底污水中。另2名作业人员见状，盲目进池施救，也因吸入高浓度硫化氢气体昏迷跌落到池底污水中。最终3人因硫化氢中毒死亡。事故暴露出以下问题：

① 企业对职工的安全教育和培训不到位，致使职工的安全意识不强，自我保护能力差，作业过程中不采取任何安全措施，冒险作业、盲目施救。

② 企业安全管理工作不到位。违章指挥，违反操作规程。安装排泥泵作业时，未履行危险作业审批程序，未报公司安全部门审批，没有制定和采取相应的安全防护措施。

衡水天润化工科技有限公司"11·19"中毒事故

2016年11月19日1时20分，衡水天润化工科技有限公司在实验生产噻唑烷过程中发生甲硫醇等有毒气体外泄，致当班操作人员中毒，造成3人死亡、2人受伤。事故暴露出以下问题：

① 科学实验过程中缺少安全监管。南京隆信化工有限公司法人代表提供的技术，未经安全论证就进行工业化实验。没有对工业化实验进行风险分析，并采取相应的安全措施即组织进行噻唑烷生产实验。法人代表明知甲硫醇的危险特性，未告知现场操作人员，未制定安全操作规程，未对现场操作人员进行安全教育培训，致使现场操作人员对甲硫醇的危害性认识不足，防护不当。

② 衡水天润化工科技有限公司对采用首次使用的技术，未进行风险分析，未采取有效的安全防护措施，未制定安全操作规程，盲目组织职工冒险作业。

③ 事故事件管理不到位。衡水天润化工科技有限公司对发现的事故苗头不

重视,未及时治理。噻唑烷试验岗位曾在2016年10月份发生过操作人员中毒晕倒送医治疗,以及其他现场人员过敏等问题,企业未认真研究分析原因,没有采取相应防护措施,致使事故发生。

河北邯郸龙港化工有限公司"11·28"液氨泄漏事故

2015年11月28日,河北省邯郸市龙港化工有限公司发生液氨泄漏事故,造成3人死亡、4人受伤。事发时工人正在将一储罐内的液氨往槽车充装,因备用液氨进料管线法兰盲板处泄漏,导致2名操作工和1名槽车司机死亡、4人受伤。事故暴露出施工(维修)管理不严。企业有关人员在进行液氨储罐安装施工、大修和日常检查中,未严格按照设计要求进行安装施工、配件更换和隐患排查,造成2号液氨储罐备用液氨接口固定盲板所用不锈钢六角螺栓不符合设计要求,其中2条螺栓陈旧性断裂而造成事故发生。

十、精细化学品行业检维修期间发生的典型事故

山东省冠县新瑞实业有限公司"2·8"闪爆事故

2015年2月8日,冠县新瑞实业有限公司在停产检修过程中发生较大闪爆事故,造成3人死亡,5人受伤,直接经济损失358.89万元。事故的直接原因是:检修作业时,酒精车间对醪塔整体蒸汽吹扫置换不彻底,没有彻底隔绝与醪塔相连的工艺设施,残余酒精蒸气或醪液发酵生成的沼气在醪塔内与空气形成爆炸性混合物,检修人员使用非防爆工具拆卸并递送塔板,工具与塔板、塔板之间或塔板与塔壁发生碰撞产生火花,引起醪塔上部空间闪爆,导致醪塔顶部的除沫板坠落,砸伤20m平台上的4名作业人员并致坠落。事故暴露出企业存在以下问题:

① 冠县新瑞实业有限公司安全生产主体责任不落实。该企业与其他企业属同一法人控制的关联公司,相当于一个"大车间",其主要负责人对安全生产工作不重视,安全生产意识淡薄,企业安全生产责任制与岗位不相匹配,安全管理职责权限不明确,造成安全管理混乱。

② 检维修及特殊作业环节管理不到位。一是《2015年检维修方案》制定不详细,未详细列明本次检维修与醪塔Ⅱ切断的工艺管道。危险有害因素分析不全面,未分析醪塔Ⅱ上部空间存在可燃气体的可能性。未明确提出要使用防爆工

具。未提出检修要采取防止塔板垮塌的安全措施。二是检维修及受限空间等特殊作业管理制度不落实，在未对作业空间进行可燃气体检测、未办理《受限空间安全作业证》的情况下，进入受限空间作业。三是值班长在安全管理人员告知不得进行作业的情况下，仍安排工人进行冒险作业。四是监护人未尽监护职责，作业期间监护人离开检修现场。

③ 安全设施不完善。未采取防止塔板垮塌的措施。醪塔Ⅱ10m和20m之间未采取避免伤害的隔离措施。没有防止除沫板坠落措施，造成事故扩大。

江苏省如皋市双马化工有限公司"4·16"爆炸事故

2014年4月16日，位于江苏省南通市如皋市东陈镇的如皋市双马化工有限公司造粒车间发生粉尘爆炸，引发大火，事故造成9人死亡，2人重伤，6人轻伤，直接经济损失约1594万元。事故的直接原因是：公司在1#造粒塔正常生产状态下，没有采取停车清空物料的措施，直接在塔体底部锥体上进行焊接作业，致使造粒系统内的硬脂酸粉尘发生爆炸，继而引发连续爆炸，造成整个车间燃烧，导致厂房倒塌、人员死亡。事故暴露出以下问题：

① 在实施对造粒塔加装气锤这一技术改造项目时，未履行变更管理制度，没有经公司批准，没有经过技术论证和风险评估，没有制定检修作业实施方案，没有进行检修作业安全交底。

② 危险作业安全管理缺失。维修人员在没有停车、没有办理《动火作业票》的情况下，违章直接在设备本体上进行焊接作业；当班电工没有办理《临时用电作业票》，违章接电焊机临时电源。

③ 违规设计、施工和安装。发生事故的造粒车间未执行基本建设程序，厂房为企业自行设计、安装；车间主要设备也是企业自行设计、制造、安装，未经正规设计、正规施工和安装。

④ 对硬脂酸粉尘的燃爆特性认知不足。没有认识到硬脂酸车间存在着爆燃危险，对作业场所进行风险辨识、评估不到位，也没有落实相应的防火防爆措施。

石家庄晋州市一非法染料中间体生产窝点"9·8"爆炸事故

2016年9月8日，河北省晋州市东里庄镇北寺村梨园内的一非法窝点加工苦味酸发生爆炸事故，造成7人死亡。事故直接原因是外来施工人员违反动火作业规范，在未检测、未采取安全措施、未经审批的情况下动火作业，气焊作业焊花掉落引起现场附近堆放的苦味酸爆燃，进而引发了库房内堆积的苦味酸爆炸。

安徽省淮南市超强化工公司"12·8"爆炸事故

2008年12月8日,安徽省淮南市超强化工公司生产二甲基吡咯烷酮的设备发生爆炸,事故造成3人死亡,2人轻伤。事故直接原因:该公司生产二甲基吡咯烷酮的设备在检修过程中,由于操作不当,造成导热油泄漏遇高温发生爆炸。

安徽康达化工有限责任公司"1·9"中毒事故

2014年1月9日,安徽康达化工有限责任公司出租场地内,员工在检修管道过程中发生中毒事故,造成4人死亡,2人轻伤。事故的直接原因是作业人员违规进入泵操作井对其中的甲硫醇钠管道进行检修,吸入含硫有毒气体(硫化氢、甲硫醇等)中毒,后因现场组织施救不当造成事故扩大。事故发生在康达公司出租的场地内,康达公司将场地出租给王某和张某2人,而2人在未依法注册企业、未取得任何行政审批、未取得安全生产从业资格的情况下,于2013年7月底,开始在康达公司厂区北部和东北角租赁场地进行工程建设。

菏泽市郓城县黄集乡非法化工厂"7·13"窒息事故

2016年7月13日12时30分,位于山东省郓城县黄集乡季垓村西的一家非法化工厂,操作人员违反受限空间作业规范,在未通风置换、未检测、未经审批的情况下,进入2#反应釜内清理橡胶促进剂TETD(二硫化四乙基秋兰姆)残存湿料,导致二硫化碳中毒,现场其他人员在未采取防护措施情况下,冒险进入反应釜施救,致使3人二硫化碳中毒窒息死亡。事故暴露出以下问题:

① 该工厂无任何审批手续,无正规设计,从业人员没有经过任何培训,没有任何管理机构、管理制度和操作规程,没有救援设备和消防设施,现场管理混乱,属于非法生产。

② 厂房出租人与事故工厂负责人签订厂房租赁合同时,没有对其安全生产条件或者相应的资质进行审查,出租后没有过问承租单位的使用、生产等有关情况。

浙江宁波江宁化工有限公司"8·7"中毒事故

2013年8月7日,浙江省宁波江宁化工有限公司正在施工的顺酐装置发生作业人员中毒事故,造成3人死亡。事发时,分包商的3名无证射线检测作业人员违章进入顺酐反应器进行焊缝探伤作业,因与反应器连接的氮气管道未安全隔绝,气相侧操作员误开氮气管道阀门,将氮气通入反应器中,导致3人窒息死亡。

丰原(宿州)生物化工有限责任公司"8·10"中毒死亡事故

2009年8月10日,安徽丰原(宿州)生物化工有限责任公司5万吨无水乙醇项目在分子筛装填过程中发生乙醇中毒事故,导致3人死亡、1人受伤。事故的直接原因是承建单位施工人员在未办理进入受限空间作业票、未采取任何防护措施的情况下进入分子筛罐内作业,吸入乙醇蒸气中毒晕倒。2名监护人员发现后,未采取防护措施进入罐内救人,最终导致3人死亡。

十一、无机化工行业生产运行期间发生的典型事故

云南云天化公司三环分公司"1·13"硫黄仓库爆炸事故

2008年1月13日,云南云天化国际化工股份有限公司三环分公司硫黄仓库发生爆炸,造成7人死亡、32人受伤。事发时工人从火车上卸硫黄,由于天气干燥,空气湿度低,在卸车过程中产生的硫黄粉尘飘散,造成局部空间达到爆炸极限,在现场产生的点火能量作用下,引发硫黄粉尘爆炸。

浙江武义博阳实业有限公司"1·15"火灾事故

2008年1月15日,浙江武义博阳实业有限公司发生火灾事故,造成4人死亡。事故的直接原因是企业擅自改变生产工艺,将水改为白油用于冷却清洗,冷却清洗废渣池边真空泵不防爆,操作人员在关停真空泵时产生火花,引燃废渣池中的轻组分和白油,发生火灾。

内蒙古乌海化工股份有限公司"1·18"爆炸事故

2011年1月18日,内蒙古乌海化工股份有限公司在处理合成工段的高纯盐酸中间罐废气排空管和排空汇总管连接处的漏点时发生爆炸,导致3名工人死亡。事故的直接原因是制酸过程中少量溶解、夹带的氢气随盐酸进入高纯盐酸中间罐,由于中间罐压力的降低,溶解、夹带的氢气逐步从液相盐酸中析出。排空管与排空汇总管连接处开裂,造成氢气泄漏。维修工使用角磨机在作业过程中产生火花,引爆氢气,由于各盐酸储罐气相空间相连,造成三个盐酸储罐爆炸。

湖南省炎陵县华丰化工有限公司"4·22"燃爆事故

2011年4月22日,湖南省株洲市炎陵县华丰化工有限责任公司发生燃爆事故,造成6人死亡,4人受伤,直接经济损失336万元。事故的直接原因是该公司干燥包装车间电气开关柜箱体内集聚了高氯酸铵粉尘,内部不防爆的电气设备产生电火花,引爆粉尘,冲开电气开关箱体,引发周边的高氯酸铵粉尘二次爆炸,引燃车间及临近仓库内的高氯酸铵成品。本事故是一起化工生产企业无视国家法律法规,私自生产具有强氧化性、易制爆的高氯酸铵。此次事故中,大连远泰物流公司在未取得高氯酸铵生产资质及高氯酸铵生产装置设计资质的情况下,与未取得高氯酸铵生产资质的华丰公司签订生产高氯酸铵合作协议,安排没有设计资质的人员到华丰公司进行高氯酸铵生产装置的设计、安装及生产技术指导。

哈尔滨凯乐化学制品厂"8·5"爆炸事故

2011年8月5日,哈尔滨凯乐化学制品厂发生爆炸,导致3人死亡,1人受伤。事发时,4名工作人员正在对亚氯酸钠及柠檬酸进行分装操作。分装过程中,亚氯酸钠固体遇到明火或其他点火源引起着火和燃爆,最终导致库内存放的桶装亚氯酸钠爆燃。事故暴露出违法经营的问题,该企业未经安全评价和履行备案审批手续,非法使用危险化学品,未将亚氯酸钠储存在阴凉干燥处,远离火源、热源处,与酸、还原性等物质混储。

山东国金化工厂"8·25"爆炸事故

2012年8月25日,山东国金化工厂双氧水车间发生爆炸事故,造成3人死亡、7人受伤,直接经济损失约750万元。事故的直接原因是钯催化剂及白土床中氧化铝粉末随氢化液进入到氧化塔中,引起双氧水分解,使塔内压力、温度升高。紧急停车后,未采取排料、泄压等有效措施,高温、高压导致氧化塔上塔爆炸。事故暴露出企业安全管理混乱,管理机构不健全;操作规程有缺陷,塔内压力、温度、液位升高时,未明确规范操作要求。

甘肃锦世化工有限责任公司"7·21"中毒事故

2013年7月21日,甘肃省锦世化工有限责任公司硫化碱车间发生一氧化碳中毒事故,造成4人死亡,4人受伤,直接经济损失约367万元。事故的直接原因是烘干机运行中引风机变频器跳闸,引风量不足,烘干机内煤粉燃烧不充分,致使炉内产生一氧化碳等有毒有害气体,并通过提升机机壳倒流入负一层检修地坑,致使地坑内一氧化碳等有毒有害气体浓度过高,操作人员在无任何防护措施的条件下进入地坑清理灰渣造成中毒。事故暴露出企业在变更管理方面存在较大的问题。新增加的烘干设备未经充分论证，未经正规设计，变更未履行审批程序，擅自进行技术改造，对此工艺存在的主要危险、有害因素未进行风险辨识，对引风机故障停机时可能发生的后果无正确的处置办法。

云南南磷集团电化有限公司"9·17"氯气中毒事故

2008年9月17日，云南南磷集团电化有限公司发生氯气泄漏。事故造成71人中毒。事故的直接原因是：液氯充装站操作工将液氯钢瓶充满、关闭液氯充装阀后，没有及时调节液氯充装总管回流阀，充装总管短时压力迅速升高，造成充装系统压力表根部阀门上部法兰的垫片出现泄漏。泄漏的液氯气化扩散，造成该名操作工和下风向其他岗位的6名操作工、以及正在该企业的二期建设项目施工的64名施工人员不同程度中毒。

湖北省保康县红岩湾化工厂"10·3"中毒事故

2013年10月3日，湖北尧治河化工股份有限公司红岩湾化工厂黄磷车间净化工段发生硫化氢中毒事故，造成3人死亡、5人受伤，直接经济损失238万元。事发时，黄磷尾气净化正在试验之中，因循环槽内硫化氢、磷化氢脱除剂硫酸铜基本耗尽，使尾气中的硫化氢(H_2S)气体溶于清水被带入循环槽，逸出并滞留于槽内。清理作业人员进入槽内作业时，因搅动淤泥使滞留的硫化氢(H_2S)气体四向扩散，被作业人员吸入，造成急性中毒。而施救人员在未穿戴合适的个体防护用品条件下，入槽施救，致相继中毒酿成事故。

事故暴露出在企业试验环节对风险评估不足的问题。磷工程中心在科学试验时，未充分考虑实验室小试与中试时工艺环境和工艺条件的差别，没有对中试中硫酸铜溶液浓度这一关键数据的分析化验频率及时间作出具体规定，导致净化系统中脱除剂硫酸铜的浓度无法得到有效保证，从而影响黄磷尾气净化效果，导致尾气中硫化氢大量残留，逸出并滞留在循环槽底部泥浆中。

十二、无机化工行业检维修期间发生的典型事故

辽宁建平县鸿燊商贸有限公司"3·1"硫酸储罐爆炸事故

2013年3月1日，建平县鸿燊商贸有限公司发生硫酸储罐爆炸事故，造成7人死亡，2人受伤，直接经济损失1210万元。事故的直接原因是：硫酸储罐内的

浓硫酸被局部稀释产生氢气,与含有氧气的空气形成达到爆炸极限的氢氧混合气体,当氢氧混合气体从放空管通气口和罐顶周围的小缺口冒出时,遇焊接明火引起爆炸,导致2号罐体爆裂。飞出的罐体碎片,将1号储罐下部连接管法兰砸断,罐内硫酸泄漏。2号储罐和1号储罐泄漏的硫酸流入附近农田、河床及高速公路涵洞,引发较严重的次生环境灾害。

事故暴露出非法建设、无设计施工问题。企业在该硫酸储存项目未经规划,未经环境保护部门进行环境影响评估,未经安全生产监督管理部门审批安全条件,未经发改部门办理项目备案,未经国土部门批准项目建设用地,未经建设部门审批施工许可,未办理工商营业执照情况下,在临时用地上非法建设硫酸储罐。在建设过程中,擅自修改设计参数,雇佣无资质人员施工,在施工中明知企业擅自增加罐体高度,降低储罐壁钢板厚度,提供的原材料达不到设计屈伸强度,却仍按照企业要求施工,致使建造的硫酸储罐达不到强度、刚度要求。硫酸储罐现场未设置事故存液池以及防护围堤等安全防护设施,导致2.6万吨硫酸溢流出,造成事故扩大,引发较严重的次生环境灾害。

四川天亿化工有限公司"3·1"爆炸事故

2014年3月1日,四川天亿化工有限公司2号黄磷冶炼炉生产现场发生爆炸,造成3人烧伤导致原发性休克死亡,直接经济损失约600万元。事故的直接原因是该公司2号炉炉底碳砖失效,熔池下沉,炉底烧穿,熔融磷铁磷渣泄漏遇湿爆炸,部分检修人员避险不及,导致伤亡事故发生。事故暴露出以下问题:

① 企业不重视异常工况的处置。在炉底烧穿前,磷炉的异常情况未被发现和重视。依照常识,炉底烧穿前会出现炉底温度升高、炉底钢板发红现象,但当班负责2号炉巡视和炉温监测的郝某却称未发现异常。根据班组《工作日志》记载,2014年2月下旬以来,2号炉电极消耗过大,磷铁出得极少,负责公司生产管理和磷炉配料工作的车间主任林某对此异常情况没有认真分析原因,未采取预防、控制事故的有效措施。

② 未制定磷炉检维修制度。2号炉自2006年建成投产以来未进行过炉衬检维修工作,炉底碳砖腐蚀、漂浮不能被及时发现和修复,磷炉长时间带病运行。

山东省滨州市山东海明化工有限公司"3·18"爆炸事故

2015年3月18日9时47分许,山东省滨州市山东海明化工有限公司双氧水装置氢化塔发生爆炸事故,造成4人死亡,2人受伤,直接经济损失488.2万元。

事故直接原因为有关人员没有采取有效隔离、置换措施，进入氢化塔下塔作业。塔底排凝管线球阀和氮气进口管线（即变更后的中塔纯氢进口管线）截止阀内漏，氢气串入塔内，与从上部人孔进入的空气混合，遇点火源发生爆炸。事故暴露企业变更管理严重缺失。未按规定要求建立变更管理制度，变更过程没有进行风险分析，对变更催化剂及氢气进塔管线没有采取相应的安全措施。

青海盐湖工业公司"6·28"爆炸事故

2017年6月19日，青海盐湖工业股份（集团）有限公司化工分公司根据环保要求决定回收炭黑水，乙炔厂制定了方案，机修厂负责施工。6月28日14时，动火作业人员到炭黑水储槽顶部确认安全条件并实施动火，作业过程中炭黑水储槽顶部发生闷响，经再次确认安全条件，主管人员要求停止作业并撤离；焊工及有关监护人未执行要求，继续实施作业，16时40分左右储槽发生闪爆，造成4人死亡。事故直接原因是作业人员违章冒险作业，致使电焊把在摇动过程中落到槽顶部，并遇槽顶积水放电产生火花引燃03T901内溢出的乙炔等易燃易爆气体，由于回火导致03T901内发生闪爆。

湖南鲁湘钡业"9·23"检修雷蒙机爆燃事故

2014年9月23日，湖南省新晃县鲁湘钡业有限责任公司硝酸钡包装车间在检修雷蒙机的过程中发生爆燃事故，导致6人死亡。事故的直接原因是：检修雷蒙机时，致底部变速箱顶盖崩掉，形成半月型开口，顶盖上及周围遗留的硝酸钡掉入变速箱机油内，导致具有强氧化性的硝酸钡与有机可燃物（机油）混合形成爆炸性混合物，检修人员违规用铁器敲打螺栓产生火花，引发爆燃。

北京广众源气体公司"12·14"爆燃事故

2009年12月14日，北京广众源气体有限责任公司炭黑水储罐区发生爆燃事故，造成3人死亡。事故的直接原因是：在该公司炭黑水空冷器改造工程施工过程中，工人使用气割输送炭黑水管道时，引燃炭黑水罐体内易燃易爆气体，致使炭黑水罐体爆炸。事发前，事故罐中尚有部分炭黑水，并溶解了极少量的合成气并在罐内上部长期聚集，与空气形成混合气体。

云南省陆良县宏盈磷业有限公司"3·13"中毒窒息事故

2011年3月13日，云南省陆良县宏盈磷业有限责任公司在清理2#黄磷炉1#

精制槽内的泥磷过程中，发生中毒事故，导致承包商工人3人死亡，1人受伤住院。事发时，作业人员正在进行清淤作业，随着泥磷的不断清出，1#精制槽内水位不断下降，部分泥磷露出水面，遇空气后自燃，产生大量有毒有害气体，致使槽内人员吸入有毒有害气体中毒窒息伤亡。

河北魏县宏顺化工原料有限公司"3·29"中毒窒息事故

2013年3月29日，宏顺化工原料有限公司在排除二硫化碳冷凝管道堵塞故障中，发生中毒窒息事故，造成3人死亡，2人轻伤。事故直接原因是炉火操作工发现管道堵塞后，没有及时向厂方报告，在未采取任何防范措施的情况下，擅自打开运行中的有毒气体管道疏通口泥土封堵，对堵塞管道进行疏通作业，造成硫化氢、二硫化碳气体大量泄漏，操作人员吸入有毒气体后中毒昏厥跌落水池中。4名操作工未采取任何防护措施，盲目施救，先后中毒昏厥，致使事故扩大。

湖北大江化工集团有限公司"9·24"受限空间窒息事故

2017年9月24日9时30分左右，湖北省宜昌市宜都市大江化工集团有限公司维修工安排江苏汉皇安装集团有限公司2名员工到1号熔硫的助滤槽安装硫磺潜泵、阀门和2组盘管的连接工作。上午将硫磺潜泵安装完成，下午1点30分上班后，将2组盘管接通，并安装阀门。下午4点10分左右用蒸汽试压时发现阀门处有漏点。4点30分左右，1名员工去紧漏汽的阀门处螺丝（离事故助滤槽大约10m远），当时监护人等3人均站在助滤槽顶部。该员工紧完螺丝后返回事发现场，未看见3人，立即走过去查看情况，发现3人倒在助滤槽底部。随后，车间主任安排其他员工佩戴空气呼吸器将监护人等3人救出，后经抢救无效死亡。初步分析事故原因是：在没有办理受限空间作业票证、没有通风置换、没有对槽内空气进行检测分析、没有采取任何个人防护措施的情况下，违章冒险进入1#助滤槽内进行检修作业，在发现槽内有人窒息后，不佩戴个人防护用品盲目进行施救，导致事故扩大。

湖北钟祥市金鹰能源科技有限公司"11·11"中毒事故

2017年11月11日，钟祥市金鹰能源科技有限公司停产检修期间，合成车间2名员工在精脱硫塔D塔卸载活性炭的过程中发现塔底物料变少，系塔内隔网阻碍了活性炭的下流，其中1人上塔顶观察，不慎坠入塔内，5分钟后另一人发现其坠入塔内，于是呼救，该公司分管安全的副总经理及车间主任随后赶到塔顶入塔施救，也中毒倒在塔内，3人经救治无效死亡。经初步分析事直接原因为：维修人员未进行安全风险辨识和采取相应安全措施，在装填孔处向塔内探身瞭望时，因吸入有毒有害气体中毒坠入塔内，造成中毒，施救人员救人心切，在未注重自身安全防护的情况下，施救不当，致事故扩大。

湖北钟祥市大生化工有限公司"11·13"较大事故

2016年11月13日17时30分，位于湖北荆门钟祥市磷矿镇刘冲村的大生化工有限公司发生窒息事故，造成3人死亡。事故发生的直接原因是：在进入尾气脱硫塔第二区处理再生喷淋支管焊缝8处渗漏点时，未办理受限空间作业票证、未通风置换、未检测塔内气体含量、未采取安全防护措施，致使尾气脱硫塔内3人无法自救互救，导致缺氧窒息死亡。事故暴露出设备的本质安全方面存在问题。由于再生循环泵入口前未装过滤网，杂物进入管网导致喷头堵塞，喷头在设计上应可在环保尾气脱硫塔顶部拔出清理，但因防腐过程中未注意技术要求，造成喷头无法拔出，只能进入塔内检查清理。

十三、橡胶和塑料制造行业发生的典型事故

广西省河池市广维化工股份有限公司"8·26"爆炸事故

2008年8月26日，广西壮族自治区河池市广维化工股份有限公司有机厂发生爆炸事故，造成21人死亡、59人受伤，厂区附近3公里范围共11500多名群众疏散，事故造成直接经济损失7586万元。事故的直接原因是储存合成工段醋酸和乙炔合成反应液的CC-601系列储罐液位整体出现下降，导致罐内形成负压并吸入空气，与罐内气相物质（90%为乙炔）混合、形成爆炸性混合气体，并从液位计钢丝绳孔溢出，被钢丝绳与滑轮升降活动产生的静电火花引爆，随后罐内物料流出，蒸发成大量可燃爆蒸气云随风扩散，遇火源发生波及全厂的大爆炸和火灾。事故暴露出以下问题：

① 工艺管理落后。装置投产后，产量增加了两倍，但没有相应增加中间储罐容量，造成物料停留时间过短，进出物料流速加快，静电更易积聚。生产全部采用常规就地仪表控制，没有自动控制系统和紧急停车装置。罐区操作规程不完善，储罐的物料没有温度控制要求，液位控制指标不明确。罐区储罐没有安装液位、温度、压力测量监控仪表和可燃气体泄漏报警仪表。各储罐原设计有温度测

量装置,但未按设计安装使用。

② 罐区设计缺陷。企业于 1971~1972 年设计、安装。受当时国内技术水平的限制,设计所依据的技术标准、规范和技术要求与现行标准、规范和技术要求相比较低,故装置的自动化控制水平低,部分工艺装置和控制技术已不符合现行的标准、规范,罐区的布置、安全设施等也不符合现行标准规范的要求。主要有以下几个方面:罐区防火堤排水口未设置隔断阀,不能切断漏出的物料,使物料流出并进入下水道发生爆燃;罐区料泵、事故氮气阀、动力电缆及电气开关(除CC-604B、C 料泵外)均装在防火堤内;储罐采用浮子式液面计,并直接在罐顶盖上开孔安装,使罐内直接与大气相通,空气可进入罐内;反应液储罐未设置乙炔回收装置,尾气冷凝器放空管无阻火器和呼吸阀,冷凝液回流管未设 U 形液封管;储罐布置不合理,将 100m³ 储罐排成三排。

③ 安全装置缺陷。对罐区储罐未按原设计设置静电接地保护装置的问题长期未引起重视并整改。1999 年和 2008 年 4 月两次更换 CC-601 系列出口泵时,对流量和扬程(压力)增大后可能带来的静电危害性认识不足,没有采取相应的防护措施。罐区原设计有泡沫灭火系统,但 1982 年后因缺乏维护无法使用,1999 年企业擅自将其拆除;氮气灭火系统(事故氮)为人工操作,并将氮气阀门装在防火堤内。以致在发生事故时不能及时投用。CC-601 系列尾气冷凝器的冷凝液未设置导流管或导流板,冷凝液从距底板 6650mm 高的管口直接流入罐内,冲击罐内液面时易产生静电火花酿成事故。

④ 合成工段部分乙炔管道选用塑料材质,管道强度低,受爆炸冲击波影响,管道爆裂,使乙炔气漏出;此外,在电石厂乙炔气柜送合成工段的乙炔出口管未设隔断装置,造成在事故状态下,无法将乙炔气源隔断,使气柜中约 780m³ 的乙炔全部释放。

江西乐平市江维高科股份有限公司"9·13"爆炸事故

2011 年 9 月 13 日,江西江维高科股份有限公司有机分厂醇解工段四楼发生爆炸,造成 3 人死亡、3 人受伤,经济损失 230 余万元。事故的直接原因是甲醇和聚醋酸乙烯等原料没有经过充分搅拌和充分反应,甲醇在醇解机内挥发,与打开人孔而进入的空气混合,形成爆炸性混合气体。操作工为清空醇解机内反应不好的废料,打开人孔,用铁钩将料钩出并用铁锯割开,铁钩、铁锯与醇解机人孔壁碰撞产生火花,点燃爆炸性混合气体,发生爆炸。事故暴露出以下问题:

① 设备完整性差,醇解机螺栓未上齐。醇解机外壳与盖板用螺栓固定,螺栓

间距为135mm，螺栓共有400余个，但实际上大部分未配齐，仅有少部分螺栓，故发生爆炸时，巨大的能量只分摊到少部分螺栓上，使得螺栓处压力过大、超出承受值，螺栓被炸飞，盖板被爆炸的冲击波掀起，导致站在盖板上的蔡某等3人死亡。

② 操作规程内容有缺失。在清理废料时，操作规程只描述用拉钩割刀进行操作，在安全生产要点中虽明确规定"严禁因铁器敲击有易燃易爆物料的设备与管路"，但未明确应使用何种材质的拉钩割刀。而现场操作工使用铁钩、铁锯等铁制器物进行操作，从而导致火花产生。操作规程中未明确要求在清理废料前，操作工需对醇解机内混合气体进行检测，致使操作工在未对混合气体进行检测就开始切割、拉钩废料。操作规程未明确在各个操作时，阀门是否关闭、何时关闭，致使尾气回收阀关闭过早，致使醇解机内甲醇空气混合气体达到爆炸极限范围。

③ 安全培训工作不到位，风险意识较差。新员工未经考核合格就安排上岗作业，未经公司一级的安全教育培训；老员工安全意识不强，定期复训不到位。老操作工有多年工作经验，却未意识到铁器与铁器碰撞产生的火花会引起可燃混合气体爆炸。

浙江省常山县绝缘材料有限公司"10·16"爆炸事故

2011年10月16日，浙江省常山县绝缘材料有限公司制胶车间发生爆炸燃烧事故，造成3人死亡，3人受伤。事故的直接原因是公司制胶车间一反应釜因温度失控，造成釜内压力增高，物料爆沸冲开加料孔盖，甲醇蒸气与空气混合形成爆炸性混合气体，遇车间非防爆电气设备运行产生的火花，发生爆燃。

山西榆社化工股份有限公司"11·20"爆炸事故

2010年11月20日，山西榆社化工股份有限公司发生爆炸事故，造成4人死亡，2人重伤，3人轻伤，直接经济损失2725万元。事故的直接原因是该公司树脂二厂二号聚合厂房一聚合釜顶部的氯乙烯单体进口管线弯头焊口开裂，物料泄漏导致发生空间爆炸。事故暴露出企业设备完整性较差的问题。由于横管段上安装有两个调节阀，管段没有支撑减振设施，在单体进料和聚合釜进出料时，管道会发生振动，并最终导致弯头焊接接头开裂。

广东省罗定新邦林产化工有限公司"11·25"火灾事故

2008年11月25日，广东云浮罗定市㲼滨镇新邦林产化工有限公司发生火灾，事故造成3人死亡，3人受伤，疏散了周边1公里内所有人员。事故的直接原因是：公司萜烯树脂车间一聚合反应釜冷却盘管出水管法兰在生产过程中突然发生泄漏，泄漏的冷却水与反应釜内的催化剂三氯化铝发生化学反应，生成大量的氯化氢气体引发冲料，导致松节油、甲苯、三氯化铝等混合物大量外泄，遇到一楼包装车间、锅炉车间等非防爆区域火源，被引燃并迅速回燃，引起树脂生产及包装车间内可燃气体爆燃，造成整个萜烯树脂生产车间发生大火。

山东日科化学股份有限公司"12·19"爆燃事故

2017年12月19日9时15分左右，位于山东省潍坊市的日科化学股份有限公司年产1.5万吨塑料改性剂(AMB)生产装置发生爆燃事故，造成7人死亡、4人受伤。日科化学公司AMB生产装置主要工艺流程为苯乙烯、丁二烯、甲基丙烯酸甲酯聚合生成AMB乳液，再以热风炉送来的230℃左右的空气为干燥介质，通过干燥塔将雾化的AMB乳液干燥得到成品。该生产装置热风炉按照原设计一直使用煤作为加热原料。为满足环保排放要求，2017年7月开始，日科化学公司在进入干燥塔的热风管道上增加了一套天然气直接燃烧加热系统，将燃烧后的天然气尾气及其空气混合物作为干燥介质。12月19日9时左右，该生产装置当班班长按照安排，准备投用天然气加热系统；9时15分左右，当班班长在控制室启动天然气加热系统的瞬间，干燥塔及周边发生爆燃，并引发火灾。

经初步分析，事故直接原因是：天然气通过新增设的直接燃烧加热系统串入了干燥系统，并与干燥系统内空气形成爆炸性混合气体，在启动不具备启用条件的天然气加热系统的过程中遇点火源引发爆燃。

四川省金路树脂有限公司"3·16"较大中毒和窒息死亡事故

2016年3月16日8时40分，四川省金路树脂有限公司7m³聚合实验装置1#聚合釜在清釜检修作业时发生一起氯乙烯中毒事故，造成3人死亡，2人受伤。事故直接原因为：金路公司树脂分厂暂代运行班组负责人，违反公司《进入受限空间作业安全管理规定》，未办理《进入受限空间安全作业证》，违章指挥3名清釜作业人员进入1#聚合釜内作业。聚合釜未按规定进行安全隔绝，致使1#釜下端放料软管与2#釜、出料槽通过出料总管处于工艺联通状态。清釜作业过程中因清理的附着物堵塞排污阀，冲洗的水无法通过排污阀从釜内排出，致使在釜内下端积聚形成水封。致使出料总管的压力不断升高，最终导致总管内未置换的氯乙烯、机械杂质、水等混合物通过存在内漏的阀反冲入1#釜内。

事故暴露出企业安全生产责任落实不到位，对实验室安全管理职责不明晰，致使实验室存在公司副总工程师与树脂分厂共同管理的混乱现象。实验室安全监管职责划分的变更决定没有制定正式文件或正式发布，未及时更新并纳入公司安全责任管理体系，导致实验室在落实安全监管责任、作业人员安全教育培训、检维修安全管理制度、应急处置和救援等方面不到位。

十四、其他行业生产运行期间发生的典型事故

安徽安庆万华油品"4·2"爆燃事故

2017年4月2日13时许，安徽省安庆市大观经济开发区万华油品有限公司内，盛铭公司组织8名工人，开始在烘干粉碎分装车间的东第二间粉碎分装一黑色物料。17时许，在重新启动粉碎机时，粉碎机下部突发爆燃，瞬间引燃操作面物料，火势迅速蔓延，引燃化工原料库物料，造成5人死亡、3人受伤。事故暴露出企业非法出租给不具备安全生产条件的盛铭公司，非法组织生产。粉碎、收集、分装作业现场不具备安全生产条件，无除尘设施，导致可燃性粉尘积聚，使用不防爆电气产生电火花，引发可燃性粉尘爆燃。同时，由于车间布置不合规，生产组织安排不合理，无应急处置能力，导致事故扩大。

天津市瑞海公司"8·12"爆炸事故

2015年8月12日，位于天津市滨海新区的瑞海公司危险品仓库运抵区起火，随后发生两次剧烈的爆炸。事故造成165人遇难，8人失踪，798人受伤住院治疗，304幢建筑物、12428辆商品汽车、7533个集装箱受损，直接经济损失68.66亿元人民币。事故的直接原因是瑞海公司危险品仓库南侧集装箱内的硝化棉由于湿润剂散失出现局部干燥，在高温天气等因素的作用下加速分解放热，积热自燃，引起相邻集装箱内的硝化棉和其他危险化学品大面积燃烧，导致违规存放于运抵区的硝酸铵等危险化学品发生爆炸。

山东省博兴县诚力供气有限公司"10·8"重大爆炸事故

2013年10月8日，山东省博兴县诚力供气有限公司稀油密封干式煤气柜在生产运行过程中发生重大爆炸事故，共造成10人死亡、33人受伤、直接经济损

失3200万元。事故的直接原因是：该公司气柜在运行过程中，因密封油黏度降低、活塞倾斜度超出工艺要求，致使密封油大量泄漏、油位下降，活塞密封系统失效，造成煤气由活塞下部空间窜到活塞上部空间，与空气混合形成爆炸性混合气体，遇点火源发生爆炸。事故暴露出以下问题：

① 违章指挥，情节恶劣。在发现气柜密封油质量下降、油位下降、一氧化碳检测报警仪频繁报警等重大隐患以及接到职工多次报告时，企业负责人不重视、也没有采取有效的安全措施。特别是事发当天，在气柜密封油出现零液位、检测报警仪满量程报警、煤气大量泄漏的情况下，企业负责人仍未采取果断措施、紧急停车、排除隐患，一直安排将气柜低柜位运行、带病运转，直至事故发生。

② 设备日常维护管理问题严重。气柜建成投入运行后，企业没有按照《工业企业煤气安全规程》(GB 622)的规定，对气柜内活塞、密封设施定期进行检查、维护和保养，对导轮轮轴定期加注润滑脂等。在接到密封油改质实验报告、得知密封油质量下降后，也没有采取更换或着加注改质剂改善密封油质量等措施，致使密封油质量进一步恶化，直至煤气泄漏。

③ 违法违规建设和生产。企业的3#、4#焦炉工程从2010年10月开工建设、到2012年3月开始试运行，一直没有申请办理危险化学品建设项目安全条件审查、安全设施设计专篇审查和试生产方案备案手续，长时间违法违规建设和生产，直至2011年11月被博兴县安监局依法查处后，才申请补办相关手续。

气柜从设计、设备采购、施工、验收、试生产等环节都存在违反国家法律法规和标准规定的问题，主要是：爆炸危险区域内的电气设备未按设计文件规定选型，采用了非防爆电气设备；施工前未请设计单位进行工程技术交底；施工过程中没有实施工程监理；施工完成后没有依据相关标准和规范进行验收，甚至未经专业设计在气柜内部及顶部安装了部分电器仪表；试生产阶段供电电源不能满足《安全设施设计专篇》要求的双电源供电保障，试生产过程未严格执行《山东省化工装置安全试车工作规范(试行)》；气柜施工的相关档案资料欠缺等。

④ 安全生产管理制度不完善不落实。企业没有建立健全煤气柜检查、维护和保养等安全管理制度和操作规程，也没有制定密封油质量指标分析控制制度；安全生产责任制和安全规章制度不落实，企业主要负责人未取得安全资格证书。

山东省临沂市兰山区九州化工厂"12·29"爆炸事故

2013年12月29日，山东省临沂市兰山区九州化工厂在一辆双氧水槽罐车卸料至多个双氧水包装桶过程中,一装满双氧水的包装桶发生爆炸,造成3人死亡,直接经济损失200余万元。事故的直接原因是违规使用盛装过盐酸的塑料桶盛装双氧水,桶内残存的Fe^{3+}及其他金属杂质引起双氧水急剧分解导致超压爆炸。事故暴露出以下问题:

① 企业未按规定使用双氧水专用包装桶盛装双氧水,重复使用前未对双氧水包装桶进行安全检查。现场安全管理混乱,使用的危险化学品包装桶没有显著标示,堆放杂乱,导致职工违规使用盛装过盐酸的塑料桶盛装双氧水。

② 职工对双氧水物理和化学性质不熟知,特别是对双氧水遇碱、金属粉末会发生剧烈化学反应甚至爆炸等危险特性不了解,职工安全防范意识和事故处置能力不强。

湖北省浠水县蓝天联合气体有限公司"10·13"窒息事故

2015年10月13日,湖北浠水蓝天联合气体有限公司发生窒息事故,共造成3人死亡,直接经济损失约160万元。事故的直接原因是:钻孔作业需要用水,2名施工人员带来抽水泵,擅自抬开了密封储罐基础槽水坑入口处的两块水泥盖板,准备到储罐底部水坑内取水。此时,设备运行排放出大量氮气通过暗沟到达储罐基础槽(氮气含量达95%),2人吸入高浓度氮气晕倒窒息。公司设备部长发现2人不见四处寻找,不幸溺水身亡。事故暴露出变更管理存在较大问题。公司变更氮气排放系统,没有聘请有资质的设计单位设计,而是由项目建设负责人自行设计,变更前未按规定进行安全风险评估,未申请安全设施设计审查。

江西省江锂科技有限公司"12·3"中毒窒息事故

2009年12月3日,江西省新余市江锂科技有限公司二分厂发生一起中毒窒息事故,造成3人死亡,2人受伤。事故的直接原因是反应釜中的一氧化碳通过新安装的料浆输送管回流至原矿调浆池坑,并不断积聚,导致司泵工窒息。随后在未采取任何安全防护措施的情况下,多人下坑进行施救,相继窒息晕倒。

十五、其他行业检维修期间发生的典型事故

江西九江天赐高新材料有限公司"11·6"较大爆炸事故

2013年11月6日16时53分许,九江天赐高新材料有限公司电池材料分厂

电解质二期废酸储罐区施工作业过程中发生一起爆炸事故,造成3人死亡,直接经济损失350余万元。事故直接原因是作业人员在废酸储罐罐体顶部违章动火作业,使用砂轮切割盲板螺栓,以及违章盲板拆除(抽堵)作业(亦属特级动火作业),产生的火花引爆罐内含氢混合性爆炸气体,造成爆炸事故。

事故暴露出对废酸罐区配管作业可能引发爆炸事故认识不足,忽视了对整个作业过程的现场指导和监护。发生事故的废硫酸罐储存为浓硫酸与少量氟化氢混合物(电解质车间合成五氟化磷工序使用烟酸脱水后形成的废酸,硫酸含量99%以上),因氟化氢不能直排大气,从罐顶配管与尾气吸收塔相连,用水吸收挥发的氟化氢气体,造成罐内产生的氢气不能排出储罐,且在罐内形成负压时,通过尾气吸收塔将潮湿空气带入罐内。因硫酸储罐材质为碳钢,潮湿的空气和硫酸内含少量氟化氢都在一定程度上加快了废酸与碳钢的反应,产生了氢气,在罐内空间形成了氢气与空气的混合性爆炸气体。当混合气体氢气浓度达到爆炸极限,遇切割螺栓产生的火花,引发了爆炸事故。

浙江省台州丰润生物化学公司"6·12"硫化氢中毒事故

2009年6月12日,浙江省台州丰润生物化学有限公司发生硫化氢中毒事故,造成3人死亡,2人中毒。事发时,1名施工人员下到约10m深的地下桩孔底部作业,因硫化氢含量过高致其中毒晕倒,后有4人在未佩戴任何防护用品的情况下盲目施救,也相继中毒晕倒。

甘肃白银天翔建材化工有限责任公司"7·4"中毒事故

2010年7月4日,甘肃白银市白银区大翔建材化工有限责任公司碳酸锌厂发生中毒事故,造成3人死亡,3人受伤。因反应池中碳酸氢铵和氧化锌反应产生氨气,作业人员违章进入反应池作业,造成中毒昏迷,救援人员应急知识不足,造成事故扩大。